Anne M. Schüller
Touchpoints

Anne M. Schüller

TOUCHPOINTS

AUF TUCHFÜHLUNG MIT
DEM KUNDEN VON HEUTE

**Managementstrategien
für unsere neue Businesswelt**

6. Auflage

Bibliografische Information der Deutschen Nationalbibliothek

Die Deutsche Nationalbibliothek verzeichnet diese Publikation
in der Deutschen Nationalbibliografie; detaillierte bibliografische
Daten sind im Internet über http://dnb.d-nb.de abrufbar.

6. Auflage 2015
ISBN 978-3-86936-330-1

Lektorat: Sabine Rock, Frankfurt | www.druckreif-rock.de
Umschlaggestaltung: Martin Zech Design, Bremen | www.martinzech.de
Umschlagfoto: Anne M. Schüller
Satz und Layout: Das Herstellungsbüro, Hamburg | www.buch-herstellungsbuero.de
Druck und Bindung: Salzland Druck, Staßfurt

www.gabal-verlag.de
www.twitter.com/gabalbuecher
www.facebook.com/Gabalbuecher

Inhalt

Vorwort
von Gunter Dueck

Der Kunde sieht alles!

Das Internet füllte sich zuerst nur mit Fakten und Informationen, mit virtuellen Hochglanzprospekten und Mitteilungen der »Mächtigen«. Das haben wir zunächst aus der alten Welt der Magazine und Plakate übernommen. Jetzt aber wird das Internet »sozial« und wir sind alle drin. Wir schreiben, bloggen oder kommentieren überall alles, was uns so in den Kopf kommt. Wir jubeln, maulen, petzen, verreißen, empfehlen, liken und disliken. Das Laue und Blasse lassen wir links liegen, weil es keine Energie in die Fingerspitzen einschießt, so etwas überhaupt im Internet zu erwähnen. Das Lauwarme ist »nicht der Rede wert«.

Unternehmen, die etwas vermarkten wollen, sind überaus glücklich, wenn ihre Leistungen von Kunden empfohlen werden – sie leiden aber zunehmend auch unter deren ehrlich-kritischen Anmerkungen. Sie verlieren die Kontrolle über die Kommunikation. Meine Mutter versuchte oft, mir die Kontrolle über mein Handeln zu entziehen. Sie machte mir klar, dass Gott alles und sie *fast* alles sieht, insbesondere jeden Mangel, jede Missetat und jeden schlechten Gedanken – aber Gott würde mich gegebenenfalls auch bei Petrus loben, der ja an der Himmelspforte wacht.

»Social Media« und »Mobile« führen nun letztlich dazu, dass der Kunde alles sieht. Na gut, *fast* alles – oder wenigstens viel mehr als früher. Das Unternehmen begegnet dem Kunden heute an unzähligen Stellen. Es gibt, wie es in diesem Buch so treffend heißt, mehr »Touchpoints«.

Unternehmen, die etwas Wundervolles anbieten, haben in dieser neuen Kommunikationswelt viele neue Chancen, sich auszubreiten. Das Gute muss nun, wenn man seine Touchpoints gut managt, nie mehr Geheimtipp bleiben. Das wird Ihnen auf den folgenden Seiten gleich ganz klar. Unternehmen aber, die Zweifelhaftes verkaufen, können auf der anderen Seite völlig unter die Räder kommen, wenn sie in den Social Media zerrissen werden.

Wie können Unternehmen im Netz alle Chancen wahrnehmen – oder aber das Schlimmste durch geeignete eigene Reaktionen im sozialen Netz verhindern? Wie setzen sie ihre Mitarbeiter als Botschafter und Vermittler im Netz ein? Wie lernen sie zu verstehen, auf welche Weise sie ihre guten Leistungen anbieten sollen?

Die neue digitale Welt ist eine Zerreißprobe, wir fühlen uns zwischen Himmel und Hölle hin- und hergerissen. Das gilt zumindest für die erste Zeit, in der wir uns noch an diese Welt gewöhnen und uns viele Fragen stellen: Wie gehen wir mit den neuen Situationen um? Wie »managen« wir die neue Lage? Dieses Buch gibt Ihnen viele Antworten aus der Sicht des Kundenmanagements und des »Botschaftermitarbeiter«-Managements. Es hilft Ihnen, all die neuen Touchpoints erst einmal zu orten, wahrzunehmen und zu bewerten. Es bietet Ihnen Rat und Hilfe in einem ausführlichen ersten Teil.

Aber: Verstehen ist nicht alles! Sie sollen das Erkannte ja auch umsetzen – alles dazu finden Sie in Teil 2 (Customer Touchpoint Management) und Teil 3 (Collaborator Touchpoint Management). Die Autorin hat an alles gedacht! Arbeiten Sie in einem tollen Unternehmen? Dann frisch ans Werk! Wieder etwas gelernt und schnell umgesetzt. Haben Sie mit Kunden im Netz und anderswo Probleme? Dann müssen Sie sich wirklich aufraffen, den vollen Weg zu gehen. Nach der Lektüre dieses Buchs wissen Sie, worin das Problem besteht, wie es gelöst wird, warum Sie es lösen müssen und was Ihnen droht, wenn Sie es nicht lösen. Anne M. Schüller, ganz Expertin ihres Fachs, hat das wunderbar auf den Punkt beschrieben. Mehr kann ein Buch nicht tun. Die echte Lösung aber sind Sie! Denken Sie daran: Der Kunde sieht alles, was es zu sehen gibt. Und er sieht mit den Augen aller Kunden, die seinen Blick mit der Zeit geschärft haben.

Prof. Dr. Gunter Dueck
Philosoph, Autor, ehemaliger Chief Technology Officer
der IBM Deutschland

Einblick

Ob die Kunden kaufen, entscheidet sich an den Touchpoints eines Unternehmens – und ob sie treu sind, auch. Vor den Kunden ist immer Showtime. Doch die Rollen sind nun vertauscht. Die Konsumenten sind die neuen Vermarkter. Alles ist entweder »like« oder »dislike«. Das »Reh« hat jetzt die Flinte in der Hand. Unternehmen können nur noch dann überleben, wenn die Netzwerke sie lieben. Weiterempfehlungen sind die neue Währung. Und Suchmaschinen sind das neue Weltgewissen.

Das Web ist wie eine gigantische, öffentliche Podiumsdiskussion. Vernebeln, vertuschen und Marketinglügen, all das ist in diesem Szenario ein Auslaufmodell. Selbst kleinste Fehler werden einem um die Ohren gehauen. Minderwertiges wird gnadenlos aussortiert. Nicht nur das Zahlenwerk, auch die moralische Bilanz muss zukünftig stimmen. Wer glaubhaft hilft, die Welt ein kleines bisschen besser zu machen, der wird in diesen neuen Zeiten die Zukunft am besten erreichen.

»Sei wirklich gut und bringe die Leute dazu, dies engagiert weiterzutragen!«

»Sei wirklich gut und bringe die Leute dazu, dies engagiert weiterzutragen!« So lautet das neue Businessmantra. Wer heute nicht empfehlenswert ist, ist morgen nicht mehr kaufenswert – und übermorgen tot. Aus der »Weisheit der Vielen« (James Surowiecki) ist eine »Macht der Vielen« geworden und aus der »Weisheit der Freunde« (Dan Rose) eine weltumspannende »Macht der Freunde«. An dieser neuen Konstellation kommt nun wirklich kein einziges Unternehmen mehr vorbei.

Wem diese Entwicklung zu verdanken ist? Der Hochzeit zwischen dem Social Web und dem mobilen Internet. Vor allem der Turboboom der Smartphones, Tablet-Computer und Apps verändert mit atemberaubender Geschwindigkeit die Art und Weise, wie wir Dinge tun und miteinander Geschäfte machen. Sie sind die Booster in das Universum einer neuen Businesswelt und markieren den Start des Web 3.0. Im Web 2.0 haben wir nur geübt, jetzt wird es ernst. Digitale Mobilgeräte öffnen das Tor in einen virtuellen Raum, der uns schon jetzt wie eine zweite Aura umgibt. Sie machen aus der schnellen Webgeneration eine superschnelle Mobile-Generation. LoMoSos (Local, Mobile, Social) nennt man sie gern.

Die durchgängige Verschmelzung von Online und Offline steht an.

Doch nicht nur die LoMoSos, wir alle leben in einer komplexen Symbiose mit dem Web. Die durchgängige Verschmelzung von Online und Offline steht an. Mixed Reality heißt dieses Phänomen. »Für die Menschen da draußen sind beide Welten längst zusammengewachsen. Die größte Herausforderung für die Unternehmen ist es nun, hier Ideen und Kommunikationsstrategien zu entwickeln, die so selbstverständlich mit beiden Medienwelten spielen wie die Menschen, die sie nutzen«, sagt Wayne Arnold, CEO der Kommunikationsagentur Profero.

Das Rüstzeug dazu finden Sie in diesem Buch.

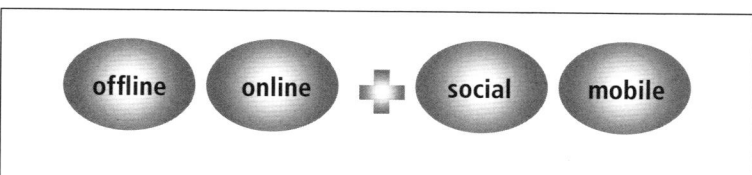

Abb. 1: Die alten und die neuen Berührungspunkte mit den Kunden

Touchpoints: Die Momente der Wahrheit

Touchpoints sind Berührungspunkte zwischen Unternehmen und Kunden und auch zwischen Führungskraft und Mitarbeiter. »Momente der Wahrheit« (Jan Carlzon) nennt man sie gern. »Berühren« ist ein bezauberndes Wort. So viel Leichtes, Zartes, Subtiles, ja fast schon Intimes schwingt dabei mit. Berührungspunkte erzählen von Nähe, von Vertrautheit und von wissendem Verstehen. Und sie sind sehr fragil: Ein falsches Wort, ein schräger Blick, und alles ist aus. Es ist letztlich die Meisterschaft der kleinen Dinge, die Summe der vielen Details, die Tuchfühlung zulässt und schließlich zum Ziel führt.

Im Marketingdeutschen wird die Vokabel »Touchpoint« in aller Regel mit »Kontaktpunkt« übersetzt. Doch dies ist eine unterkühlte, versachlichte, technokratische Begrifflichkeit. Das Wort Berührungspunkt drückt sehr viel besser aus, wie die Kundenbeziehungen in Social-Media-Zeiten neu zu gestalten sind.

Denn wer Menschen erreichen will, der muss sie »berühren« – und Emotionalität zum Schwingen bringen. Entscheidend dabei: Eine Berührung bedingt Freiwilligkeit. Damit sie nicht nur flüchtig sei, muss sie zugelassen werden. Der Berührte selbst entscheidet dann, wie es weitergeht. Damit ist eigentlich schon alles über eine gute Kundenbeziehung gesagt: bitten statt auffordern, einladen statt aufdrängen, hinhören statt zuquatschen, fragen statt sagen, hinschauen, interagieren, sich kümmern, Interesse, Respekt und Wertschätzung zeigen, zeitnah agieren – und verläßlich sein. Wenn schließlich dann noch ein Hauch von Magie und eine Prise Sternenstaub hinzugefügt werden, weckt das ein heftiges Wollen. Weil es fasziniert. Das macht Sie unvergleichbar und – viel wichtiger noch – unkopierbar.

Eine Berührung bedingt Freiwilligkeit.

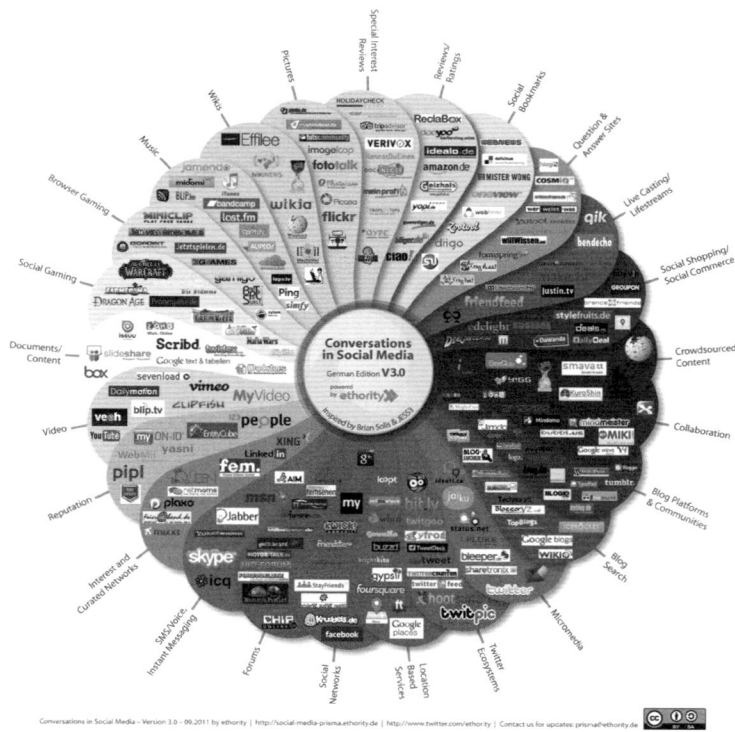

Abb. 2: Kommunikationsmöglichkeiten über Social Media (Quelle: Ethority 2011)
Der Einfluss sozialer Netzwerke auf Gesellschaft, Wirtschaft und Politik wird – in
Verbindung mit dem mobilen Internet – exorbitant steigen.

Wie war das Leben leicht, als es nur ein paar wenige Touchpoints
gab: klassische Werbung (Anzeigen, Fernseh- und Radiospots, Plakate) und dialogische Interaktion (telefonisch, persönlich, schriftlich). Heute sind die Touchpoints dort, wo die Kunden ihre Zeit
verbringen: im Zickzack zwischen physischer und virtueller Welt,
»social« und »mobile« vernetzt. Alle diese Touchpoints so virtuos
zu verknüpfen, dass Transaktionen für kaufwillige Kunden *immer
wieder* begehrenswert sind *und* positiven Buzz (Mundpropaganda)
bewirken – das wird nun die große Herausforderung sein.

Dazu bescheren uns emsige Software-Schmieden fast täglich neue Tools, die sowohl digitale als auch mobile Interaktionen zwischen (potenziellen) Kunden und Unternehmen möglich machen und das Internet mit dem Outernet in Echtzeit verbinden. Es kommt für Anbieter und Konsumenten einer Sisyphusarbeit gleich, das Passende auszuwählen und für sich zu erschließen. Abbildung 2 wirft einen Blick auf die »neuen Momente der Wahrheit«, die Social Media Touchpoints, die allein in den letzten Jahren entstanden sind. Einige sind nur Spielereien, andere bei Erscheinen des Buchs womöglich schon tot. Und neue werden hinzugekommen sein.

Dabei spielen die indirekten Touchpoints wie zum Beispiel Meinungsportale, User-Foren, Testberichte, Blogbeiträge, Presseartikel, Mundpropaganda und Weiterempfehlungen eine zunehmend wichtige Rolle. Diese werden als »Earned Media« bezeichnet, denn man kann sie sich nicht kaufen, man muss sie sich stattdessen verdienen. Immer öfter werden heutzutage die webbasierten O-Töne Dritter – Google nennt sie die »Zero Moments of Truth« (ZMOT) – von anschaffungswilligen Kunden zuerst angesteuert. Diese – und absteigend weniger die teuer bezahlte Werbung (Paid Media) – führen zum Kauf oder Nichtkauf. Das heißt: Die Konsumenten entscheiden als neue Vermarkter über die Zukunft eines Unternehmens maßgeblich mit.

Hilfe! Komplexitätsreduzierer dringend gesucht

Um aus dieser gigantischen Welle mit all dem Wissen im Web das Relevante herauszufiltern und die Spreu vom Weizen zu trennen, brauchen wir technologische und auch persönliche Helferlein. Smarte Türsteher (Gatekeeper) werden zu einer lebenswichtigen Notwendigkeit. Digitale Diener und virtuelle Assistenten werden in naher Zukunft nur noch *die* Infos passieren lassen, für die es von uns – den Kunden – eine Erlaubnis gab. Unternehmen werden dann anklopfen und um Einlass bitten müssen. Alles, was nicht passt, muss draußen bleiben. Nur wer die richtigen Touchpoints im richtigen Moment richtig bespielt, kommt bis zum Kunden durch.

Apps sind die Boten dieser neuen Zeit: Komplexitätsreduzierer, die uns nur noch das in den Eingangskorb legen, was unserer Interessenlage entspricht. Während also viele sich gerade erst die Spielregeln der Social Media erarbeiten, ist »Personal Mobile Media« bereits absehbar. Der nächste Schritt wird dann die nötige Abschottung sein. Denn die unendliche Offenheit des universellen Webs ist ja nicht nur mühsam, sie macht uns auch verletzlich. Google+ bildet diese Entwicklung bereits ab. Da kann jeder seine eigene kleine Netzwerkwelt in geschlossenen Kreisen (Circles) formieren und so ein wenig Intimität genießen.

Neben den technologischen Komplexitätsreduzierern gibt es übrigens einen Helfer, der aus einer ganz anderen Werkzeugkiste stammt. Sein Name: Vertrauen. Wo die Zeit nicht reicht oder das Wissen fehlt, um eine Sache genau zu durchleuchten, ist Vertrauen der beste Kitt. Und dort, wo wir von Fremden auf dem globalen Marktplatz Internet etwas kaufen, gibt es nur eine Chance: Vertrauen. Vertrauen ist die Brücke zum Neuland. Und Hoffnung auf das Happy End.

Vertrauen ist die Brücke zum Neuland.

»Die Gesellschaft der Zukunft ist zum Vertrauen verdammt«, schreibt der Philosoph Peter Sloterdijk. Dabei können wohlmeinende Dritte uns eine große Hilfe sein, weil deren helfende Hand den Zaudernden vertrauensvoll führt. Sie erzeugen Reputationsvertrauen und machen unserem Hirn die Arbeit ganz leicht. »Wenn mein guter Freund mir die Marke X empfiehlt, kann ich sorglos zugreifen«, denkt der geneigte Verbraucher und kauft.

So haben die wichtigsten Komplexitätsreduzierer eine menschliche Gestalt. Wir finden sie in unserem realen Umfeld und auch in der virtuellen Realität: in privaten Netzwerken, in Business-Networks und im Social Web. Ihre »Likes« und »Dislikes« machen uns das Leben leicht und bequem. Sie verhindern Streuverluste und empfehlen nur das, was wirklich für uns zählt. Sie sind das Bindeglied zwischen dem Gewohnten und der Ungewissheit.

So haben die wichtigsten Komplexitätsreduzierer eine menschliche Gestalt.

Verlässliche Empfehlungen durch Dritte geben uns Orientierung. Sie verkürzen Entscheidungsprozesse. Sie verringern das Risiko, eine fatale Fehlentscheidung zu treffen. Und sie reduzieren die Gefahr, enttäuscht zu werden. Sie ersetzen mangelndes Wissen durch Vertrauen. Sie schaffen Sicherheit. Und sie helfen uns, eine Menge wertvoller Zeit zu sparen. Sie geben uns »Peace of Mind« und unserem Oberstübchen kortikale Entlastung (so nennen die Fachleute das). Deshalb wird ein gut gemachtes Empfehlungsmarketing in Zukunft der ganz große Renner sein. Es gehört an die erste Stelle im Marketingplan.

Der neue Weg: Die Customer Touchpoint Journey

Konzepte, die Unternehmen schnell und wendig machen, die Komplexität reduzieren und die ständig wachsende Menge an Ungewissem manövrierbar machen, müssen nun schleunigst auch im Management Einzug halten. Die neue Blickrichtung heißt Outside-in statt Inside-out. Die Blackbox der Binnensicht muss endgültig verlassen werden.

Die Reise des Kunden (Customer Journey) durch unsere Unternehmenswelt muss in Zukunft das Navigationssystem sein. Ursprünglich stammt der Begriff »Customer Journey« aus dem E-Commerce. Er beschreibt den Weg des Nutzers beim Surfen im Web über diverse Views und Clicks bis zum schließlichen: »Ja, ich kaufe.« Was bei dieser Betrachtungsweise gerne vergessen wird: Ein potenzieller Kunde springt nicht nur im Web hin und her, er verquickt vielmehr die reale mit der virtuellen Welt. Die »Offline-Online Customer Journey« oder besser gesagt die »Touchpoint Journey« der Kunden muss zukünftig Dreh- und Angelpunkt aller Unternehmensaktivitäten sein. Der Touchpoint-Management-Prozess ist das dazugehörige Ordnungssystem. Und der sozial vernetzte Kunde steht dabei an oberster Stelle.

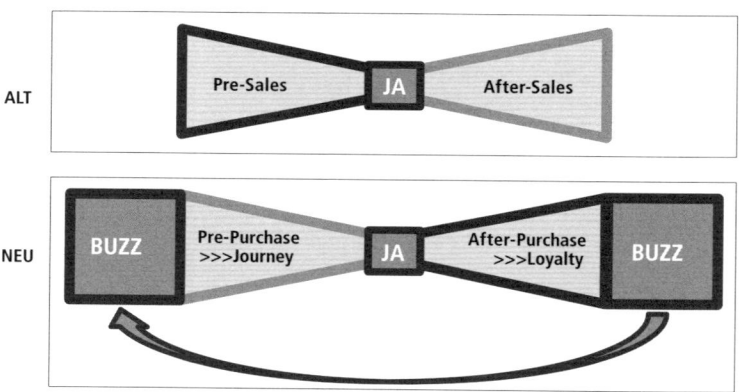

Abb. 3: Die Gewichtung im Sales Funnel verlagert sich zu Loyalty und Buzz.

Wenn wir von nun an alles aus der Sicht des Kunden betrachten, dann wird aus einem Verkauf (Sales) ein Kauf und aus einem »Point of Sales« ein »Point of Experience« mit einer entsprechenden Vor- und Nachkaufphase. Der alte Sales Funnel (Verkaufstrichter) muss demnach umgeschrieben, neu gewichtet und vor allem erweitert werden. Schon heute – und in Zukunft noch viel mehr – stehen am Anfang und am Ende eines Kaufprozesses in aller Regel Mundpropaganda und Weiterempfehlung. Die beste Basis dafür?

Sie heißt, wie wir noch sehen werden, Kundenloyalität.

Um dabei all dem am Ende nicht vom Wege abzukommen, involviert man am besten die Kunden. Eine Sicherheit, dass sie immer die passenden Antworten haben, gibt es natürlich nicht. Aber die Chance, sich auf den Weg in die richtige Richtung zu machen, steigt hierdurch gewaltig. Von Kunden kann man sehr viel lernen, wenn man kluge Fragen stellt. Deshalb: Lassen Sie die Kunden mitmachen, so oft es nur geht! Das erzeugt ganz nebenbei den loyalisierenden »Mein-Baby-Effekt«. Denn wer lässt schon gern sein Baby im Stich?

Mit leichtem Gepäck reist sich's besser

Auf der Reise in die Zukunft brauchen Sie Leichtigkeit, da die Märkte sich ständig im Wandel befinden und kaum mehr zu berechnen sind. Hierzu sind netzwerkartige Strukturen, kurze Entscheidungswege, Flexibilität und ein schnelles Vorankommen nötig. Deshalb muss zunächst der bleischwere Ballast aus alten Businesstagen über Bord. Sperrige Managementmoden, Topdown-Hierarchien, Budgetierungsexzesse und Standardisierungswahn – all das sollte schleunigst ausgemustert werden. Es produziert im Grunde nichts als Bürokratie und Administration.

Doch Bürokratie und Administration lähmen und machen dumm. Und Standards bewirken eben nur Standardleistungen – und langweiliges Mittelmaß. Sie geben Planungssicherheit? Ein Widerspruch in sich! Alles, was Unternehmen heutzutage dem Markt anbieten, ist eine Beta-Version, also permanente Vorläufigkeit. Man kann und muss es immer noch ein wenig besser machen. Wenn überhaupt, dann ist höchstens das Geschäft mit regelmäßig kaufenden, durch und durch loyalisierten Fankunden planbar.

Die neue Kundengeneration wartet nicht ab, bis Unternehmen ihre langen Entscheidungswege abarbeiten und zäh in die Pötte kommen. Sie haben es satt, dass unternehmerischer Kostensparwahn in schlechten Service umgemünzt wird. Sie werden auch nicht mehr Bittsteller sein. Wenn es klemmt, ziehen sie schleunigst von dannen. Und im Web erzählen sie der ganzen Welt, warum das so ist. Für die Konsumenten ist das ein Trumpf ohnegleichen – für schlecht aufgestellte Unternehmen hingegen bedeutet es Lebensgefahr.

Deshalb sind gute, neue, frische Ideen, über die sich angeregt reden lässt und die man wärmstens empfehlen kann, so dringend vonnöten. Dazu braucht es Leichtigkeit – und Möglichkeitsräume. Und es braucht Mitarbeiter, die im »Wollen« statt »Müssen« sind: Menschenversteher, Begeisterungsmanager, Kunden-glücklich-Macher. Selbst das beste Produkt bleibt dürftig, wenn es an Sympathie und guten Gefühlen mangelt. »Muss-Gesichter«, die wie Aufziehpuppen ihre öden Vorschriften abarbeiten, mögen wir gar nicht gern. Wo die Stimmung nicht gut ist, da kaufen wir nicht. Und wen wir nicht leiden können, den empfehlen wir nicht. Da kann das Angebot noch so ausgetüftelt sein. Es bleibt bei einem lautstarken »Nein«.

Touchpoint Management: Das Tool für unsere neue Businesswelt

Was Unternehmen also auf ihrem Weg in die Zukunft nun brauchen? Ein Tool, das schnell und wendig macht, das die Fülle der Berührungspunkte in ein lockeres Ordnungssystem packt – und das in der Lage ist, die neue Wirklichkeit *komplett* zu integrieren. Sie brauchen ein Tool, das Komplexität reduziert, das den Kunden in seiner neuen Funktion als Vermarkter integriert und die Mitarbeiter mit Leichtigkeit ins »Wollen« bringt.

Das Kontaktpunkt-Management (Touchpoint Management) ist dieses Tool. Es hat zwei Facetten:

1. Das Kundenkontaktpunkt-Management
2. Das Mitarbeiterkontaktpunkt-Management

Das Kundenkontaktpunkt-Management (Customer Touchpoint Management), das es als reines Analysetool bereits gibt, habe ich zu einem Managementprozess weiterentwickelt, der schnell, effizient und mit einfachen Bordmitteln einsetzbar ist. Das Ziel? Eine exzellente Reputation, durch und durch loyale Immer-wieder-Kunden und jede Menge Neugeschäft durch aktive positive Empfehler. Guter Profit kommt so am Ende ganz von allein. In diesem Buch werden dabei die »neuen Momente der Wahrheit« im Vordergrund stehen. Sie werden in Zukunft den Unterschied machen.

Das Mitarbeiterkontaktpunkt-Management (Collaborator Touchpoint Management) ist neu. Ich habe es aus dem Kundenkontaktpunkt-Management heraus entwickelt. Es berücksichtigt unter anderem, dass Unternehmen zunehmend mit Kollaborateuren, also Externen jenseits klassischer Arbeitsverträge, zusammenarbeiten. Ziel ist es, *alle* Mitarbeitenden auf das Wohlergehen der Kunden einzuschwören. Um das zu erreichen, braucht es nicht nur neue Leitbilder, neue Organigramme und eine »lachende Unternehmenskultur« (Anne M. Schüller). Die digitalisierte Net-Generation erfordert zudem ein neues Führungsverständnis.

Ziel ist es, alle Mitarbeitenden auf das Wohlergehen der Kunden einzuschwören.

Ein Pluspunkt: Das Touchpoint Management ist sowohl für die Big Player am Markt als auch für den Mittelstand bestens geeignet. Es handelt sich um ein ganzheitliches Konzept, das es erlaubt, *sofort* an

Schlüsseltouchpoints mit punktuellen Maßnahmen zu beginnen. In Teil zwei und drei dieses Buchs finden Sie, ganz auf die Praxis ausgerichtet, alle erforderlichen Schritte dazu.

Doch zunächst sollten wir Klarheit darüber gewinnen, wie unsere schöne neue Businesswelt denn nun funktioniert. Im ersten Teil werden deshalb einige wesentliche Erfolgsfaktoren näher beleuchtet. Wir schauen uns vor allem an,

○ was alt ist, was bleiben kann, was weg muss und was neu hinzugenommen werden soll in diesen neuen Zeiten,
○ was hinter den Schlagworten steckt, die uns so in Atem halten: Networks, Social, Mobile, Links und Likes,
○ wie sich die neue Verkaufsmannschaft, bestehend aus Fans, Multiplikatoren und Empfehlern, effizient einsetzen lässt.

Auf Basis dieses Fundaments geht es dann auf Tuchfühlung mit Ihren externen und internen Kunden.

Was ich noch sagen wollte

Wenn ich hier über Chefs, Mitarbeiter und Kunden schreibe, sind natürlich immer Männer *und* Frauen gemeint. Nur wenn es den Unternehmen gelingt, das Beste von Männern *und* das Beste von Frauen optimal zu nutzen, ist wahre Exzellenz erreichbar. Ferner ist dieses Buch nicht nur für Sales & Marketing, sondern für alle Führungskräfte gedacht, denn ein modernes Kundenmanagement geht wirklich jeden im Unternehmen an.

Drei Dinge noch, die mir dabei besonders am Herzen liegen:

1. Das Buch schlägt die Brücke von der Theorie zur tagtäglichen Praxis. Denn in diesen Umbruchzeiten brauchen die Unternehmen vor allem eins: Antworten. Bücher, die (nur) den Zeige-

finger heben und sich an grauer Theorie ergötzen, gibt es genug.

2. Sie brauchen keine externen Consultants, die ihre Weisheiten über die Teppich-etagen in die Unternehmen einschleusen. Sie brauchen vielmehr solche, die die kollektive Intelligenz der besten Ratgeber wecken, die zu finden sind: die eigenen Mitarbeiter und die sozial vernetzten Kunden.

> **Wenn es den Unternehmen gelingt, das Beste von Männern und das Beste von Frauen optimal zu nutzen, ist wahre Exzellenz erreichbar.**

3. Warten Sie nicht auf das nächste gehypte Management Tool (aus Amerika). Wer unreflektiert in die (falsche) Ferne schaut, bei dem läuft schnell mal etwas schief. Exzellenz entsteht vielmehr durch Tuchfühlung mit den Kunden von heute, gesunden Menschenverstand und das Touchpoint Tool für die »Momente der Wahrheit«.

In jedem Fall wünsche ich Ihnen viel Freude beim Lesen und überragenden Erfolg bei der anschließenden Umsetzung. Schreiben Sie mir gern, wie es Ihnen dabei ergangen ist. Ich bin gespannt.

Ihre

Anne M. Schüller
München, im August 2011 (aktualisiert im Oktober 2012)

P.S.: Ein kleiner Hinweis zu den Anglizismen in diesem Buch: Seit der Echtzeit-Verknüpfung zwischen Online und Offline – und einer zunehmenden Dominanz des Internet – haben Anglizismen auch verstärkt Eingang in die Geschäfts- und Arbeitswelt gefunden – ob wir das wollen oder nicht.

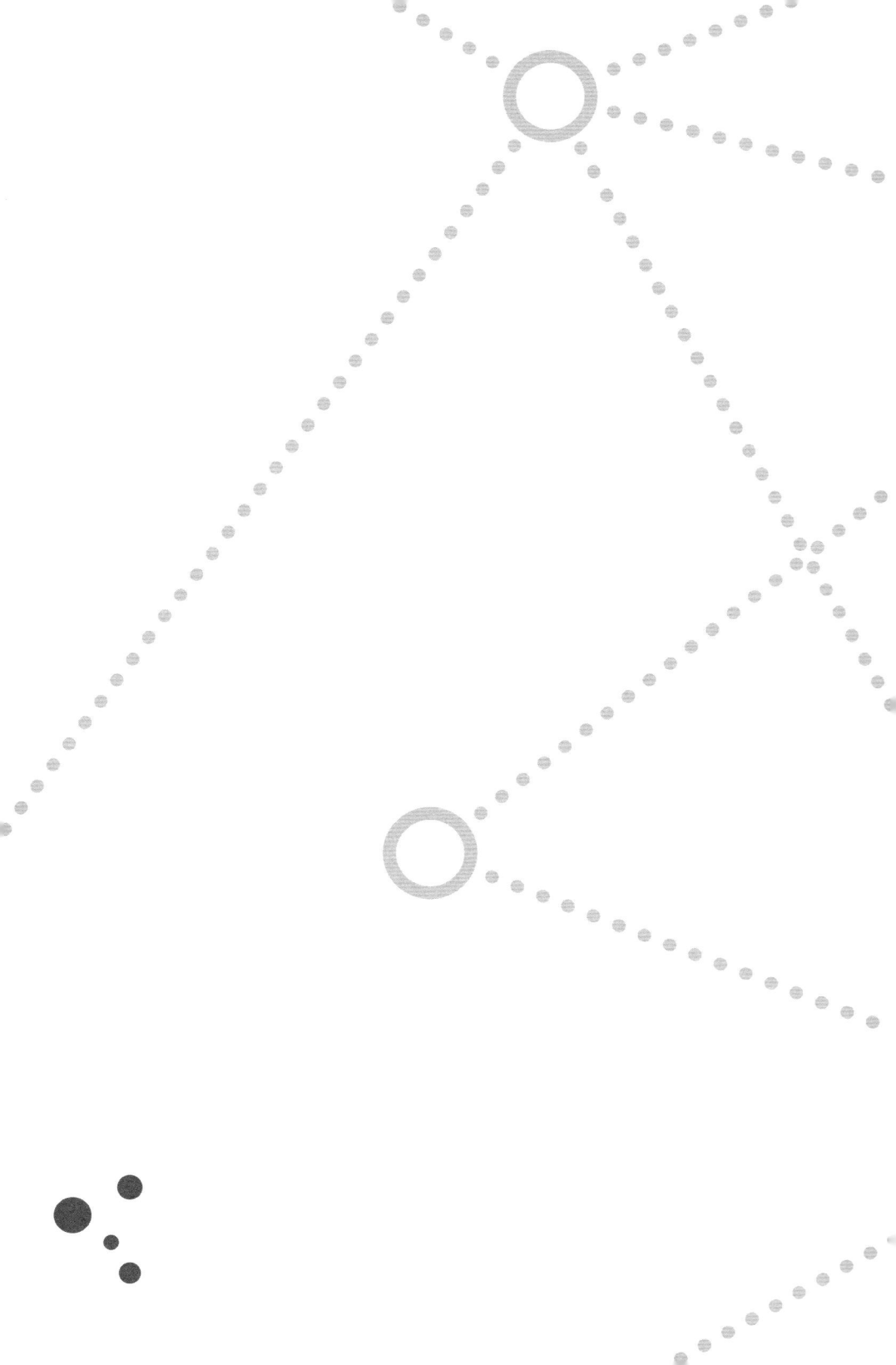

TEIL 1

DIE ERFOLGS-FAKTOREN FÜR EINE NEUE BUSINESSWELT

Schöne neue Businesswelt

Noch nie gab es so viele Möglichkeiten wie heute, seine Wunschkunden zum (Wieder-)Kauf zu bewegen. Und täglich werden es
mehr. Doch die Umsätze steigen nicht länger proportional zum
Werbedruck, sie hängen mit der Güte der Reputation, der Wertigkeit der Mundpropaganda und der Zahl der aufrichtigen Weiterempfehlungen zusammen. Werbung, auf
die zu achten es sich lohnt, kommt nun vornehmlich aus dem Kreis der vernetzten Verbraucher.

Kaufbestimmend ist, was das eigene Netzwerk sagt. Vorbildliches wird vergnügt ge-
feiert und Gutes kräftig gelobt. Übles wird
hingegen schwer bestraft. Früher geschah   **Willkommen in**
das nur im kleinen Kreis, heute kommt ein   **der Empfehlungs-**
Fehlverhalten vor der ganzen Welt an den   **ökonomie.**
Pranger. Man wird geteert, gefedert und so
auf dem Markplatz Internet vorgeführt. Und
ob die Unternehmen das nun wollen oder
nicht: Die Menschen machen rigoros Gebrauch
von ihren neuen Möglichkeiten.

Wie spannend! Das neue Spielfeld

Social Media und das mobile Internet haben in kürzester Zeit die
Rahmenbedingungen für Management, Sales und Marketing komplett auf den Kopf gestellt: Die Unternehmen wurden, um es auf
den Punkt zu bringen, vom Jäger zum Gejagten. Früher konnten

die Marktplayer ihren Werbeschrot(t) völlig unbekümmert in die Welt hinaus ballern. Heute erzeugt alles, was sie tun, öffentliche Resonanz. Ist sie negativ, dann schadet dies Image und Umsatz empfindlich. Und selbst wenn sie positiv ist, müssen Unternehmen das moderieren. Digitale Mundpropaganda ist inzwischen fast so etwas wie Bürgerpflicht. Die größte Empfehlungsmaschine, die es je gab, heißt Social Web. Den Menschen im Cyberspace zuzuhören und dann in deren Sinn zu agieren, ist heute erste Unternehmenspflicht.

Digitale Mundpropaganda ist inzwischen fast so etwas wie Bürgerpflicht.

In diesem neuen Szenario werden nur solche Produkte, Dienstleistungen und Marken überleben können,

○ die die Menschen sinnvoll und nützlich finden,
○ für die das eigene Netzwerk und / oder die Öffentlichkeit schwärmt,
○ in die man sich »verlieben« kann.

So wird es nun bei der Marktbearbeitung und im Kundenkontaktpunkt-Management vorrangig um folgende Fragen gehen:

○ Wird das, was wir tun, und vor allem, wie wir es tun, unser öffentliches Ansehen stärken?
○ Wird das, was wir tun, und vor allem, wie wir es tun, ein positiv-meinungsbildendes Weitererzählen bewirken?
○ Wird das, was wir tun, und vor allem, wie wir es tun, unsere Kunden zu Fans und Empfehlern machen?

Wer auf diese Fragen kluge Antworten parat hat, der erlangt eine gute Reputation, Loyalität, hochwertiges Neugeschäft und schließlich Profit fast wie von selbst. Die beiden wichtigsten Grundsätze dabei lauten:

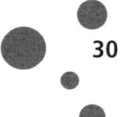

> **Die Wahrheit verkauft sich am besten.**
> **+**
> **Nur die wirklich Guten kommen durch.**

Die neuen Tonangeber

Nicht die eigene Firmenwebseite, sondern das Suchfeld von Google & Co. ist heute der Startpunkt für eine potenzielle Kundenbeziehung – und oftmals gleichzeitig das Ende. Marken sind nur noch dann etwas wert, wenn sie aktives Unterstützungspotenzial von Freunden, Fans und Fürsprechern haben. Menschen beobachten verstärkt, was andere mögen, und orientieren sich daran. Dabei rücken zunehmend solche Multiplikatoren in den Fokus, die als Meinungsmacher und Referenzgeber fungieren. Ihr Urteil beeinflusst das Konsumverhalten ganzer Gruppen.

Viele Menschen hören erst einmal, was »Leaduser«, »Influencer« und »Opinion-Leader« so von sich geben. Sie sind die neuen Supertargets für Sales und Marketing. Sie müssen gesucht und gefunden werden. Wenn man sie dann als Botschafter gewinnt, wird alles ganz leicht. Die wenigsten unter uns sind nämlich Vormacher, die meisten sind Nachmacher. So kommt es, dass Menschen sich an denjenigen orientieren, die das Sagen haben. Und immer mehr Menschen folgen solchen Stimmen offline und online nahezu blind.

Klassische Werbung hingegen ist für die meisten längst zweite Wahl. So haben Marktforscher herausgefunden, dass, wenn es um den Erfolg von Kinofilmen geht, Twitter-Beiträge mehr Einfluss haben als die komplette Marketingmaschinerie der Filmstudios. Und eine Untersuchung der Otto Group hat bereits 2010 gezeigt: 53 Prozent der befragten

Die wenigsten unter uns sind nämlich Vormacher, die meisten sind Nachmacher.

Internetnutzer erachten Bewertungen und Kommentare anderer Onliner als glaubwürdig, während nur 40 Prozent die Produktinformationen auf Hersteller-Websites verlässlich fanden. Sogar 54 Prozent der Interviewten haben aufgrund von entsprechenden Onlinekommentaren oder Produktbewertungen ein Produkt, das für einen Kauf infrage kam, dann doch nicht gekauft.

Schlechte Anbieter verlieren also heute bereits jeden zweiten potenziellen Kunden alleine durch das Internet – und ohne es zu merken.

Die neue Empfehlungsökonomie: Buzz wird mobil

Auch wenn ein Großteil des Weitererzählens immer noch offline passiert – digitale Mundpropaganda wird zunehmend marktbestimmend. Und sie wird mobil. Noch während wir im Restaurant beim Nachtisch sitzen, schicken wir unsere gaumenfrischen Geschmackseindrücke bereits an ein passendes Bewertungsportal. Beratungsgespräche mit unserem Finanzberater werden live ins Internet geschickt – und dort spöttisch diskutiert. Kaum haben wir eine neue Wohnung besichtigt, posten wir schon erste Bilder an unsere Facebook-Wall, damit die Freunde sie kommentieren können. »Der gesamte Immobilienmarkt spielt sich künftig im mobilen Internet ab«, prognostiziert Axel Gloger, Herausgeber des Trendletters. Diese Prognose kann auf viele Branchen erweitert werden.

Schlechte Anbieter verlieren heute fast jeden 2. potenziellen Kunden allein durch das Internet – und ohne es zu merken.

Früher mussten wir, um unsere Erfahrungen in die Welt hinauszuschicken, erst nach Haus gehen und warten, bis der Rechner hochgefahren war. Dank mobiler Endgeräte ist so etwas heute ganz leicht. Alles wird via Touchscreen in Echtzeit öffentlich gemacht.

Selbst Einzelmeinungen können dabei ein großes Gewicht bekommen, wenn sie von Tausenden gelesen werden. »Leichen im Keller« stellen auf der anderen Seite eine große Gefahr dar, denn früher oder später kommt jede Untat heraus. Im Social Web gibt es keine Geheimnisse mehr. Onlinenetzwerke verstärken immer, was in sie eingespeist wird. Sie intensivieren die Persönlichkeit eines Unternehmens – und das im Guten wie im Bösen. So wird es, um mit Googles Ex-CEO Eric Schmidt zu sprechen, in Zukunft darum gehen, die Dinge, die nicht entdeckt werden sollen, erst gar nicht zu tun. Dann braucht man sich auch keine Sorgen zu machen.

Im Social Web gibt es keine Geheimnisse mehr.

Wer hingegen schlechte Leistungen erbringt, verheimlicht, verschleiert, bei Leistungsfeatures lügt oder bei der Preisgestaltung betrügt und so den Kunden über den Tisch ziehen will, bekommt jetzt blitzschnell ein Problem. Gebloggter, getwitterter oder den Meinungsportalen anvertrauter Unmut erreicht heute innerhalb von Minuten die breite Öffentlichkeit – und wird von den sensationshungrigen Medien dankbar recycelt. Und mehr noch: Das, was die Menschen über ein Unternehmen sagen, hat bei den Suchmaschinen Vorrang vor dem, was die Unternehmen über sich selber sagen. Selbst Suchmaschinen-Algorithmen bevorzugen People-Buzz – und bringen ihn ganz weit nach vorn auf die Trefferlisten.

Die Social-Web-Ethik wird universell

Eines ist heute schon klar: Das Social Web ist viel mehr als ein bisschen Mitmischen bei Facebook, Twitter & Co. Es macht Kunden und Konsumenten quasi allwissend – und Anbieter endlich vollumfassend dialogfähig. Für ausnahmslos alle Unternehmensbereiche ist es außerdem ein unglaublich wertvolles Recherchetool. Nun erst kann das Internet seine ganze Stärke entfalten.

Das Social Web hat schon längst damit begonnen, eine universelle Ethik zu begründen.

Ferner hat das Social Web schon längst damit begonnen, eine universelle Ethik zu begründen. Dabei umfasst »social« ein ganzes Wertebündel rund um die Begriffe »gesellschaftlich«, »gesellig« und »sozial«. Im Deutschen beinhaltet »sozial« die Fähigkeit einer Person, sich für andere Menschen zu interessieren und sich in andere einfühlen zu können. Dies bedeutet auch, das Wohl Dritter im Auge zu behalten und fürsorglich an die Allgemeinheit zu denken. Vernetzt zu sein ist ein wichtiger Baustein dafür.

»Vernetzung heißt Kooperation und Kooperation erzeugt Moral. In Netzwerken ist es intelligent, nett zu sein«, sagt der Medienphilosoph Norbert Bolz. Das betrifft Wirtschaft und Gesellschaft gleichermaßen.

Öffentlichkeit erzeugt immer sozialen Druck. Und gesellschaftlicher Druck zwingt – wie Untersuchungen aus der Spieltheorie zeigen – zu fairem Verhalten. So wird auch das Böse eingedämmt. Nicht mal hinter verschlossenen Türen kann man heute noch die Sau rauslassen. Denn verschlossene Türen gibt es in einer Netzwerkgesellschaft nicht mehr. Das Mauscheln in Hinterzimmern lässt man also besser sein. Denn irgendeiner schaut immer durchs Schlüsselloch. Und im Web erzählt er der ganzen Welt, was er dort sieht. Whistleblowing nennt man das jetzt. Und dies hat mit Petzen rein gar nichts zu tun.

Whistleblower tun nämlich durchaus etwas Gutes: Sie decken nicht tolerierbares Fehlverhalten, gravierende Missstände und illegales Handeln auf. Wenn sie dabei an das Allgemeinwohl denken, gehen sie sogar persönliche Risiken ein. Ihr Schutz heißt Öffentlichkeit. Und die will endlich (!) sauberen Profit sehen. Ja, man kann auch erfolgreich sein, ohne zu zerstören. Man kann Gewinne erzielen und gleichzeitig die Welt verbessern. Genau *den* Unternehmen, die solche Werte leben, wird ein Großteil der Kunden die Treue halten.

Der unglaubliche Siegeszug der sozialen Medien ist wohl auch damit zu erklären, dass dort der gesunde Menschenverstand regiert und sich niemand um verwinkelte Managementtheorien schert. So hat das Social Web schon längst begonnen, die gesamte Art und Weise, wie wir miteinander Geschäfte machen, unwiderruflich zu verändern. Selbst wenn es im ersten Moment nicht den Anschein hat: Die Auswirkungen sind gewaltig. Sie kommen einem Paradigmenwechsel gleich.

Wie das »Web der Menschen« entstand

Als Paradigmenwechsel im Sinne des US-amerikanischen Wissenschaftsphilosophen Thomas Samuel Kuhn wird eine Änderung des Blickwinkels bezeichnet, »wenn durch diese Änderung die Grundlage für eine Weiterentwicklung der Forschung und des bereits vorhandenen Wissens gegeben wird. Festgestellt wird dieser Wechsel von der betreffenden ›Wissenschaftsgemeinde‹« (Wikipedia).

Ein großer Paradigmenwechsel fand mit Aufkommen des Internets und vor allem seit Beginn der kommerziellen Nutzung des World Wide Web statt. Dabei markieren die achtziger und neunziger Jahre des letzten Jahrhunderts das Ende der Industriegesellschaft und den Beginn der Wissensgesellschaft.

Als Paradigmenwechsel wird eine Änderung des Blickwinkels bezeichnet.

Ein weiterer Paradigmenwechsel hat vor wenigen Jahren eingesetzt. Abgegrenzt durch die Begriffe Web 1.0 und Web 2.0 kennzeichnet er das Erwachen der Netzwerkgesellschaft. Mit dem mobilen Internet ist nun das Web 3.0 an der Reihe. Ziel dieses »semantischen Webs« (Wikipedia) ist es auch, die Bedeutung von Informationen für Computer verwertbar zu machen. Dazu braucht es Verstehen. Siri, die Stimme aus dem iPhone, ist, selbst wenn derzeit noch nicht ganz perfekt, ein Vorbote dieser neuen Zeit, in die wir uns gerade mit Volldampf hineinbewegen.

Das Web 1.0 war ein Web der Technokraten und es gehörte den Unternehmen. Es stand für Produkte und Handel, für territoriale Gelüste und Machtexzesse, für Monologe und Topdownhierarchien. Das Vorgehen war monochron: analytisch, logisch und unterkühlt strukturiert einer fixierten Linie folgend. Wertschöpfungsketten nannte man das. In einer Wissensgesellschaft war und ist derjenige am erfolgreichsten, der die besten Ideen hat. In einer Netzwerkgesellschaft hingegen kommt der am weitesten, der die besten Ideen hat *plus* die meisten Fans mobilisiert *plus* die Kraft der Networks zu nutzen weiß.

In einer Netzwerkgesellschaft kommt der am weitesten, der die besten Ideen hat plus die meisten Fans besitzt plus die Kraft der Networks zu nutzen weiß.

Wie die Natur, als sie aus Einzellern Mehrzeller machte, so hat auch die Menschheit schon immer die »Macht der Vielen« genutzt und sich zu Netzwerken zusammengeschlossen: Aus Nomaden wurden Siedler, aus Siedlern Stämme und Völker. Handwerker bildeten Zünfte, Menschen mit gleichen Interessen schlossen sich in Verbänden, Vereinen und Genossenschaften zusammen. Doch erst mit Entstehen des Social Web konnten Netzwerke von einer Größe entstehen, die die ganze Welt zusammenführen. Und so bekommen heute auch die vielfältigen Formen des Weiterempfehlens einen neuen Stellenwert. Erst digital können sie ihre ganze Kraft entfalten.

Social everything: Die ganze Welt wird »sozial«

Das Web 2.0. postuliert, in Anlehnung an die Versionsnummern von Softwareprodukten, eine neue Generation des Internets und grenzt es von früheren Nutzungsarten ab. Der Begriff wurde Ende

2005 von Buchautor und Verlagsinhaber Tim O'Reilly populär gemacht. Das Wesen des Web 2.0 ist polychron, also geprägt durch einen hohen Kommunikationsgrad und einen ungehinderten Meinungsaustausch. Bei hoher Aktivitätsdichte findet eine lockere Vernetzung in alle möglichen Richtungen statt. Das Ganze hat Tempo und ist quirlig, komplex und konfus. Aus solchem Chaos wird ständig Neues geboren. Kreativität, Flexibilität, Offenheit und Schnelligkeit sind die entscheidenden Parameter dabei. Während das Web 1.0 für »Hunting« stand, steht das Web 2.0 für »Farming«. Und das Web 3.0 fährt über beobachtendes Zuhören, motivierendes Einbinden und intelligentes Verknüpfen schließlich die Netzwerkernte ein. Jede Aktivität eines Unternehmens wird dabei künftig Social-Media-Anteile enthalten und diese wertschöpfend nutzen.

Bereits das Web 2.0 gehört den Menschen. Es steht für Gespräche, für Teilen, für Werte, für Kooperation und Gleichrangigkeit, für transparente Beziehungen und ehrliche Interaktion. Bezeichnenderweise wurde der technokratisch anmutende Begriff Web 2.0 auch schnell in den Hintergrund gedrängt. Heute sprechen wir vom Social Web. Es hat nicht nur eine neuartige Infrastruktur bereitgestellt, sondern auch einen Wertewandel eingeleitet und letztlich eine neue Gesellschaftsphilosophie geschaffen.

Während das Web 1.0 für »Hunting« stand, steht das Web 2.0 für »Farming«.

Das beeinflusst jedes unternehmerische Tun: Wir kommunizieren im Web mit Social Networks und betreiben Social Commerce. Wir arbeiten als Social Enterprises mit Social Capital an Social Investments. Kunden profitieren von Social-Shopping-Aktionen. Gute Tipps geben sie an ihr Social Graph via Social Plugins weiter. Und Marketer versuchen, durch Social CRM unterstützt, die in Social Communities mit Social Games, Social Talk oder Social Dating beschäftigten Konsumenten über Social PR und Social Advertising zu erreichen, um schließlich mit ihnen Social Business in der bunten Welt der Social Media zu machen. Ohne jetzt hier alle Begriffe im Detail erläutern zu wollen: Als Social Media werden digitale Plattformen bezeichnet, die den interaktiven Austausch von Menschen untereinander ermöglichen.

Social everything: Die ganze Welt wird »social«. Und sie rückt dabei immer enger zusammen. Über geographische und kulturelle Grenzen hinweg stehen wir nicht nur vor einem Offline-Online-Verschmelzungsprozess, sondern (hoffentlich) auch vor einer Entwicklung, die soziale, ökologische und ökonomische Nachhaltigkeit wahr werden lässt. Ein One-World-Feeling liegt in der Luft. Das schon so lang vorhergesagte globale Dorf ist endlich gebaut. Jetzt müssen wir es nur noch gemütlich für alle machen.

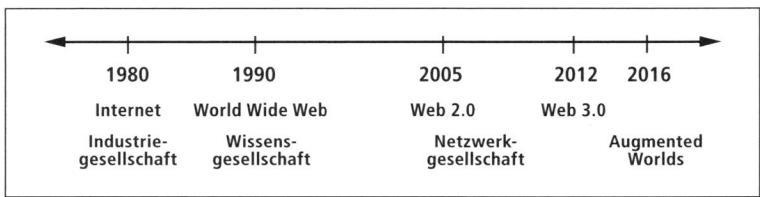

Abb. 4: Internet, Gesellschaft und Businesswelt im Zeitverlauf

Wie die Zeit vergeht! Kurz in den Rückspiegel geschaut

Die Unterschiede zwischen der alten und der neuen Businesswelt sind enorm. Das hat nicht nur Auswirkungen auf das Miteinander in den Unternehmen. Es erfordert ebenso durchgreifende Veränderungen im Umgang mit den Kunden an den einzelnen Touchpoints. Das gilt im Übrigen für alle Touchpoints, nicht nur für jene, die das Social Web hervorgebracht hat.

Was in einem ersten Schritt dafür nötig ist? Zunächst gilt es zu verstehen, wie das »große Bild« unserer neuen Businesswelt funktioniert. Nur das kann einen Einstellungswandel bewirken. Und nur dann können wir in den »Momenten der Wahrheit« stilsicher das Passende tun. Schauen wir uns also das Ganze zwecks Standortbestimmung zunächst aus der Konzeptperspektive heraus an: Was ist alt – und was ist neu?

> **Wir müssen verstehen, wie das »große Bild« unserer neuen Businesswelt funktioniert.**

Ein Blick zurück im Zorn

Lang, lang ist es her – der Taylorismus lässt grüßen –, da funktionierten Unternehmen wie autistische Silos. Patriarchalisches Führen, Bereichsegoismen, sinnentleerte Arbeitsteilung, vordefinierte Standards und ausgefeilte Kontrollmechanismen waren die Norm. Ober stach Unter. Der »Dienstweg« war heilig, über alle Instanzen hinweg. Abarbeiter erfüllten ohne Murren und stets prozesskonform die ihnen zugewiesenen Aufgaben. Im stillen Kämmerlein erfanden Ingenieure Produkte, die möglichst rationell zu fertigen waren. Die Kommunikationsabteilung machte die Werbung dafür und der Vertrieb verkaufte sie dann. Massenproduktion, Push-Marketing (Reklamegeschrei in den Markt hinein) und Hardselling (»Anhauen, umhauen, abhauen«) waren die Norm. Dementsprechend ging es auch an den einzelnen Touchpoints zu: Ich Hersteller – du kaufen!

Kam das alles nur in grauer Vorzeit vor? Der Marketing- & Vertriebs-Excellence Monitor 2010 ergab, dass gerade mal 6 Prozent der befragten Unternehmen eine *gemeinsame* Marketing- und Vertriebsplanung haben. Weitere Ausführungen will ich uns hier ersparen. Nur so viel vielleicht: In den Teppichetagen tummeln sich tatsächlich immer noch Graumelierte, die nicht mal E-Mails schreiben können. Wie wollen diese Leute ihre Unternehmen in die Zukunft führen? Und ob man es glaubt oder nicht: Es gibt nach wie vor Firmen, die keine eigene Webseite haben. Was die ins Internet-zeitalter hineingeborenen »Digital Natives« dazu sagen? »Wer nicht im Web gefunden wird, der existiert gar nicht – und wird auch nicht gekauft.«

Verirrt in der Matrix

Mit Aufkommen des World Wide Web wurden die Dinge komple-xer – und das Miteinander vernetzter. Matrixorganisationen mit horizontal-diagonal-vertikalen Strukturen entstanden. Der Ver-trieb entdeckte den Nutzenverkauf. Kluge Hersteller begannen ihre Produkte mit passenden Dienstleistungskonzepten aufzumöbeln. Servicestrategien wurden geboren und die Kundenorientierung rückte in der Wahrnehmung deutlich nach vorn. Damit wuchs auch die Zahl der Touchpoints. CRM (Customer Relationship Ma-nagement) kam in Mode, doch es war in der Umsetzung meistens IT-getrieben und deshalb ganz »kalt«. Kunden wurden sozusagen »abgefertigt« und »verwaltet«. Aber Menschen sind kein bürokra-tischer Vorgang. Und Menschen sind auch keine Datenpakete.

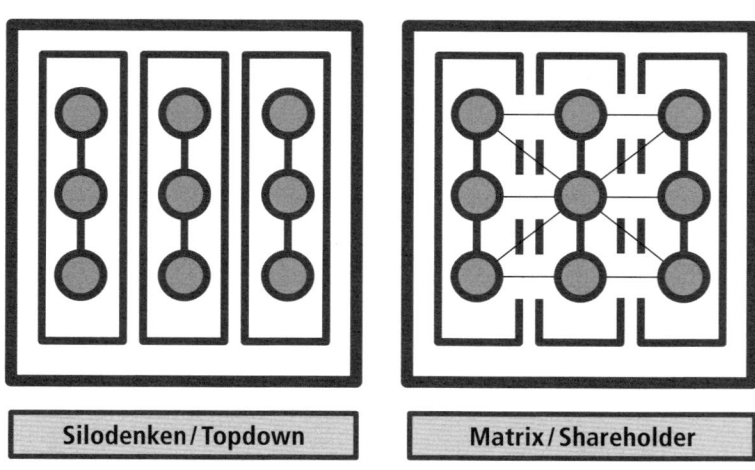

Abb. 5: Die Konzepte einer veralteten Businesswelt

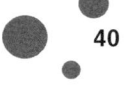

Heute treten gute Marken als aktive Dialogpartner auf. In der Matrixzeit hingegen betrieben sie Einwegkommunikation: Mit hohem Werbedruck wurden Botschaften verbreitet (»Kaufen! Sie! Jetzt!«). Und die Verbraucher? Sie hörten zu und kauften dann fleißig und brav. Emsige Presseabteilungen schickten Lobeshymnen in die Welt hinaus, um am Image zu basteln. Zudem wurden Fessel- spiele erfunden: Kundenbindungsprogramme nannte man das.

Menschen sind kein büro- kratischer Vor- gang. Und sie sind auch keine Daten.

Den Mitarbeitern wurden Mission-State- ments und Leitbilder an die Wand genagelt – für den schönen Schein. In Wirklichkeit gaben Zahlenakrobaten und Profitcenter die Marschrichtung vor. Die Karriereleitern kannten nur ein einziges Ziel: ganz weit nach oben. Das Fußvolk der »einfachen« Mitarbeiter wurde als Humankapital postuliert. Die Pest der Shareholder-Value-Denke nahm das Management in den Griff: Turbokapitalismus und Maximalrenditen im 3-Monats-Takt. Tja, in einer Matrix kann man sich ganz schön verlaufen. Beim Spiel mit den Bauklötzen der Macht haben sich viele verzockt. Kollateralschäden inbegriffen. Die Finanz- und Wirtschaftskrise 2008 / 2009 markierte das Ende dieser Zeit. Das war ganz schön eng, doch wir sind, so scheint's, noch mal davongekommen.

Der lange Blick nach vorn in unsere neue Businesswelt

Der Begriff Web 2.0 markiert das Ableben des Von-oben-nach-unten-Monologs und den unumkehrbaren Beginn eines gleichrangigen Dialogs zwischen Unternehmen und ihren Anspruchsgruppen (Stakeholder). Aus dem Topdown Web wurde das Social Web –

und aus Shareholder-Value wurde Shared Value (Michael Porter). Manchen kommt das wie ein kleines Wunder vor. Denen, die im Dienste des Shareholder-Value-Wahns ihre Seele verkauften, erscheint es wie eine späte Erlösung: Das Management in den Unternehmen übernimmt endlich (!) Verantwortung für Gesellschaft und Umwelt. Corporate Social Responsibility nennt man das nun. Bleibt zu hoffen, dass es den maßgeblich Beteiligten ernst ist mit dieser Haltung und sie nicht nur unter einem schönen neuen Namen modernen Ablasshandel betreiben.

Die Chancen stehen gut, denn die maßgeblichen Medien ziehen – zumindest derzeit noch – mit. Und die Brutstätten der zahlenfixierten Web-1.0-Zeit, die Business-Schulen und Elite-Universitäten mit ihren autistischen Ökonomiemodellen, adaptieren gerade kleinlaut ihre Studienpläne: Wirtschaftsethik kommt ins Programm. Viel wird entstaubt und manch irrige Managementlehre (aus Amerika) wird endlich verfeuert, denn selbst für die Mottenkiste taugt sie nicht mehr. Was sich nun noch dringend ändern muss: diese verzwirbelt-gestrige Hohepriester-Sprache in Master- und Doktorarbeiten. Warum? Damit die Manager menschlich reden lernen im Business – und dann endlich auch verstanden werden können.

Die talentierten Berufseinsteiger haben sich ethisches Tun auf die Fahnen geschrieben.

Die neue Workforce

Ein Umstand ist geradezu bahnbrechend: Die talentierten Berufseinsteiger, die Young Professionals und High Potentials in spe, die jedes Unternehmen so händeringend sucht, sie haben sich ethisches Tun auf die Fahnen geschrieben. Der Blick auf die Unternehmenskultur als Auswahlkriterium ist ihnen bei der Jobsuche mindestens genauso wichtig wie potenzielle Karrierechancen. Sie sind Vorreiter für ganz neue Formen des Arbeitslebens. Sie fordern Balance zwischen Beruf,

Umwelt und persönlichem Lebensstil ein. »Die wollen nicht mehr Zeug, sondern mehr Zeit«, hat der Philosoph Richard David Precht in einem Interview mit der Wirtschaftswoche im Oktober 2010 gesagt.

Was für sie außerdem wichtig ist? Autonomie und Gestaltungsraum, Kollaboration und Selbstorganisation – und Sinn. Autoritäten, die nur kraft ihres Amtes bestehen, sowie traditionellen Befehlsketten verweigern sie sich. Der Chef als Ansager und Aufpasser? Für sie ein Auslaufmodell. Sie sind Zuhörer und immerzu Lernende. Sie stehen für Gleichrangigkeit, für Miteinander und Teilen. Wer den wertvollsten Content liefert, wird von ihnen am meisten geschätzt und findet sich im Zentrum ihrer Netzwerke wieder. »Wer im Web 2.0 neue Formen der Kooperation und der Dezentralisierung von Macht erlebt, will sich nicht in betonierten Hierarchien einengen lassen«, resümiert der Zukunftsforscher Andreas Haderlein.

Heute bewerben sich die Arbeitgeber bei den aussichtsreichsten Kandidaten.

Als Stellensuchende verfügen sie – so wie die Kunden auch – über alle Möglichkeiten, ein Unternehmen streng zu durchleuchten, bevor es zu einer Entscheidung kommt. Ihre potenziellen Kollegen haben nämlich schon längst öffentlich gemacht, wie es *hinter* den Kulissen zugeht und was die Führungskräfte wirklich taugen. Die alten Handbücher des Personalwesens können also getrost ausrangiert werden. Denn auch hier haben sich die Verhältnisse gewandelt: Heute bewerben sich die Arbeitgeber bei den aussichtsreichsten Kandidaten. So lautete zum Beispiel eine Standardfrage im Einstellungsgespräch früher wie folgt: »Was wissen Sie über unsere Firma?« Jetzt, so erzählen mir die Personalrekrutierer, drehen die Spitzenbewerber den Spieß einfach um, und das geht dann so: »Ich habe mich über die Reputation Ihres Managements und das Arbeitsklima in Ihrem Unternehmen informiert, und nun erklären Sie *mir* mal, weshalb ich bei Ihnen arbeiten sollte!«

Progressive Firmen schreiben offene Posten höchstens noch pro forma per Stellenanzeige aus. Eher schon belohnen sie die Belegschaft für erfolgreiche Tipps. Die eigenen Mitarbeiter sind die beste Quelle, wenn es um passende neue Kollegen geht.

Es ist also die Net-Generation, die den Paradigmenwechsel in Wirtschaft und Gesellschaft längst lebt. Aus ihrer Mitte rekrutieren sich die neuen Mentoren. Ihre größte Stärke? Das Wissen, wie man aus vernetzten Strukturen Vorteile schöpft. Die »Digital Natives« zeigen den »Analog Seniors«, wo es in Zukunft langgeht. Was das heißt? Schluss damit, ein Unternehmen von innen nach außen zu bauen, denn das ist definitiv in die falsche Richtung gedacht.

Der neue Blickwinkel: Outside-in

Heute werden Unternehmen von außen nach innen gebaut. Die entscheidenden Impulse kommen von draußen. Nicht mehr top-down und Inside-out, sondern Outside-in heißt jetzt der Kurs. Wer dabei schneller und besser mit anderen zusammenarbeitet, der wird in Zukunft das Rennen machen. Produkte werden heute mithilfe der Kunden entwickelt und Marken mithilfe der Kunden geführt. Man nennt das Mitmachmarketing.

Dazu müssen Unternehmen das Loslassen lernen. Die Führungscrew ist längst nicht mehr Chef im Ring. Ihre früheren »Stärken« – nämlich Botschaften verteilen und Monologe zerstäuben – sind zunehmend wirkungslos. Es sei denn, sie verlernen, die Sprache der Werber zu sprechen. Nur so haben sie eine Chance, mitzureden und die öffentliche Wahrnehmung maßgeblich mitzugestalten. Es sind die sozialen Netzwerke und die meinungsstarken Expertenkunden, die in Zukunft als Stimmungsmacher und Referenzgeber die Reputation eines Unternehmens prägen.

Nicht mehr top-down und Inside-out, sondern Outside-in heißt jetzt der Kurs.

So heißt es nun für alle Leistungsbereiche: Die Selbstzentrierung muss weichen, stattdessen rückt die Beziehungsarbeit an den Touchpoints nach vorn. Customer first! Nicht das eigene Angebot, sondern der Kunde ist nunmehr der Held. Das Produkt selbst ist ja nichts als ein Kostenblock. So ist ein Auto in dem Moment am teuersten, in dem es vom Montageband rollt. Sein Wert entsteht erst durch all die Erlebnisse, die ein Nutzer damit später haben wird. Es gehört also nicht in den Vordergrund, was ein Produkt alles kann, sondern das, was es für den Menschen tut, der es kauft. Denn Menschen wollen sich glücklich kaufen.

Aspekte des unternehmerischen Wandels	Alt = selbstzentriert = Inside-out = 1.0	Neu = kundenfokussiert = Outside-in = 2.0 / 3.0
Grundhaltung	An bestehenden Prozessen und Strukturen orientiert	An sozial vernetzten Kunden orientiert
Aufbau Organisation	Topdown-Hierarchien	Netzwerke
Prozesssteuerung	Standards / Normen	Touchpoint Management
Produktentwicklung	Stilles Kämmerlein	Crowdsourcing
Führungskraft	Vorgesetzter / Aufpasser	Enabler / Katalysator
Kommunikation	Proklamation	Gespräche / Dialog
Werbung	Marktschreierei	Mundpropaganda
Öffentlichkeitsarbeit (PR)	Imageaufbau	Reputationsmanagement
Marketing	Push (Druck)	Pull (Sog) / Partizipation
Marktforschung	Fragebogenaktionen	»Social listening« (im Web)
Verkauf	Hardselling	Weiterempfehlungen
Ideologie	»Hunting«	»Farming«

Kontrollverlust? Gott sei Dank!

All das bedeutet für die Führung zunächst: runter vom Thron und raus aus dem Elfenbeinturm. Kundennähe in der Chefetage ist eine absolute Notwendigkeit. Die Tüftler müssen ihr stilles Kämmerlein, die Manager den grünen Tisch und die CEOs ihre behütende Vorstandsetage verlassen, um Feedbackschleifen zu drehen. Sie alle sollten sich Mikrofone schnappen und die Kunden inständig befragen. Sie sollten sich Kameras nehmen und hinter den Kunden herlaufen, um aufzuzeichnen, wie sie agieren.

Kundennähe in der Chefetage ist eine absolute Notwendigkeit.

»Schaffen Sie MBA-Programme ab, die einem beibringen, dass man Unternehmen aus dem Fernsehsessel mit der Fernbedienung managen kann«, sagt der kanadische Managementexperte Henry Mintzberg in einem Interview mit dem Wirtschaftsmagazin Brand eins im Juni 2011, und weiter: »Führungskräfte müssen die Produkte testen, dorthin gehen, wo sie hergestellt und verwendet werden, mit den Leuten reden. Sich nicht groß anmelden, sondern einfach hereinplatzen. Sonst geht es wie früher bei General Motors: Dort strichen sie die Fabriken immer neu an, bevor der Vorstand zu Besuch kam.« Ja, die meisten Manager kümmern sich zwar um vieles – aber viel zu wenig um ihre Kunden. Manche haben noch nie einen Kunden lebend zu Gesicht bekommen. Sie glauben, dafür seien allein die Mitarbeiter aus Sales und Marketing zuständig. Sie verbringen ihre Zeit lieber im Konferenzraum oder kaufen teure Beratung bei McKinsey & Co., anstatt endlich einmal ausführlich mit den Kunden zu reden. Von Kunden ist unendlich viel zu lernen, wenn man gut zuhört, sie mitmachen lässt und kluge Fragen stellt.

Das bedeutet dann offensichtlich auch Kontrollverlust. Kontrollverlust ist in Wirklichkeit aber die Angst vor Machtverlust. Und so etwas mögen Manager gar nicht gern. Manager wollen machen. Und messen. Und steuern. Am liebsten nach Plan. Sie haben gerne alles im Griff? In einer Netzwerkgesellschaft kann dies ein Trugbild mit schmerzlichem Ausgang sein. Nicht fein gedrechselte Businesspläne, sondern dialogisierende Kunden entscheiden heute über Top oder Flop. Nicht die Unternehmen, sondern die Konsumenten erzeugen nun die relevantesten Markenbotschaften. Diese finden wir als Klartextkommentar in Foren, Blogs und auf Meinungsplattformen. Oder wir konsumieren sie als virale Spots auf einschlägigen Videoportalen mit hohem Klickpotenzial.

Kontrollierbar ist Unternehmenskommunikation sowieso nur so lange, bis sie das Haus verlässt. Wie Anzeigen, Plakate, ein Mailing oder eine Pressemitteilung dann auf der Empfängerseite verarbeitet werden, kann man nicht steuern. Plakate werden übermalt, Anzeigen überblättert und Mailings als Briefkastenspam schnell entsorgt. Wie ein Journalist eine Pressemitteilung verarbeitet, steht nicht in unserer Macht. Was die Mitarbeiter den Kunden hinter vorgehaltener Hand erzählen, liegt nicht in unserer Hand. Der Unterschied: Früher geschah das hinter verschlossener Tür und war schnell wieder vergessen. Heute wird alles öffentlich gemacht. Und sobald es ins Internet hochgeladen ist, gehört es auch allen.

Heute wird alles öffentlich gemacht. Und sobald es ins Internet hochgeladen ist, gehört es auch allen.

Diese Entwicklung hat hauptsächlich ihr Gutes: Früher bekamen die Unternehmen das Gerede der Leute nicht mit und so konnten sie auch nicht darauf reagieren. Marktforschung und teure Kundenbefragungen mussten diese Lücke schließen. Heute ist das besser: Was immer dem Web erzählt wird, die Unternehmen lesen es auch – entsprechendes Monitoring natürlich vorausgesetzt. Sie können nun ihre Kunden direkt befragen oder beobachten, Muster studieren, Strukturen erkennen und durch Zuschauen lernen. Darauf aufbauend können sie dann mit kundenrelevanteren Produkten und Dienstleistungen erfolgreicher sein.

Das erinnert mich an ein als »Oregon-Experiment« bekannt gewordenes Vorgehen der Universität Oregon. Sie plante bei der Neugestaltung des Campus erst einmal keine Wege ein, sondern säte überall Rasen. Erst als sich Trampelpfade gebildet hatten, wurden diese geteert. Clever!

Community-Feeling? Wie großartig!

Für Marken und B2B-Anbieter (Business to Business), die Social Media verstanden haben, ist das Web 2.0 / 3.0 ein großes Glück. Endlich können sie mit ihren Endkunden unmittelbar kommunizieren. Produzenten, die der Öffentlichkeit bislang mehr oder weniger verborgen blieben, wie etwa die Zulieferer der Automobilindustrie, können nun ihre Produkte erlebbar machen. Unternehmen, die bislang auf Fachhandelsstrategien setzen mussten, können jetzt einen *direkten* Draht zu den Nutzern ihrer Erzeugnisse aufbauen.

Für Marken und B2B-Anbieter ist das Web 2.0 / 3.0 ein großes Glück.

So hat der Armaturenhersteller Grohe einmal »Duschbotschafter gesucht«. Gefragt waren Nutzer, die die Regenschauer-Dusche testen wollten und sich bereit erklärten, darüber mit Text und Fotos auf ihrem Facebook-Account zu berichten. Mehr als 6500 Interessierte sind dem Aktionsaufruf gefolgt. Weltweit 2000 Personen wurden per Los ausgewählt und Grohe schickte ihnen den Duschkopf kostenlos ins Haus. Beinahe jeden Tag fanden sich von da an auf Facebook neue Einträge, in denen die Duschbotschafter von ihren Erlebnissen berichteten. Die Fanbasis stieg innerhalb von drei Wochen auf 20 000 an. Dies alles hat sich auch positiv auf den Absatz ausgewirkt: Die

Grohe Rainshower Icon wurde, wie Unternehmenssprecherin Ulrike Heuser-Greipl mir mitteilte, im Kampagnenzeitraum überproportional gut verkauft.

Fortschrittliche Unternehmen verschmelzen bereits mit ihren Kollaborateuren und Kunden zu einer Community. Eine Community ist eine Gruppe Gleichgesinnter, die ähnliche Interessen verfolgen, ihr Wissen vertrauensvoll teilen und eine gemeinsame Identität aufbauen. Communitys sind für viele Menschen schon fast so was wie eine zweite Heimat – und hochrelevant. Klassische Marktforschung, Einwegkommunikation, Vermittler und traditioneller Verkauf werden in Community-Szenarien stark an Bedeutung verlieren. Und das Beste daran: Aus ehemals teurer Werbung wird nun über Empfehlungsmechanismen kostengünstiges Neugeschäft.

Auf dem Weg in die »Augmented World«

Einige wenige Marktplayer haben das, was ich bis hierhin beschrieben habe, bereits sehr erfolgreich umgesetzt. Manche haben sich schon auf den Weg gemacht. Doch viele Unternehmen müssen in dieser neuen, schnellen Businesswelt erst noch laufen lernen. Vor allem aber müssen sie erproben, mit den »neuen Momenten der Wahrheit« virtuos zu kokettieren. Eine kundenfokussierte Unternehmenskultur, ein »Spielfeld des Wollens« für die Mitarbeiter und der richtige Touchpoint-Mix, über den wir noch sehr viel hören werden, sind dafür entscheidend.

Und wie geht's weiter im neuen Geschäftsmodell? Spätestens »übermorgen« ist alles mit allem vernetzt. Und wir Menschen sind in einer »Augmented Reality« (Paul Milgram) zuhause – einer erweiterten Wirklichkeit. »Im Gegensatz zur virtuellen Realität (VR), bei welcher der Benutzer komplett in

Viele Unternehmen müssen in dieser neuen, schnellen Businesswelt erst noch laufen lernen.

Eine Augmented Reality (AR) ist eine computergestützte Ausweitung der wahrgenommenen Realität.

eine virtuelle Welt eintaucht, steht bei der erweiterten Realität die Darstellung zusätzlicher Informationen im Vordergrund«, schreibt Trendforscher Peter Wippermann in einem umfassenden Blogbeitrag.

Eine Augmented Reality (AR) ist also eine computergestützte Ausweitung der wahrgenommenen Realität. Sie entsteht durch Informationsschichten (Information-Layer), die sich aus virtuellen Daten speisen und auf Abruf in die Wirklichkeit einblenden lassen. Wenn Sie etwa Ihr AR-ausgerüstetes Handy vor den Eiffelturm halten, zeigt es Ihnen zusätzliche Informationen zu diesem Pariser Wahrzeichen an. Heute benutzen wir vor allem die Displays internetfähiger Mobilgeräte dafür. Doch schon bald wird diese Technologie in Brillen und irgendwann sogar in Kontaktlinsen eingebaut sein.

Ganze Wände, die wie Touchscreens funktionieren und via Fingerspitze den Weg ins Internet ebnen, sind im Kommen. Und in nicht ferner Zukunft werden sich auf ein Zeichen hin Membrane um uns herum errichten lassen, durch die ein fortlaufendes Eintauchen in die Tiefen des Webs möglich ist. Schließlich werden wir die digitale Welt, auf welche Art auch immer, wohl inkorporieren, wobei sich das in unseren Hirnarealen gespeicherte Wissen mit virtuellen Informationen verbinden kann.

Wie auch immer es kommt: Augmented Reality ist mehr als eine bloße Technologie und ganz sicher mehr als eine simple Verschmelzung von online und offline. Augmented Reality ist für mich eine faszinierende Zukunftsvision, in der »augmentierte« Szenarien unser berufliches und privates Leben noch einmal reichlich verändern werden. »Augmented Worlds«, wie die Fachleute sie nennen, werden um 2016 wohl Wirklichkeit sein. Ich bin gespannt.

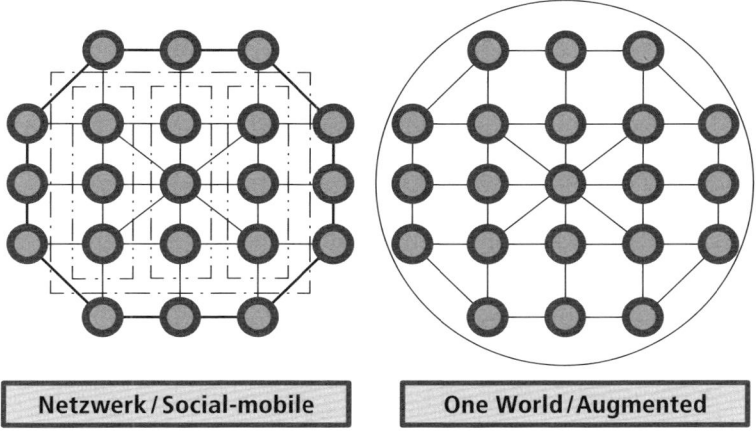

Netzwerk/Social-mobile   **One World/Augmented**

Abb. 6: Die Konzepte einer neuen Businesswelt

Gewinner und Verlierer

Auf das, was schon da ist, und auf das, was noch kommt, sollten Unternehmen gut vorbereitet sein. Unsere neue Businesswelt kann nicht länger mit den veralteten Konzepten aus der analogen Zeit bespielt werden. Und kein Zweifel: Die Menschlichkeit kehrt endlich in die Unternehmen zurück. Über das Social Web können alle Anbieter nun auf direktem Weg mit ihren Kunden kommunizieren. So kommt den sogenannten Human Touchpoints, an denen sich ein Unternehmen über die Gesichter, Stimmen und Taten seiner Mitarbeiter zeigt, eine immer größere Bedeutung zu.

Innerhalb der nächsten fünf Jahre müssten sich alle Branchen und Industrien auf soziale Weise neu erfinden, hat Facebook-Gründer Mark Zuckerberg schon im Oktober 2010 gesagt. Die Zukunft wird also Verlierer und Gewinner hervorbringen in einer durch das mobile Internet und Social Media vorangetriebenen Netzwerkökonomie. In Anlehnung an Erik Qualman (Socialnomics) liste ich diese wie folgt:

Die Verlierer:

- Unternehmen, die mittelmäßig und austauschbar sind
- Solche, die ihre Mitarbeiter und die Umwelt schlecht behandeln
- Großkonzerne, die wie schwerfällige Tanker agieren
- Unternehmen, die sich zum Nachteil der Gemeinschaft mästen
- Traditionelle Werbung und Offlinemedien
- Zwischengeschaltete Vermittler, bezahlte Mittelsmänner
- Marktteilnehmer ohne Talente
- Angebote, die keine Fürsprache von Dritten erhalten

Die Gewinner:

- Unternehmen, die nutzwertige Produkte sowie exzellenten Service bieten und dabei moralische Werte leben
- Solche, die Offenheit, Dialoge, Loyalität und Vertrauen pflegen
- Solche, die zahlreiche Fans und engagierte Multiplikatoren haben
- Der Mittelstand (sofern er den Generationenwechsel in den Griff bekommt)
- Die Menschlichkeit
- Die Umwelt
- Die Gesellschaft
- Die Demokratie
- Die Kunden und Konsumenten
- Netzwerke, Allianzen, Kooperationen
- Die Frauen
- Das Mundpropaganda- und Empfehlungsmarketing

Wie Sie in diesem Szenario zum Gewinner werden? Es braucht die richtigen Strategien und dann das passende Managementinstrumentarium. Vor allem aber braucht es wissendes Verstehen. Schauen wir uns die Treiber unserer neuen Businesszeit also zunächst einmal etwas genauer an.

Die neuen Buzzwords: Networks, Social, Mobile & Co.

Das Social Web wird für immer mehr Menschen zu einem zweiten Lebensraum, der unsere Sehnsucht nach Verbundenheit auf digitale Weise stillt. Und es schafft – trotz schwarzer Schafe, die es überall gibt – einen ethischen Rahmen, der an das geregelte Funktionieren dörflicher Gemeinschaften erinnert. Im Dorf haben uns nur die Nachbarn zugeschaut, heute beobachten uns die Suchmaschinen. Und was sie finden, sieht nun die ganze Welt.

> **Im Dorf haben uns nur die Nachbarn zugeschaut, heute beobachten uns die Suchmaschinen.**

The Network is watching you

So wie man früher auf den Markt oder in die Dorfkneipe ging, so trifft man sich heute »im Netz«. Wer früher die Gardinen aufzog, damit andere in seine Wohnung schauen konnten, gewährt uns nun per Webcam Einblick in seine Privatgemächer. Wer früher an seinem alten Käfer herumgebastelt hat, der tut dies heute mit Videomaterial – oder als Hacker. Der übliche Klatsch und Tratsch findet nun auf Meinungsportalen, in Chatrooms und Foren statt. Im Internet finden wir auch all die kleinen Dinge wieder, die uns so menschlich machen: persönliche Eitelkeiten (Ego-Surfen und Klickraten), der Wunsch nach Aufmerksamkeit und Anerkennung (Rankings), Mitteilungsbedürfnis (Blogs, Twitter, YouTube). Und natürlich Emotionen – ganz neu formuliert: *staun*, *nochmehrstaun*, *fremdschäm*, *tränchenzerdrück*, *vollstolzsein* und *tatsächlichfreudefühl*. So begleitete jemand kürzlich eine Diskussion an meiner Facebook-Wall.

Die »Weisheit der Vielen« macht vor niemandem halt.

In einem Dorf, wo jeder jeden kennt (und kontrolliert), wo sogar die Hinterhöfe überschaubar sind, da hat das eigene Verhalten Auswirkungen darauf, wie man von anderen wahrgenommen wird. Im Social Web findet soziale Kontrolle nun weltweit statt. Die »Weisheit der Vielen« macht vor niemandem halt. Nicht nur Manager und Politiker, nein, ganze Wirtschaftsimperien haben dies schmerzhaft zu spüren bekommen. Selbst autokratische Führer, die ihr Land, das Geld, die Medien, die Waffen und so ihre Bürger kontrollierten, haben dem, wie die jüngere Geschichte zeigt, nichts entgegenzusetzen. Ein kleines Detail in diesem Zusammenhang: Im Februar 2011 gab der junge Ägypter Jamal Ibrahim seiner Tochter den Namen »Facebook«. Er setzte damit der Bedeutung des Social Web beim Sturz des ehemaligen Präsidenten Husni Mubarak ein privates Denkmal.

Ja, früher gaben »die da oben« gerne die Marschrichtung vor. Und sie übersprangen auch öfter mal unzulässige Grenzen dabei. Aber heute gilt der Grundsatz: »The Network is watching you.« Und das Netzwerk reagiert immer emotional – genauso wie die Menschen, aus denen es besteht. Da heißt es entweder »Daumen hoch« oder »Daumen runter«. Ohne viel Pardon.

»Like« oder »dislike«: Alles ist emotional

Like oder dislike! So wunderbar einfach ist damit auf den Punkt gebracht, was uns die Hirnforschung neuerdings auch anhand bunter Tomographenbilder beweist: Emotio schlägt Ratio. Der »Homo oeconomicus«, der seine Entscheidungen vollkommen nüchtern und sachlich trifft und nur auf seinen Nutzen erpicht ist, ist eine traurige Erfindung dröger Wirtschaftstheorie. In Wirklichkeit, und das sagt uns schon allein der gesunde Menschenverstand, hat es ihn nie gegeben.

Alle Entscheidungen durchlaufen, bevor sie ins Bewusstsein gelangen, das limbische System. Dort werden sie emotional markiert und dann in unserem Erfahrungsspeicher für weitere Zwecke abgelegt. Die positiven, also angenehmen Marker sagen uns: »Weiter so!«, die negativen, also unangenehmen Marker sind Signale für »Kämpfe!« oder »Fliehe!«. Dabei reagieren männliche und weibliche Hirne recht verschieden. Frauen denken, fühlen und handeln anders als Männer. Das ist eine Tatsache, die sowohl das Kaufen und Verkaufen als auch die Mitarbeiterführung betrifft. Wir werden das später im Buch noch vertiefen.

Eines ist jedenfalls sicher: Unser ganzes Sein ist emotional. Wir empfinden uns erst wirklich als Mensch, wenn wir Emotionen spüren. Und das Erleben von Emotionen – auch der negativen, wenn man ihnen angemessen Ausdruck geben kann – gibt uns ein gutes Gefühl. Damit dieses Wissen auch an den Touchpoints Einzug hält, habe ich einen neuen Begriff geprägt: den eUSP. Das heißt: Unternehmen sollten ihre Angebote mit emotionalisierenden Alleinstellungsmerkmalen (emotional Unique Selling Propositions) ausstatten. Das hat sich inzwischen weitläufig herumgesprochen.

> **Unternehmen sollten ihre Angebote mit emotionalisierenden Alleinstellungsmerkmalen ausstatten.**

Daneben braucht es auch Bühnen, auf denen das Publikum seine Emotionen ausleben kann. Das Social Web ist ein idealer Schauplatz dafür. Und wohl genau deshalb hat es die Herzen der Menschen im Sturm erobert. Im Netz kann man seinesgleichen finden, Erfahrungen austauschen, seine Gefühle in Worte und Emoticons (☺☺☹) fassen, Interessen mit Gleichgesinnten teilen oder seine Lieblingsmarken feiern. Und jeder kann ein »Star für 15 Minuten« sein.

Die Droge Oxytocin

Egal, ob wir das Ganze nun Sippe, Clique, Netzwerk oder Community nennen: Menschen sind verbundenheitssüchtig. Der biochemische Auslöser dafür heißt Oxytocin. Das auch gerne »Kuschelhormon« genannte Oxytocin erhöht unser Glücks- und Genusspotenzial. »Bewusst oder unbewusst tendieren wir dazu, unser Verhalten so zu organisieren, dass es in uns zu einer Ausschüttung dieser Substanz kommen möge«, so der Neurobiologe Joachim Bauer, und weiter: »Personen, die durch ihre Zuwendung, durch ihre Anerkennung oder Liebe unsere Oxytocin-Produktion stimuliert haben, werden zusammen mit der Erinnerung an die mit ihnen erlebten guten Gefühle in den Emotionszentren unseres Gehirns abgespeichert.« Deshalb freuen wir uns, wenn wir liebe Freunde und angenehme Kunden sehen – und diese freuen sich auf uns. Aus demselben Grund gehen wir für favorisierte Anbieter und gute Chefs durchs Feuer – den ungeliebten aber laufen wir davon.

Das auch gerne »Kuschelhormon« genannte Oxytocin erhöht unser Glücks- und Genusspotenzial.

Wenn wir gut mit anderen auskommen und miteinander kooperieren, wird das von unserem Hirn also belohnt. »Warm glow« nennen Forscher das Gefühl, das uns dann überkommt. Es wird einem warm ums Herz, und das Wohlbefinden steigt, wenn wir soziales Verhalten zeigen. Auch das Bestrafen unfairen Verhaltens verschafft uns übrigens ein Glücksgefühl. Auf mangelnde Gerechtigkeit reagieren wir mit Empörung. Ein Manko an Fairness wird, so fanden Hirnforscher heraus, in der für Abscheu zuständigen Region unseres Gehirns gespeichert. Wir nehmen sogar eigene Nachteile in Kauf, nur damit ein anderer nicht ungerechterweise gewinnt.

Oxytocin könnte auch für den phänomenalen Erfolg von Social Media mitverantwortlich sein. Um diese These zu untermauern, ließ Adam Penenberg, Autor des Buchs »Viral Loop!«, seinen Oxytocin-Spiegel während des Twitterns messen. Schon nach zehn Minuten war der Wert um 13,2 Prozent gestiegen. Gleichzeitig waren seine Stresshormonwerte gesunken. Ganz klar: Ein solcher Zustand hat Suchtpotenzial.

Wenn man Leuten von Angesicht zu Angesicht gegenübersteht, ist es viel schwieriger, unlautere Absichten zu verbergen.

Emotionales Engagement braucht übrigens Freiwilligkeit. Sich Liebe und Treue, Fans und Follower, Mundpropaganda und Empfehlungen zu erkaufen, das ist immer nur zweite Wahl. Bei gemieteten Fürsprechern sieht die Begeisterung für ein Produkt einfach erlogen aus. Wir Menschen haben ein feines Intuitionsradar für »richtig« und »falsch«. Vor allem die *Augen* unseres jeweiligen Gegenübers ziehen uns dabei magisch an. Augenbewegungen verraten Handlungsabsichten, während Tonfall, Gestik und Mimik uns Geschichten über all das erzählen, was sich im Inneren des anderen abspielt. Diese Sprache verstehen wir auch ohne Worte. Daraus folgt: Wenn man Leuten von Angesicht zu Angesicht gegenübersteht, ist es viel schwieriger, unlautere Absichten zu verbergen. Genau deshalb finden geschätzte acht von zehn Empfehlungen nach wie vor im Outernet statt.

Die Droge Mensch

In der digitalen Welt arbeitet man mit Hochdruck daran, den Zauber der menschlichen Begegnung so real wie möglich zu machen. Bis es so weit ist, können grafische Stellvertreter (Avatare) und menschenähnliche interaktive Helfer auf der Website eine Notlösung sein. Sie werden, wie die WhiteMatter Labs GmbH bei Forschungsarbeiten herausgefunden hat, vom Betrachter als Erstes betrachtet. Auf deren Mimik reagierten die Versuchspersonen mit einer Steigerung der emotionalen Aktivierung. Und sie folgten den Handbewegungen des virtuellen Beraters. Solches Wissen erschließt den Anbietern die Möglichkeit, die Blicke der Internetnutzer (User) gezielt zu steuern und das Kauf-Ja zu fördern. Ein deutliches Umsatzplus ist dann die Folge.

In der digitalen Welt arbeitet man mit Hochdruck daran, den Zauber der menschlichen Begegnung so real wie möglich zu machen.

Am besten ist allerdings immer noch der echte physische Kontakt. Dann können wir unsere Spiegelneuronen zum Tanzen bringen. Dabei erleben wir das, was andere fühlen, in einer Art innerer Simulation. Wir sind nämlich so verdrahtet, dass wir emotional mit denen mitschwingen, die um uns sind. Deshalb sollten wir uns auch gut überlegen, von wem wir uns anstecken lassen.

Spiegelphänomene machen alle erdenklichen Situationen vorhersehbar. Sie befördern uns innerlich in einen dem Beobachteten sehr ähnlichen Zustand und wir ahnen, was passiert. Das Ergebnis nennen wir empathische Intuition. Sie kann uns Auskunft darüber geben, wie sich eine andere Person wahrscheinlich gerade fühlt und was sie als Nächstes tut. Sie schützt uns nicht vor Irrtümern, kommt aber der Realität oft sehr nahe.

Es ist sowohl im Mitarbeiter- als auch im Kundenkontakt hochgradig hilfreich, Spiegelzellen zu haben, die tatsächlich spiegeln.

Fehlendes Einfühlungsvermögen ist hingegen die vielleicht wichtigste Ursache für inkompetentes Führungsverhalten und schlechte Verkaufsergebnisse. Für geglückte Spiegelungen indes werden wir von unserem eigenen Körper und am Ende auch von unseren Mitmenschen belohnt.

Spiegelneuronen erklären wohl ebenfalls das Entstehen von Gruppenzwängen innerhalb einer Unternehmenskultur, in der bald alle – wie geklont – auf eine mehr oder weniger ähnliche Weise agieren. So schlägt sich die Stimmung des Chefs unmittelbar auf die Performance der Mitarbeiter nieder. Auch die Vorbildfunktion der Oberen erscheint nun in einem ganz neuen Licht. Ihr Tun färbt maßgeblich auf alle im Unternehmen ab.

Das Wissen um solche Zusammenhänge und die Erkenntnis, was sie bewirken, muss nun schnellstens in den nach wie vor unterkühlten, nüchternen und zahlenfixierten Managementetagen Einzug halten. Emotionen machen aus Träumen Wünsche – und aus Wünschen Geschäft. »Wo Emotionalität ist, kann man auch Marge machen«, sagt Torsten Toeller, Geschäftsführer von Fressnapf, einem der erfolgreichsten Franchiseunternehmen europaweit. Wer sich an die Emotionen des Kunden richtet, wird immer denjenigen schlagen, der auf die reine Ratio zielt.

Emotionen machen aus Träumen Wünsche – und aus Wünschen Geschäft.

Die »Likes« und »Dislikes« der Kunden geben dabei die Marschrichtung vor. Und diese müssen sich schließlich auch im Strategieinstrumentarium wiederfinden. Als Enttäuschungs- und Begeisterungsfaktoren habe ich sie in das Kundenkontaktpunkt-Management eingebaut. Später mehr dazu.

Sozial vernetzt: Das »Wir« gewinnt

Der kometenhafte Aufstieg des Social Web ist wohl der beste Beweis: Wir Menschen sind höchstens ein ganz klein wenig reine »Ichlinge«. Menschen sind ihrem Wesen nach vor allem Netzwerkwesen, also sich sozial vernetzende Individuen. Es ist in unserer DNA, »social« zu sein. Unsere Hirne sind vor allem dafür gemacht, das Zusammenleben in einer Gruppe zu meistern. Wir sind lieber in eine achtbare Gemeinschaft eingebettet als ständig »auf der Flucht«. Isolation gehört zu unseren schlimmsten Ängsten. »Du bist nicht allein« ist wohl das Tröstlichste, was man einem Menschen sagen kann. Selbst wenn es uns in die endlosen Weiten des Weltraums zieht, suchen wir vor allem nach einem: nach menschlichen Lebensformen. Und was wollte damals E. T., der kleine Außerirdische? Kontakt!

Dass das Web einsam macht, ist nur ein Gerücht.

Stammesgeschichtlich betrachtet ist das Social Web vor allem eine neue Technologie, die uns mit anderen zusammenbringt, um Clans zu bilden. »Nichts braucht der Mensch so sehr wie den Menschen.« Das haben schon die alten Griechen gesagt. Und nichts kann diese Sucht derzeit besser stillen als das Internet. Zwei Dinge hat das Web dem wahren Leben voraus: Wir können dort schneller Beziehungen knüpfen – und gleichzeitig mehr Menschen um uns scharen. Dass das Web einsam macht, ist nur ein Gerücht. Genau das Gegenteil ist der Fall. Dies wurde eindrucksvoll in einem Experiment bestätigt, über das in dem Buch »Connected!« (Christakis / Fowler) berichtet wird.

Ende der 1990er Jahre wurden in einer kleinen Neubausiedlung bei Toronto in Kanada 60 Prozent der Reihenhäuser mit einer kostenlosen Internetverbindung ausgestattet, 40 Prozent jedoch nicht. Das Ergebnis nach sechs Monaten: Die Bewohner mit Webanschluss hatten auch im wahren Leben viel mehr Kontakt. So kannten vernetzte Bewohner mehr Nachbarn mit Namen (25 gegenüber 8) und sie unterhielten sich auch doppelt so oft mit ihnen. Sie besuchten sich häufiger (5 Besuche gegenüber 3) und sie telefonierten deutlich öfter miteinander (22 Anrufe gegenüber 6). Sie nutzten ihre Vernetzung auch, um gemeinsam gegen Konstruktionsmängel zu protestieren. Sie zwangen den Bauunternehmer sogar, diese Mängel umgehend und umfassend zu beheben. Außerdem organisierten sie einen Protest in der Stadtverwaltung, um zu verhindern, dass diese Firma eine Genehmigung für die Erweiterung der Siedlung erhielt. Nach dieser Erfahrung erklärte der Bauunternehmer, er wolle keine vernetzten Siedlungen mehr errichten. Das lasse ich jetzt mal unkommentiert.

Wie Gemeinschaften funktionieren

Soziale Belohnung, also Anerkennung, Wertschätzung und Verbundenheit, das ist es, wonach wir am meisten lechzen. Als geachtetes Mitglied einer Gruppe zu gelten und wertvolle Beiträge für das Ganze zu leisten: Das Wort »social« drückt all das wohl am treffendsten aus. Es symbolisiert Solidarität, Gemeinschaft, Gruppenzugehörigkeit – über alle geographischen und kulturellen Grenzen hinweg. Es trennt nicht, sondern verbindet. Und es betont Ähnlichkeiten. Das ist auch gut. Denn nur über Ähnlichkeiten lassen sich Gegensätze entschärfen. Wer die gleichen Klamotten trägt, die gleichen Marken liebt, die gleichen Computerspiele spielt und die gleiche Sprache spricht, der ist für uns kein Wildfremder mehr. Nur Klüfte schaffen Konflikte. Kommunikation, Partizipation und Gleichrangigkeit haben schon immer für sozialen Frieden gesorgt.

Nur über Ähnlichkeiten lassen sich Gegensätze entschärfen.

So ist es die vielleicht größte Herausforderung für die Menschen in den Managementetagen, zu verstehen, wie Gemeinschaften funktionieren. Dann verstehen sie auch die neue Businesswelt. Wer Mitglied einer Gruppe ist, unterwirft sich den Spielregeln und sozialen Normen, die für diese Gruppe gelten. Ganz generell klingen sie so: Hilf denen in deiner Gruppe! Steh für sie ein! Sei stolz auf sie! Sprich gut über sie! Sei loyal! Nach außen grenzt man sich gegenüber anderen Kohorten ab, was schnell auch mal zu Feindseligkeiten führen kann. Doch im Innen steht man füreinander ein.

Die These vom »Social Brain« setzt sich auch in den Unternehmen immer mehr durch. Sie besagt, dass Menschen nicht primär auf Egoismus und Konkurrenz ausgerichtet sind, sondern auf Zuwendung und gelingende zwischenmenschliche Beziehungen. Kooperation ist der Normalfall bei sozialen Wesen. Erst wenn diese enttäuscht wird, reagieren wir mit Angriff. Aggression ist also ein Notfallprogramm. Und vorauseilende Aggressivität ist pathologisch. Dort, wo Kopfarbeit nötig ist, ist Angst der größte Erfolgskiller. Mit Angst im Nacken kann man zwar ein kurzes Stück schneller laufen, aber nie langfristig besser denken. Angst verengt die Augen und sorgt für den gefürchteten Tunnelblick. Der Fokus ist starr nach vorne gerichtet. Feine Details und all die Dinge, die sich rechts und links seitlich auftun, werden einfach ausgeblendet und sind nicht einmal mehr wahrnehmbar.

Wo Angst regiert, sinken die Überlebenschancen am Markt.

Die Erklärung dafür ist einfach: Bei Angst und Stress sind die Verbindungsstellen zwischen den einzelnen Hirnzellen, die sogenannten synaptischen Spalten, blockiert. Dort können die Hirnströme nicht mehr ungehindert fließen und wir können nicht länger klar denken. Dies führt zwangsläufig zu Leistungsabfall, zu Unfreundlichkeiten, zu häufigen Fehlern und zu angepasster Mittelmäßigkeit. Wo Angst regiert, sinken die Überlebenschancen am Markt. So ist es als Erstes die Angst, die aus den Unternehmen verschwinden muss. Gemeinsam mit Freude am gleichen Strang zu ziehen, das ist immer die bessere Wahl. Der Konkurrent als sportliches Feindbild – das ist eine gute Idee, das schweißt zusammen und aktiviert unsere Leistungsreserven. Das kann sogar mit einem Anreizsystem befeuert werden, solange der Kundenfokus dabei im Mittelpunkt bleibt. Innerhalb einer Organisation jedoch sind Feindbilder lebensgefährlich. Und wenn der Kunde zum Feindbild wird, dann ist das tödlich.

»Social« als Wirtschaftsfaktor

Wie die im Web gebündelte kollektive Kreativität sich erschließen lässt, um bessere Produkte und Dienstleistungen zu gestalten, darüber wird in diesem Buch noch sehr viel zu lesen sein. Eine Gemeinschaft, die sich einig ist, erreicht immer mehr als selbst der beste Einzelkämpfer. Und Gemeinschaft schützt. Wenn, so wie jetzt, die Dinge immer komplexer und damit auch bedrohlicher werden, rücken die Menschen enger zusammen. Unternehmen stärken sich durch Zusammenschlüsse: Businessnetzwerke, Marketingkooperationen, Einkaufsorganisationen und Franchisesysteme boomen.

Unternehmen stärken sich durch Zusammenschlüsse.

Auch auf Konsumentenseite wächst die Solidarität. Überall mehren sich Angebote, denen eines gemeinsam ist: Sie unterstützen den Erfahrungsaustausch, das soziale Miteinander und das Teilen. Sharing- und Recyclingmöglichkeiten, Group-Buying, Vorteilsportale, Tauschbörsen, Shopping-Communities und Schnäppchendienste sind heute ganz groß. »Collaborative Consumption« gilt als einer der wichtigsten gesellschaftlichen Trends der kommenden Jahre. Die »Macht der Vielen« setzt überall an: Es bilden sich Interessengruppierungen und sie setzen tadelnswerte Anbieter via

E-Mail-Attacken, Hass-Seiten, Blog-Postings und Medienschelte unter Handlungsdruck. Onlinegesteuerte Verbraucherboykotte sind schon längst ein Massenphänomen. Und sie treffen die Hersteller empfindlich. Das alles gilt im positiven Fall natürlich genauso. Fachleute sprechen bereits von einer »Wir-Ökonomie«.

Übrigens können Marken sich das »Social«-Phänomen in ganz besonderer Weise zunutze machen. Der Wert einer Marke entsteht ja nicht nur durch Produkteigenschaften, sondern auch durch den Austausch und die Interaktion mit anderen Nutzern innerhalb einer Community. Dieser Wert wird »Social Brand-Value« genannt. Er steigert den Wiederkauf und damit die Kundenloyalität um durchschnittlich 15 Prozent. Das hat die Unternehmensberatung Vivaldi Partners zusammen mit der Innovationsagentur Hyve und der Universität Innsbruck schon im Jahr 2009 herausgefunden. Soziale Vernetzung vergrößert außerdem die Bereitschaft, einen höheren Preis zu zahlen.

Der Wert einer Marke entsteht auch durch den Austausch und die Interaktion mit anderen Nutzern innerhalb einer Community.

Die Untersuchung von 19 globalen Online- und Offlinemarken zeigt auch, dass es Apple am besten schafft, den wahrgenommenen sozialen Nutzen der Marke in ein Preispremium zu übersetzen. »Das Produkt und das Markenimage allein sind dafür nicht verantwortlich«, so die Studienautoren. »Apples Erfolg basiert auch auf dem phänomenal erfolgreichen Umgang mit der Nutzergemeinde, weg von einer aggressiven, verkäuferischen Kommunikation hin zu einer Moderation der Kommunikation von Nutzern untereinander.« Beinahe jedes Signal, das Apple in die Öffentlichkeit schickt, sorgte bislang für kollektive Erregung. Apple hat keine Kunden, sondern Jünger, Bekehrer, Evangelisten. Und so berichteten die Medien: »Paris: Schlange vor Apple-Store länger als die vor der Mona Lisa«.

Kooperation ist besser als Konfrontation

Zu der Zeit, als Steve Jobs sein Absatzziel für das brandneue iPhone verkündete, da ließ – so erzählt Klaus-Dieter Koch von Brand:Trust – ein Nokia-Manager verlauten: »Zehn Millionen Handys, das ist gar nichts, das verkaufen wir bei Nokia in zwei Wochen.« Tja, das kämpferische Denken in Stückzahlen und Marktanteilen, das ist alte Topdown Economy. So kam Nokia dem Totalabsturz nah. Und der BlackBerry? Er ist ein Kind aus der Matrix-Zeit: kantig, nützlich, praktisch, gut. Mehr aber auch nicht. Und die Abverkaufszahlen zeigen dies an. Sie gehen zurück. Ein BlackBerry symbolisiert den Ernst des Lebens, ein iPhone hingegen steht – ebenso wie ein iPad im Vergleich mit dem schwereren Laptop – für Spiel und Leichtigkeit. Die Produkte mit dem i vorne dran sind typische Vertreter der Netzwerkökonomie: Sie symbolisieren den Sieg von Wärme, Ästhetik und Design über kalte technologische Notwendigkeiten. Und ihr Touchscreen sorgt dafür, dass wir die Geräte sanft berühren und streicheln können.

Dass Aggression und Konfrontation auf Dauer die besten Ergebnisse bringen, das sind die Kopfgeburten vereinsamter armer Alphatierchen in den Zentren der Macht. »In einer vernetzten Welt hat man die Dinge grundsätzlich nicht mehr im Griff. ›Command and Control‹ haben ausgedient«, sagte der Netzwerkforscher Peter Kruse in einem Interview mit dem Börsenblatt im September 2011. Ein dauerkompetitives Umfeld ohne jeden Spaßfaktor macht nicht nur die Mitarbeiter, sondern schließlich das ganze Unternehmen krank. Und wer sich im Blitzkrieg mit der internen und / oder externen Konkurrenz zerreibt, der hat am Ende keine Kraft für die eigenen Kunden mehr.

> **Ein dauerkompetitives Umfeld macht nicht nur die Mitarbeiter, sondern das ganze Unternehmen krank.**

Die Spieltheorie hat schon längst herausgefunden: Kooperation ist, wenn man langfristige

Erfolge im Auge hat, die bessere Wahl. Diese als »tit for tat« bekannt gewordene Strategie besagt, dass am ehesten gewinnt, wer zunächst vertrauensvoll in eine Beziehung investiert – und sich danach immer genau so verhält wie sein Gegenüber. Solches Vorgehen sichert allen Beteiligten Zugewinne – ohne zu zerstören. *Nicht* die Maximierung des Eigennutzens, sondern die Stärkung der Gemeinschaft ist wirtschaftlich – und sozial.

Wie heißt es so schön: In eine offene Hand passt mehr als in eine geschlossene Faust. »Diese Einsicht gewinnt auch für die Großen und Starken inzwischen an Reiz: Den anderen nicht nur als potenzielles Übernahmeopfer zu sehen, sondern als Partner, mit dem sich gemeinsam stemmen lässt, was man alleine nicht schafft«, schreibt Gabriele Fischer, Chefredakteurin der Zeitschrift Brand eins. Das frühe Einbeziehen der Menschen ist seit Web 2.0 einfach Pflicht. Dies gilt nicht nur für Mitarbeiter und Kunden, sondern auch für die Politik. Die sogenannten »Wutbürger«, sagt Heiner Geißler, Schlichter im Bahnprojekt Stuttgart 21, »sind in Wahrheit aufgeklärte Bürger, die beteiligt werden wollen«. Spätestens seit Social Media ist nun klar: »Aus der Gesellschaft der Ichlinge wird eine Gemeinschaft auf Gegenseitigkeit«, so Zukunftsforscher Horst K. Opaschowski in seinem Buch »Wir!«.

Das frühe Einbeziehen der Menschen ist seit Web 2.0 einfach Pflicht.

Die große Mobilmachung: Always on

Sesshaftigkeit ist für uns wohl nur ein Zustand in der Schwebe. Eigentlich sind wir immer auf Achse: Suchende, Findende, Nomaden in Zeit und Raum. Da kommen die internetfähigen mobilen Endgeräte uns gerade recht. Endlich sind wir unabhängig vom Rechner im Büro und daheim. Nun kann uns die ganze Welt Heimat und Arbeitsplatz sein. »Mobile Marketing« darf mit Fug und Recht als *die* Herausforderung der nächsten Jahre gelten. Und der mobile Surfer wird zur größten Zielgruppe aller Zeiten.

Für Menschen im Unruhezustand ein Traum: Auf Knopfdruck und mit etwas Fingerspitzengefühl sind wir nun von unterwegs aus jederzeit mit unserem lokalen Umfeld *und* dem Internet mit all seinen Möglichkeiten in Echtzeit vernetzt. Informationslücken können ruck, zuck geschlossen werden. Männer können ihre Auge-Hand-Koordination trainieren. Und Frauen können die Umgebung nach Brauchbarem scannen. Über die Funktion der Gesichtserkennung werden wir – vom Gegenüber unbemerkt – auf Wunsch mit Hintergrundinformationen über Personen um uns herum versorgt und können so Freund von Feind unterscheiden. Alle diese Aspekte sind – evolutionsgeschichtlich gesehen – sehr wichtig für uns.

> **»Mobile Marketing« darf als die Herausforderung der nächsten Jahre gelten.**

Die Fernbedienung für all das haben wir immer dabei: das Smartphone. Unser halbes Leben tragen wir mit ihm herum. Es wird unser Portemonnaie von morgen sein. Vieles lässt sich darin aufbewahren, was früher in unserer Brieftasche war: Geld, Fotos, Visitenkarten, Coupons, Ausweise. Als Türsteher kann es uns selbstständig warnen: vor unlauteren oder überteuerten Angeboten, vor Marktteilnehmern, die wir nicht mögen, vor Lebensmitteln, die wir nicht vertragen. Natürlich kann es auch checken, wie es gerade um unsere Gesundheit steht. Und in Notsituationen kann es unser Lebensretter sein. Vor allem aber erleichtert es uns den Alltag – beruflich wie auch privat. Selbstverständlich können wir uns mit diesem Gerät auch nur ein wenig die Zeit vertreiben, Leerräume überbrücken, neue Kontakte knüpfen, alte auffrischen, Spaß haben, lernen, spielen – und telefonieren.

Das Smartphone wird gerne als »Missing Link« bezeichnet. Es ist zur Nabelschnur zwischen online und offline geworden. Aus den Tiefen des virtuellen Raums holt sich unser mobiler Kamerad, sofern er über die entsprechende Ausrüstung verfügt, digitale Zusatzinformationen in Echtzeit aufs wartende Display. Während man so durch die Gegend streift, empfängt er Informationen über Restaurants, deren Küche man mag, meldet Freunde in der Nähe und erzählt, was sich hinter einer Baustelle verbirgt. Und wie von Zauberhand verrät unser smarter Begleiter, wo es gerade die Lieblingsmarke zum Sonderpreis oder einen Gutschein zum Herunterladen gibt, um uns von der Straße in ein Geschäft zu locken.

Während unser Blick dann über die Auslagen eines Schaufensters wandert, checkt unser digitaler Helfer bereits die Reputation des Händlers, die ökologische Haltung des Anbieters, den Fan-Faktor der Marke und die Preise im Vergleich. Abfotografierte Strichcodes leiten den Interessierten zu unabhängigen Portalen wie codecheck. info, wo Hintergrundinfos zur Verfügung stehen. Oder man schießt mit seinem Mobiltelefon ein Foto und sendet es an eine visuelle Suchmaschine. Diese erkennt den Gegenstand und verweist auf Onlineshops, in denen man das Produkt (günstiger) bekommt.

Auf Wunsch können wir per Lifefeed sehen, welche Produkte unsere Freunde gerade liken, kaufen oder empfehlen. Umsätze steigen nachgewiesenermaßen durch entsprechende Me-too-Effekte um bis zu 15 Prozent. Denn in sozialen Gruppen werden Produktpräferenzen sehr oft geteilt.

Über Geodaten und mithilfe von Technologien wie Augmented Reality (AR) und Location-based Services (LBS) sind die Anbieter ihren Kunden heute näher als jemals zuvor. So erkennt AR das Innenleben von Maschinen, wenn Servicetechniker ihr Handy daraufhalten, und spielt dann direkt eine passende Wartungsanleitung ein. Versicherungen nutzen das Smartphone als Blackbox im Auto, um unser Fahrverhalten zu speichern und auf dieser Basis Tarife zu berechnen. Im Zuge von Nachhaltigkeitsprojekten können Bürger per Handy unhaltbare Zustände in ihrer Gegend registrieren und an die zuständigen Stellen schicken. Für solch gute Taten gibt es Punkte, Stempel und virtuelle Medaillen. Um Kreditkartenmissbrauch vorzubeugen, werden der Standort des Handys und der Einsatzort der Kreditkarte abgeglichen. Bei Diskrepanzen kommt es sofort zu einer Meldung. Und das sind jetzt nur einige wenige Anwendungsmöglichkeiten von vielen, die uns die Zukunft noch bringt.

Alles in allem werden mobil verfügbare Informationen aus dem Web immer mehr zur Grundlage von Kauf-, Nutzungs- und Lebensentscheidungen. Aus Anbietersicht lassen sich durch Lokalisierung, Personalisierung und Echtzeit völlig neuartige Vermarktungskonzepte entwickeln. Und egal, ob es dabei um Markeninszenierung, Loyalisierung oder um reinen Abverkauf geht: Produkte, Services, Webseiten und letztlich das komplette Marketing smartphonefähig zu machen, das ist in Zukunft ein Muss. Ergebnisentscheidend am Ende wird sein, mit seinen Angeboten unter den ersten drei Treffern bei mobilen Suchanfragen zu landen, damit ein Scrollen und Blättern nicht nötig ist.

Das komplette Marketing smartphonefähig zu machen, das ist in Zukunft ein Muss.

Welche Bedeutung das Smartphone für unser Leben schon hat, wurde 2010 in Tiefeninterviews mit Studenten sehr deutlich. Darin bezeichneten sich 40 Prozent als suchtgefährdet. Das fand die Anthropologin Tanya Luhrmann von der Stanford-Universität heraus. Jeder Vierte empfand sein mobiles Endgerät sogar als Erweiterung seines Gehirns. Ein Studiendetail: 65 Prozent der iPhone-Besitzer würden ihr Handy wieder aus einer öffentlichen Toilette fischen, wenn es ihnen dort hineinfiele, während nur 49 Prozent der BlackBerry-Besitzer sich dazu aufraffen könnten. Der WC-Runterspülfaktor als Kennzahl für emotionale Verbundenheit – das wäre doch mal was!

Gut unterwegs? Eine kleine Standortbestimmung

So manches Unternehmen, das den Sprung in die »Everything social«-Welt nie geschafft hat, ist bereits aussortiert. Andere dümpeln vor sich hin. Und viele sind schon angezählt. Eine Standortbestimmung ist also dringend vonnöten. Sind Sie schon 2.0? Oder besser noch 3.0? Das ist die große Frage! Nicht der Kunde, sondern der *sozial vernetzte* Kunde muss künftig im Fokus stehen. Doch für das Managen der Berührungspunkte auf 3.0-Art und Weise müssen zunächst die Rahmenbedingungen richtig sein. In erster Linie ist das eine Sache der Unternehmenskultur – und die fängt mit dem Leitbild an.

Neue Leitbilder dringend vonnöten

Es ist kaum zu glauben: Die Leitbilder und Mission-Statements, mit denen sich ältere Unternehmen schmücken, sind vornehmlich aus dem letzten Jahrhundert – im wahrsten Sinne des Wortes. Ihre phrasenhaften Formulierungen atmen immer noch den Geist der Matrixzeit. Das klingt dann vielfach so: Wir sind der führende Anbieter von … Oder: Wir sind Marktführer in … Mal ehrlich: So etwas wirkt doch reichlich selbstverliebt – und oft recht martialisch.

In unserer Netzwerkgesellschaft rücken Partizipation und Menschlichkeit statt Kampfansagen und Machtgelüsten nach vorn. Also muss es auch in den Leitbildern »social« werden. Mein Lieblingsbeispiel dazu ist von Intuit, einem Hersteller von Finanzsoftware.

Es hört sich folgendermaßen an: »Der Kunde soll sich mit unseren Produkten derart wohl fühlen, dass er fünf Freunden sagt, sie sollten sie ebenfalls kaufen.«

Das tönt sicher nicht so glattgebürstet wie die gestelzte Leitbildprosa mancher Big Player am Markt, die verlogen ist und mit der niemand etwas anfangen kann. Es ist nicht ausreichend, ein visionäres Ziel zu haben, die Mitarbeiter müssen es auch erstrebenswert finden. Erst dann kommen sie vom »Müssen« ins »Wollen«. Und nur im »Wollen« steckt die Art von Kreativität, die der Kunde heute mit einem Geldschein-Stimmzettel belohnt.

Nicht der Kunde, sondern der sozial vernetzte Kunde muss künftig im Fokus stehen.

Überkommene Wir-sind-die-Größten-Leitbilder müssen deshalb neu gedacht und neu erarbeitet werden. Statt die eigene Herrlichkeit zu feiern oder sich aufs Marktführerpodest zu wünschen, sollte die vorrangige Unternehmensmission darin bestehen, den Kunden (und deren Kunden) dabei zu helfen, noch erfolgreicher zu sein. Und genau das sollte dann auch im Leitbild stehen.

Und wie wird so etwas heute gemacht? Natürlich mithilfe der Mitarbeiter, und – das ist neu – mithilfe der Kunden. Wenn Kundeninvolvement für die unternehmerische Zukunft unumgänglich ist, dann sollten die Kunden auch zu Inhalt und Ausrichtung des Leitbildes Stellung beziehen. Die Social-Media-Welt bietet alle Möglichkeiten, ein solches Vorhaben in die Tat umzusetzen.

Wenn es sich nun aber, aus welchen Gründen auch immer, verbietet, den Kunden in diesen Prozess einzubeziehen? Dann sollte er wenigstens ein virtueller Projektteilnehmer sein. Dabei stehen folgende Fragen im Raum: »Stellen Sie sich vor, Sie wären der Kunde! Was würde Ihnen auf den Lippen brennen? Welche kritischen Anmerkungen hätten Sie? Und welche Anregungen? Was müsste weg? Und was sollte zwingend ergänzt werden? Wie könnte man es so machen, dass es die Menschen lieben? Und wie könnte es gehen, dass alle im Markt drüber reden?« Ganz am Anfang könnte auch folgende Frage stehen: »Wer wollen wir für unsere Kunden sein?« Und dann beginnt das neue Leitbild wie folgt: »Für unsere Kunden wollen wir …« Damit stünde dann auch der Kunde an erster Stelle.

Organigramme – neu gebaut

Betrachten wir ein übliches Organigramm: Der Chef thront ganz oben. Darunter – in Kästchen eingesperrt und säuberlich aufgereiht – fristet seine brave Gefolgsmannschaft ein burnoutgefährdetes Dasein. Von Kunden keine Spur. Selbst die unmittelbaren Kundenloyalisierer, das »Fußvolk der einfachen Mitarbeiter«, kommt in den wenigsten Fällen vor. Es soll ja immer noch Führungskräfte geben, die glauben, dass es an den Rändern ihrer Organisation kein intelligentes Leben gäbe. Und genau das liest man aus antiquierten Organigrammen auch heraus.

Topdown-organigramme sind ein reines Selbstverherr-lichungs-programm der Führungsspitze.

Topdownorganigramme sind ein reines Selbstverherrlichungsprogramm der Führungsspitze. Sie zementieren Hierarchiedenke, Starrheit und Konformität. Formal in Reih und Glied aufgestellte Mitarbeiter sind wie die Monokulturen in unseren Wäldern: ungesund und auf Dauer nicht überlebensfähig. Solche mehr oder weniger toten Ordnungssysteme haben im Sturm des Internets nicht den Hauch einer Chance. Der Chef als Übermensch ist ein Auslaufmodell. So mancher Silberrücken unter den Managern, der sich intern immer noch gerne verehren lässt, stellt gerade erschüttert fest, dass er mit seinem Machtgehabe in der

Welt da draußen gar nicht mehr punkten kann. Und wie heißt es so schön: Der Flaschenhals ist immer oben.

Bringen Sie also Lebendigkeit in die Bude! Und Schwarmintelligenz in Ihr Organigramm! Lassen Sie Ihre Leute aus den Kästchen frei! Machen Sie aus eckig und kantig rund und bunt! Scharen Sie Ihre Leute um Kundengruppen und um Kundenprojekte. So bilden Sie moderne Netzwerke nach. In Netzwerken gibt es kein Oben und Unten, sondern nur Hubs. Hubs, das sind Naben, wo – wie bei einem Rad – die Speichen zusammenlaufen. In Unternehmen mit überschaubaren Kundenstrukturen ist dann der Kunde selbst das Hub, um das sich die einzelnen Leistungsbereiche drehen. Auch eine Führungskraft kann sich als Hub verstehen und wertschöpfend mit anderen Hubs im Unternehmen verbunden sein. Setzen Sie sich doch einfach mal mit ein paar Leuten hin und malen Sie das: in Rund und in Bunt. Für manche Firmen ist so etwas wie ein Befreiungsschlag: Endlich beginnt alles zu fließen!

> **Die lebendigen inoffiziellen Beziehungsnetze sind die wahren Machtstrukturen jeder Organisation.**

Und noch etwas sollten Sie wissen: Netzwerkstrukturen gibt es in jedem Unternehmen bereits. Es sind die höchst lebendigen inoffiziellen Beziehungsnetze. Sie sind die wahren Machtstrukturen jeder Organisation. Dagegen ist der Papiertiger Organigramm oft nichts als ein harmloser Bettvorleger.

Erfolgreiche Konzerne wie Google oder auch Gore, der Hersteller von Gore-Tex, ähneln auch offiziell den Strukturen sozialer Netzwerke. In anderen Unternehmen umkreisen kleine Netzwerksatelliten die zentralen Einheiten des Mutterschiffs. Das sind Ausgründungen, die sich zum Beispiel um große Kundenprojekte oder um Durchbruchinnovationen kümmern.

Stellen Sie Ihr Organigramm auf den Kopf! Und setzen Sie den Kunden an die oberste Stelle.

Eine zweite Variante: Stellen Sie Ihr Organigramm auf den Kopf! In diesem Fall ist die Geschäftsleitung unten. Sie ist die Basis und sorgt, gut verwurzelt, für Stabilität. Denn wer hoch hinaus will, braucht ein festes Fundament. Die Wurzeln vereinen sich zu einem festen Stamm. Weiter oben verzweigt es sich dann. Äste übernehmen Führung und Halt. Sie tragen die Mitarbeiter-Blätter, die aus Rohmaterial puren Sauerstoff machen. Aus einem fruchtbaren Boden genährt bilden sich schließlich die Früchte der gemeinsamen Arbeit heraus: gesunde Kundenbeziehungen. Diese tragen schon den Samen für weitere Früchte in sich: Reputation, Mundpropaganda, Empfehlungen.

»Seit Anbeginn haben wir ein Organigramm, bei dem die Geschäftsleitung unten und die Mitarbeiter wie auch die Kunden oben sind«, sagte mir einmal Erich Harsch, der »Chef ohne Titel« der DM Drogeriemärkte. »Aber wir zeichnen es nicht, denn dann wäre es wie einzementiert.« Auch ein schöner Gedanke.

Für den Fall, dass Sie sich mit einer solchen 180-Grad-Wende nicht anfreunden können, gibt es eine Variante drei: Machen Sie eine Viertelumdrehung nach links! So lassen sich die Beziehungen horizontal ausrichten, das Oben und Unten verschwindet und es entsteht ein Konstrukt auf Augenhöhe. In einem solchen Bild kommen dann auch die Kunden vor, wobei das dialogische Miteinander durch Pfeile ausgedrückt werden kann.

Egal, wie Sie es nun drehen und wenden, ein solcher Ansatz tritt dann hoffentlich auch die richtigen Fragen los: »Was bedeutet das nun für uns? Was wollen und müssen wir organisatorisch, hierarchisch, menschlich ändern, damit sich dieses neue Bild mit Leben füllt?« Und wenn Sie schon dabei sind, dann denken Sie sich auch neue Begriffe aus. So könnten

○ aus Abteilungen ⇨ Leistungszentren
○ aus Schnittstellen ⇨ Knotenpunkte
○ aus Angestellten ⇨ Mitunternehmer
○ aus Vorgesetzten ⇨ Möglichmacher
○ aus Machthierarchien ⇨ Netzwerke

werden. Eine schöne neue Wirklichkeit geht so an den Start.

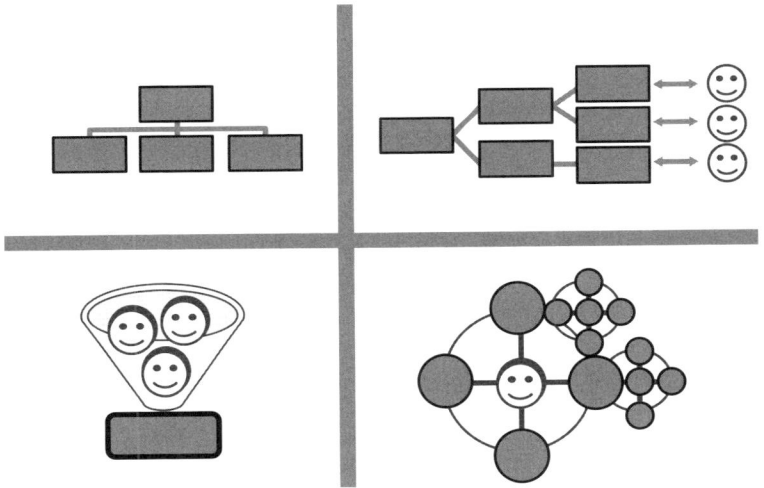

Abb. 7: Verschiedene Organisationsformen, sehr schematisch dargestellt. Die dunklen Flächen repräsentieren Unternehmensmitarbeiter beziehungsweise Kollaborateure, die Smileys die Kunden.

Alt und neu auf einem Kongress

Ich bin als Speaker regelmäßig auf Symposien und Conventions unterwegs, das ist meine Berufung. Und was erlebe ich meistens immer noch dort? Von hoher Bühne herab gibt es Frontalbeschallung. Die Teilnehmer sitzen brav in Reih und Glied platziert und harren mal mehr, mal weniger erwartungsfroh der Dinge, die da kommen mögen:

○ Smarte Herren in Anzug und anliegender Weste (= Panzer)
○ stehen hinter Rednerpulten (= Schutzschild)
○ und lesen ihre Reden von Manuskripten ab (= Verkündung).
○ Mit Laserpointern (= Waffe) beschießen sie Präsentationen, die
○ ab der dritten Reihe keiner mehr lesen kann (= egal!).
○ Sie reden über Schlachten und glorreiche Siege (= wir Helden).
○ Die mitgebrachte Sekretärin (= Dienstbote) klickt dazu
○ 89 vollgestopfte Slides (= Meister der Zahlen, Daten, Fakten).

Und Kongress 3.0? Da stehen lockere Typen – Frauen und Männer – und sprechen darüber, was wirklich in ihren Unternehmen Sache ist. Rednerpult und Manuskript brauchen sie nicht. Sie sind auf Augenhöhe mit dem Publikum – und dialogbereit. Noch während der Redner wertvolle Erkenntnisse teilt, haben die Zuhörer über ihr Mobilgerät die interessantesten Aussagen bereits online gecheckt. So können sie mitdiskutieren und sinnvolle Fragen stellen. An einer Twitter-Wall kann man live nachverfolgen, was der Saal von all dem hält. Sofortiges Feedback ist garantiert – und der Moderator kann bei Bedarf adjustieren. Mithilfe von Live-Voting-Geräten werden Mehrheitsmeinungen abgefragt und bisweilen sogar unmittelbare Entscheidungen herbeigeführt.

Illustratoren begleiten das Geschehen und malen ein visuelles Protokoll (Graphic Recording), das außer den Fakten auch Emotionen enthält: pointierte Aussagen, leise Töne, Zwischenfälle, Highlights, Heiterkeit. Ein Livestream-Video sendet alles an die Daheimgebliebenen. Im Unternehmensblog wird das Ganze zeitnah diskutiert und bereichert. So lassen sich neue Ideen gemeinsam entwickeln und vorantreiben. Die Lust daran, etwas gemeinsam umzusetzen, ergibt sich dann wie von selbst. Bei Web-1.0-Verkündungsprogammen hingegen bleibt alles ganz steif und im Müssen-Modus.

Selbst Großgruppenanlässe lassen sich so zu produktiven Mitmachevents umgestalten (das werde ich später im Buch noch anschaulich erläutern). Wenn es passt, kann man auch ein BarCamp daraus machen. BarCamps, die es seit Web-2.0-Zeiten gibt, sind Konferenzen ohne Tagungsplan und Rednerliste. Nach dem Motto »Es gibt keine Zuschauer, nur Teilnehmer« werden die Themen von den Anwesenden spontan selbst organisiert.

Lockere Typen sprechen darüber, was wirklich in ihren Unternehmen Sache ist.

So wurde im Mai 2011 schon zum zweiten Mal ein BarCamp unter dem Titel »Kirche 2.0« organisiert. Dabei ging es um kirchliche Sinnangebote im Social Web. Fragestellungen waren unter anderem: »Wie können Gemeinden das Web 2.0 nutzen? Was kann das interaktive Internet für die kirchliche Arbeit bedeuten? Wie sehen religiöse Sinnangebote online aus?« Das Fazit, so Tom Noeding, Community-Manager von evangelisch.de: »Die kirchliche Internetszene befindet sich im Aufbruch. Einige vielversprechende Ansätze und Projekte wurden beim BarCamp vorgestellt und kritisch diskutiert. Das BarCamp soll daher in den kommenden Jahren zum zentralen Forum für christliche Onlineaktivisten ausgebaut werden.«

Wow: So geht Verhalten 3.0

Nun könnte ich munter weiterplaudern über Marktforschung 1.0, Webseiten 1.0, Produkt 1.0, Werbung 1.0, Verkaufen 1.0, Kundenservice 1.0. und so weiter. Aber ich möchte in diesem Buch weder klagen und jammern noch vorwurfsvoll den Zeigefinger erheben. Ich will Ihnen vielmehr gangbare Wege in die Zukunft zeigen, denn eins ist ganz klar: An jedem Touchpoint brauchen wir ein Verhalten 3.0, also eine neue Qualität von Interaktion, bei der das schöpferische Mitwirken Dritter eine Hauptrolle spielt.

Verhalten 1.0 konfrontierte die Kunden ungefragt mit allem, was das Unternehmen sich selber ausgedacht hatte, und zog sie nicht selten über den Tisch. Verhalten 2.0 involvierte die Kunden bereits, aber machte sie oft noch zum Knecht. Verhalten 3.0 hat endlich verstanden, dass ein Unternehmen erst dann auf Dauer erfolgreich ist, wenn es die Kunden mit all ihrem Wissen aktiv integriert. So nimmt Verhalten 3.0 ein für allemal Abschied vom monologischen Einbahnstraßendenken, es pflegt die zweigleisige Interaktion und das Vernetzen. Dies beginnt immer mit dem Zuhören, um Wissensvorsprünge zu erzielen. »Wer heute noch mit der Gießkanne unspezifizierte Werbebotschaften über den Markt schüttet, darf nicht erstaunt sein, wenn alle Welt den Schirm aufspannt«, sagt Klaus Burmeister, Geschäftsführer des Beratungsunternehmens Z-punkt.

Verhalten 3.0 zollt Konsumenten Respekt , indem es die von ihnen erzeugten Inhalte (User Generated Content) aufgreift, und macht sie zum Mitgestalter, wo es nur geht. »Eine von IBM 2010 durchgeführte Studie unter 1500 CEOs zeigt: Unternehmen, die ihre Produkte und Services gemeinsam mit ihren Kunden entwickeln, sind erfolgreicher«, sagt Maria Gomez, Director Social Business und Collaboration Solutions bei IBM Deutschland in einem Interview mit der DigitalBusiness.

Hierzu passen sieben Prinzipien, die alle ineinandergreifen: (anders) informieren, inszenieren, aktivieren, involvieren, integrieren, co-kreieren, innovieren. Das kann rein offline, rein online oder − besser natürlich − verknüpft in beiden Welten passieren. Immer sollten Sie sich bei solchen Aktionen fragen:

○ Ist es innovativ?
○ Ist es aufmerksamkeitsstark?
○ Ist es emotional berührend?
○ Passt es zu uns?
○ Stärkt es unsere Reputation?
○ Sorgt es dafür, dass man darüber spricht?
○ Ist es empfehlenswert?

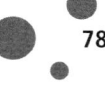

Die folgenden Beispiele sollen Sie inspirieren. Schauen Sie, welches übergeordnete Konzept sie enthalten, und überlegen Sie, wie sich das in ähnlicher Form auf die eigene Arbeit übertragen lässt. So finden Sie vielleicht einen Dreh, der Ihrer Konkurrenz bislang verborgen blieb. Das würde mich freuen.

Informieren

Die Werbung als Illusionstheater – das war gestern. Aber stimmt das wirklich? Mogelpackungen sind noch immer ein heißes Thema. Auf Webseiten wie www.abgespeist.de kann jeder nachlesen, wie die großen Player der Lebensmittelindustrie uns Kunden auch heute noch belügen – vor allem bei Kinderprodukten, was besonders verwerflich ist. Ihre 3.0-Frage sollte hingegen lauten: »Wie können wir der Öffentlichkeit und speziell unseren (potenziellen) Kunden wertvolle Informationen liefern und so unsere Fachkompetenz untermauern?« Neben dem Storytelling, das weiter hinten noch thematisiert werden wird, heißt ein zusätzliches Stichwort: Content.

»Content ist Inhalt, der Mehrwert durch praxisorientierte Informationen bietet.«

»Content ist die neue Währung im Web«, schreibt Melanie Tamblé, Mitgründerin der Firma Adenion und des Online-Dienstes PR-Gateway. »Content ist Inhalt, der Mehrwert durch praxisorientierte Informationen bietet: Fachartikel, Präsentationen, Studien, Leitfäden, Checklisten, Anwenderberichte, Empfehlungen. Sie lassen sich auf Wirtschafts-, Fach-, Presse- und Bewertungsportalen platzieren und / oder als Videobeitrag auf YouTube & Co. einstellen. Das primäre Ziel von Content-Marketing besteht darin, Aufmerksamkeit zu generieren, Vertrauen zu entwickeln und eine positive Reputation in der Öffentlichkeit aufzubauen. Ferner sollen Geschäftspartner durch interessante Inhalte und nützliche Hilfestellungen während des Kaufentscheidungsprozesses und weit darüber hinaus an ein Unternehmen gebunden werden. Durch den kostenlos verfügbaren, qualitativ hochwertigen Content baut man Expertise auf und hebt sich zudem von seinen Wettbewerbern positiv ab.«

Ganz wichtig beim Content-Marketing ist eine weitreichende Platzierung der Inhalte auf vielen verschiedenen Webpräsenzen, um einerseits in den Suchmaschinen besser sichtbar zu sein und anderseits die potenziellen Entscheider dort anzusprechen, wo sie sich aufhalten. So gewinnt die auf Wirtschafts- und Medienrecht spezialisierte Anwaltskanzlei WBS Law schon jeden dritten neuen Mandanten durch die weit über 100 bei YouTube eingestellten Videos zu den unterschiedlichsten Rechtsfragen im Internet.

Inszenieren

Wenn Menschen kaufen, sind immer auch Gefühle im Spiel. Und wo sich Faszination offenbart, ist immer ein Markt. Ihre 3.0-Fragen lauten also so: »Wie lässt sich bei uns Faszination im Kleinen und im Großen einbauen? Wie können wir immer wieder neu für Überraschungen sorgen? Und wie lassen sich hierbei alle Sinne beleben?« Ein Beispiel dafür? Geldscheine riechen schlecht, wenn sie älter sind. Also könnten doch Banken am Geldautomaten die Scheine beduften. Unser Stichwort in diesem Zusammenhang? Es heißt Emotionsdesign. Und so geht's:

Wo sich Faszination offenbart, ist immer ein Markt.

Der edle Pforzheimer Schmuckhersteller Wellendorff wurde von einer Kundin zu seiner wunderschönen Kollektion »Engelsringe« inspiriert. Die Dame hatte bei einem Feuer ihren gesamten Besitz verloren – mit Ausnahme eines alten, mit einem Schutzengel geschmückten Wellendorff-Colliers. Eine wahre Geschichte, von den Anzeigen der Marke erzählt.

Der Konsumgüterhersteller Unilever verschickte an Hotelmanager ein Mailing über Dove Body Milk. Beigelegt war ein Anti-Beschlag-Stift. Mit diesem, empfahl das Anschreiben, sollten die Hotelmanager auf die Badezimmerspiegel schreiben: »Heiß geduscht? Dann freut sich Ihre Haut jetzt auf Dove Body Milk.« Sichtbar wurde die Schrift für die Gäste erst, als der Spiegel während des Duschens beschlug.

Auch Axe, ein weiteres Körperpflegesystem aus dem Haus Unilever, wird exzellent inszeniert. Im Mittelpunkt stehen eher unattraktive junge Männer, die dank Axe nun die schärfsten Eroberungen machen, sich also Vorteile beim Paarungsspiel sichern. Sogar Engel fallen in der Werbung dafür vom Himmel. Im Sommer 2011 hat man sich zudem eine kreative Recruiting-Kampagne ausgedacht. Hierzu wurden zum Beispiel über die Studentenplattform StudiVZ Bewerber für einen Nebenjob als »Modelshooting-Windmacher« und »Dessous-Modenschau-Anzieher« gesucht. Im ersten Fall sollten die Kandidaten vor allem resistent gegen aufreizende Blicke sein. Die Bewerbungsvoraussetzung für den zweiten Job: Augenmaß, Sinn für Formen und Hilfsbereitschaft.

Übrigens zeigt der Dramaturg und Berater Christian Mikunda, der zu meinen Lieblingsautoren zählt, in seinem Buch »Warum wir uns Gefühle kaufen«, wie sich das Wissen um die Macht der ganz großen Emotionen in öffentlichen Räumen inszenieren lässt. Auf seinen Streifzügen durch Geschäfte und Malls, Hotels, Restaurants und Bars auf der ganzen Welt werden dem Leser sieben Hochgefühle nähergebracht: Glory, Joy, Power, Bravour, Desire, Intensity und Chill. Mikunda sagt, sie seien aus den Todsünden geboren und Gegenpole zur dunklen Seite der Macht. Hört sich spannend an, nicht wahr? Er enthüllt auch, woran man diese Gefühle erkennt, und wie man sie weckt.

Aktivieren

Hier lautet die 3.0-Frage so: »Wie können wir unsere Kunden an allen Interaktionspunkten aus ihrer passiven Rolle herausführen und über ein Mitgestalten emotionalisierend beteiligen?« Zwei Stichworte dazu: Guerillaaktionen und Community-Marketing.

Fleischermeister Ludger Freese aus Visbek hat einmal ein Gewinnspiel ausgelobt, bei dem es 500 Euro zu gewinnen gab. Die Aufgabe bestand darin, sechs Kühe, die auf der Wiese eines seiner Bauern grasten, so zu fotografieren, dass der Name FREESE zu lesen war. Jedem Tier war dazu bioverträglich ein Buchstabe aufs Fell gemalt worden. So liefen die Tiere Tag und Nacht im tiefen Gras und wunderten sich, dass am Zaun so viele Menschen mit Handys und Fotoapparaten standen. Gewonnen hat eine Schulklasse, die mit dem Geld einen Ausflug nach Österreich finanzierte. Die Jugendlichen hatten sich rund um die Wiese verteilt und die Tiere so lange ermuntert, bis einer das Wort FREESE richtig im Kasten hatte.

Im Vorfeld der Fußballweltmeisterschaft 2010 sollten für die deutschen Facebook-Profile von Nike Football und Mesut Özil neue Fans hinzugewonnen werden. Interessierte hatten die einmalige Chance, den Fußballstar nach Südafrika zu begleiten, und zwar auf ganz besondere Weise: Über eine Facebook-App konnten die User eine persönliche Botschaft an Özil übermitteln. Diese Botschaft wurde auf einem Chip gespeichert und dieser anschließend in den Turnierschuh eingepflanzt, mit dem Özil dann spielte. Knapp 2000 Botschaften gingen ein. Über 7000-mal wurde »Like« geklickt. Die Nike-Football-Fanbasis konnte im Zeitraum der Kampagne von 80 000 auf 150 000 erhöht und die Fanzahl von Mesut Özil um 365 000 gesteigert werden. Blogs, Foren und die Presse berichteten ausführlich. Mesut Özil entwickelte sich zu einem der herausragendsten Spieler der WM. Die von der Werbeagentur KolleRebbe konzipierte Kampagne wurde beim DDP-Award schließlich mit Gold belohnt.

Unter dem Motto »Einer weiß immer, wie es geht« hat der Elektrowerkzeughersteller Bosch eine Community-Plattform geschaffen, auf der sich Heimwerker austauschen können. Das übergeordnete Ziel? Bosch wollte Do-it-yourself-Freunden eine digitale Heimat geben. Sie können auf der Plattform Projekte einstellen, ihr Wissen kundtun, Erlebnisse mit anderen teilen, Empfehlungen aussprechen, Tipps und Tricks mit Gleichgesinnten austauschen, den Rat von Profis einholen und auch Produkte testen. Um gleich mit voller Power durchzustarten, wurden ganz zu Anfang mehr als 70 Personen mit einer hohen Affinität zum Thema Heimwerken herausgefiltert und in die Firmenzentrale eingeladen. Dort stellte man ihnen das Projekt vor und gewann auf diese Weise einige sehr aktive Community-Mitglieder von der ersten Stunde an.

Die 3.0-Frage lautet: Wie können wir unsere Kunden über ein Mitgestalten emotionalisierend beteiligen?

Für den B2B-Bereich hat Bosch »Bob« ins Leben gerufen. Bob ist das Profiforum für Handwerker und alle, die die blauen Profi-Power-Tools benutzen. Wer sich für den geschlossenen Professional-Community-Bereich registriert, kann von allerlei Goodies profitieren, zum Beispiel von Produkttests und Sonderaktionen. Die Empfehlungsbereitschaft der Community-Mitglieder ist extrem hoch, wie Christoph Bühlen, Senior Direkt Marketing Manager anlässlich einer Konferenz berichtete. Auf die Frage »Würden Sie Bosch Power Tools einem Kollegen weiterempfehlen?« ergab sich auf Basis eines Offline-Indexes von 100 für die Facebook-Fanpage ein Wert von 217 und für die Bob-Community sogar ein Wert von 234. So schreibt »Holzwurm Tom« in einem dortigen Foren-Kommentar: »Man bekommt mit so einem Schleifer wirklich super glatte und gerade Ergebnisse hin!«

Integrieren

Die 3.0-Frage geht hier so: »Wie können wir das, was wir im Outernet tun, mit der virtuellen Welt sinnvoll verknüpfen?« Oder umgekehrt: »Wie können wir unser Internetbusiness stärker ins reale Leben bringen?« Ein Stichwort dazu: der ROPO-Effekt (Research online, Purchase offline), also online suchen, offline kaufen.

Bei Finanzdienstleistungen zum Beispiel beträgt, einer 2010 erschienenen GfK-Studie zufolge, der ROPO-Effekt knapp 50 Prozent. Das heißt: Jeder Zweite geht erst online suchen, um dann offline zu kaufen. Das ist natürlich Pech für alle, die online nicht ganz weit vorne gefunden werden. Umgekehrt gingen übrigens nur 3 Prozent offline suchen, um dann online zu kaufen. Man verliert die Kunden also gar nicht so leicht ans Internet. »Genau das Gegenteil ist der Fall«, fasst Franziska von Lewinski, CEO der Agentur Interone, die Ergebnisse ihrer Untersuchung »The Retail Revolution« zusammen. Face-to-Face wird auch in Zukunft eine Hauptrolle spielen. Nur dürfen Offline und Online keine getrennten und konkurrierenden Sphären mehr sein. Denn Menschen lieben die Wahl. Das gibt uns nämlich das gute Gefühl, eine Situation zu beherrschen.

Menschen lieben die Wahl. Das gibt uns nämlich das gute Gefühl, eine Situation zu beherrschen.

Zwar ist der E-Commerce für viele stationäre Händler noch immer der größte Feind. Doch an einer sozialen Vernetzung kommt niemand vorbei. Das hat der Modeanbieter Lodenfrey eindrucksvoll vorgemacht. Er zählt, was den Handel betrifft, zu den Vorreitern im verknüpften Online-Offline-Mediamix. So konnte sich das Unternehmen endlich von seinem einseitigen Image als Oktoberfest-Trachtenhaus lösen. Über den Onlineshop wurden kräftige Umsatzzuwächse eingefahren. Darüber hinaus stieg durch diese Vermarktung, so Ralf Mager, Lodenfreys Online Marketing Manager, der Umsatz im Münchener Laden um 11 Prozent. Das Offlinewissen, dass Frauen sich gerne beim Shoppen von Freundinnen beraten lassen, wurde auch in den Onlineshop integriert. So kann man vor dem Kauf der ausgewählten Kleidungsstücke per Button seine Freunde auf Facebook abstimmen lassen, welches Outfit am besten passt. Dieser Rat erhöht auch die Chance, dass tatsächlich etwas gekauft wird. Außerdem verbreitet sich das Angebot so im Web und führt zu Me-too-Käufen. Schließlich erhält Lodenfrey hierdurch auch wertvolles Feedback für die Sortimentspolitik.

Wie sich Out-of-Home und E-Commerce erfolgreich vereinen lassen, hat der britische Einzelhandelsriese Tesco in einem südkoreanischen U-Bahnhof vorgemacht. Dort wurden Plakate aufgehängt, die wie Supermarktregale aussahen. QR-Codes leiteten Kaufwillige via Smartphone zu einem Onlineshop, wo sie die gewünschten Produkte ordern und sich nach Hause schicken lassen konnten. Die Online-Umsätze erhöhten sich daraufhin um 130 Prozent. Auch die Umsätze in den Läden profitierten von der Aktion. Sie stiegen ebenfalls an. So wurde Tesco im dortigen Markt zur Nummer eins, ohne in teure Verkaufsfläche investiert zu haben.

Lego, der dänische Hersteller bunter Spielbausteine, verschickte kleine Boxen im Stil eines Legosteins an Mitglieder des Lego-Clubs. In den Boxen fanden sie schwarze und weiße Legosteine sowie eine Aufsteckplatte. Das Begleitschreiben verriet, wie man aus den Steinen verschiedene Symbole bauen konnte, und verwies auf die Website legosigns.com. Dort fanden die bastelfreudigen Empfänger Legomodelle in 3-D, wenn sie ihr aufgestecktes Symbol in die Webcam hielten. Durch Drehen des Symbols vor der Webcam konnten sie das 3-D-Modell von allen Seiten betrachten. Die Aktion transportierte erfolgreich die Botschaft des Dialogs – man muss mit Lego spielen, um die Legowelt zu entdecken – und erzeugte viel positives Feedback.

Involvieren

Die 3.0-Frage lautet: »Wie können wir unsere relevanten Zielgruppen so einbeziehen, dass sie sich als gute Fee des Unternehmens sehen und seine Geschicke aktiv mitgestalten?« Involvieren lässt sich auf zweierlei Art:

1. Sie und Ihre Mitarbeiter interagieren mit den Kunden,
2. Sie stellen eine Plattform bereit, auf der sich die Menschen untereinander und mit Ihnen austauschen können.

Mitarbeiter beim US-Kaufhaus Macy's erhalten an ihrem ersten Arbeitstag keinen Computer, sondern Stift und Papier. In sogenannte Kunden-Logbücher tragen sie ein, was ihnen durch Beobachten und im Gespräch mit den Kunden auffällt: Was so gar nicht geht, was man besser machen kann und welche Produkte im Sortiment fehlen. Ganz wichtig dabei ist, dass diese Hinweise anschließend *nicht* in irgendwelche Excel-Sheets übertragen werden, um dann in der Hierarchie zu versumpfen. Sie werden vielmehr direkt zu den verantwortlichen Stellen getragen und dort auch dankbar aufgenommen.

Stellen Sie eine Plattform bereit, auf der sich die Menschen untereinander austauschen können.

Außerdem hat Macy's die Firmenwebsite für Leserkommentare geöffnet. Bereits nach sechs Monaten zeigten sich erstaunliche Erfolge: Mehr als 350 Kommentare gingen täglich ein, lobende wie kritische. Besonders beeindruckend war, in wie vielen Kommentaren sich die User untereinander halfen. So gab es Tipps zu einer Schuhmarke (Größen fallen zu groß aus! Lieber eine halbe Nummer kleiner kaufen!) oder zu Bettwäsche von Calvin Klein (braucht keinen Weichspüler!). Auf diese Weise erhielt Macy's klare Hinweise auf Qualität und Alltagstauglichkeit von Produkten. So listete der Einkauf einen metallenen Zahnbürstenhalter aus, weil mehrere Kunden darauf hingewiesen hatten, dass er an der Unterseite Rost ansetzt.

Die Rügenwalder Mühle bot ihren Facebook-Fans die Möglichkeit, eine Rolle in einem ihrer Werbevideos zu spielen. Interessierte konnten sich als Darsteller für den Clip bewerben, der die Produkteinführung der neuen Sorte Schinkenspicker Tomate Rucola unterstützte. Unter den Einreichungen wurde eine Vorauswahl von 18 Bewerbern getroffen. Diese wurden mit professionell erstellten Castingvideos auf der Fanseite präsentiert, woraufhin die Community ihre Favoriten wählen konnte. Die sechs Bewerber mit den meisten Stimmen erhielten eine Rolle in dem Onlinespot. Wo, wie und was gedreht wurde, blieb zunächst ein gut gehütetes Geheimnis. Weitere Neuigkeiten wurden erst nach und nach auf der Fanseite verraten. Die neue Wurstsorte war übrigens schon im Vorfeld gemeinsam mit den Facebook-Fans erdacht, entwickelt und vorverkostet worden. Die von der Werbeagentur Elbkind mitgedachte Strategie, die Fans an sämtlichen Stufen des Kreations- und Vermarktungsprozesses aktiv teilhaben zu lassen, ist also hier in doppelter Weise gelungen.

Es macht viel mehr Spaß, selber mitzuspielen, als immer nur anderen zuzuschauen.

Übrigens ist es relativ leicht, Menschen zu finden, die sich bei solchen Mitmachaktionen einspannen lassen. Es macht eben viel mehr Spaß, selber mitzuspielen, als immer nur anderen zuzuschauen. So bewirkt ein gut durchdachtes Miteinbeziehen der Kunden am Ende nicht nur eine stärkere Verbundenheit, es kommt auch zu Leistungsverbesserungen – und zu positiven Kommentarspuren im Web. Es sorgt für engagierte Fans, für enthusiastische Fürsprecher und für aktive Empfehler. Und es schafft Medieninteresse. Sogar in offiziellen Pressemeldungen, in denen früher ein Zitat des obersten Chefs obligatorisch war, tauchen jetzt zunehmend Kundenstimmen auf. Der Fantasie sind bei all dem keine Grenzen gesetzt.

Co-kreieren

Die 3.0-Frage lautet: »Wie können wir aus unseren Kunden Mitgestalter, Produktoptimierer und kostenlose Unternehmensberater machen? Und zwar so, dass es a) einfach und nachvollziehbar ist, b) gut zu uns und zur Marke passt und c) nicht wie eine Pseudomaßnahme wirkt, sondern wirklich etwas bringt?« Ein Stichwort dazu heißt: Crowdsourcing, ein Begriff, den Jeff Howe geprägt hat. Dabei geht es um die Inanspruchnahme von Intelligenz, Kreativität und Arbeitskraft externer Dritter. Sie generieren Inhalte, lösen Aufgaben oder sind an Forschungs- und Entwicklungsprojekten beteiligt. Jeder fünfte User mag sich übrigens gerne einspannen lassen, wie eine Bitkom-Studie schon in 2010 herausgefunden hat.

Bei Crowdsourcing geht es um die Inanspruchnahme von Intelligenz, Kreativität und Arbeitskraft externer Dritter.

Unter dem Titel »Die Blog-Schokolade« hat Ritter Sport im Rahmen eines Crowdsourcing-Projekts eine neue Schokoladensorte entwickeln lassen, und das mit großem Erfolg. Von der Sortenidee über den Namen bis hin zur Verpackung konnten die Verbraucher mitentscheiden. Über 900 Sorten und mehr als 350 Entwürfe für das Packungsdesign wurden eingereicht. Tausende von Fans haben für ihre Favoriten abgestimmt. Am Ende hat die Sorte Cookies & Cream gewonnen. Sie hatte schon zigtausend Botschafter, bevor sie überhaupt zu kaufen war. Ganz wichtig ist bei so etwas der Wortlaut der Aufgabenstellung. Bei dieser Aktion klang sie so: »Wir suchen nicht die witzigste oder verrückteste Schokolade, sondern eine kreative und ungewöhnliche Sorte, die aber trotzdem besonders vielen von euch schmecken würde.« Die Sorte, die schließlich entstand, ist nicht nur echt lecker. Sie ist auch einzigartig. Und sie erzählt ihre Geschichte auf der Verpackung. Alles in allem war dies eine medienwirksame, gut durchdachte und gelungene Aktion. Das ist jetzt nur ein Beispiel von vielen.

Der Schienenfahrzeughersteller Bombardier hatte einen öffentlichen Wettbewerb ausgerufen, bei dem es um die Innenraumgestaltung von Zügen ging. In den Kategorien Urlaubsreisen, Geschäftsreisen und Nahverkehr konnten über eine spezielle Webseite handgezeichnete Entwürfe eingereicht werden. Zudem konnten mithilfe eines 3-D-Konfigurationstools Sitzoberflächen gestaltet werden. Insgesamt haben über 2100 Teilnehmer mehr als 4200 Ideen beigetragen. Die Community-Mitglieder selbst und auch Design- und Verkehrsexperten bewerteten die Vorschläge anhand eines Fünf-Sterne-Systems. Die besten Designvorschläge wurden auf der InnoTrans 2010 in Berlin vorgestellt.

Innovieren

Im Zusammenhang mit dem Ansatz »Innovieren« lassen sich unglaublich viele Fragen stellen, wie zum Beispiel diese: »Wie können wir Konzepte, die in der Offlinewelt gut funktionier(t)en, in die Onlinewelt übertragen?« So erlebt der gute alte Quelle-Sammelbesteller derzeit eine gewaltige Renaissance als onlinebasierter Gutscheindienst. Dies wurde nur eben nicht von der insolventen Quelle initiiert, sondern von Groupon & Co. Die Ansichtskarte, die den Liebsten sagte, wo man sich gerade befand, wurde von Foursquare & Co. zu einem Check-in-Dienst umfunktioniert. Keine Bank, sondern PayPal ist Zahlungsabwickler im Web. Und als Geocaching ist eine App-basierte Form der einst piefigen Schnitzeljagd wieder groß.

Wie können wir Konzepte, die in der Offlinewelt gut funktionier(t)en, in die Onlinewelt übertragen?

Die zweite Frage könnte lauten: »Wie lassen sich Konzepte aus der Topdownzeit so transformieren, dass sie sozial und ökologisch verträglich sind und ›gute‹ statt ›böse‹ Gewinne generieren?« Auch dazu gibt es Beispiele genug. Hier kommt eines, das ganz in meiner Nähe spielt:

Dass Lebensmittel in erster Linie Wohlbefinden, Genuss und Lebensqualität ermöglichen sollten, ist im Preiskampf um die Gunst der Verbraucher fast untergegangen. Nicht so auf Gut Herrmannsdorf in Glonn bei München. Es wurde begründet von Karl Ludwig Schweisfurth, dem einstigen Besitzer der Hertha-Fleischwarenfabrik, aus der die Hertha-Wurst kommt. Mitte der 1980er Jahre, auf dem Höhepunkt der Automatisierung angelangt, stieg Schweisfurth aus und begann mit ökologischer Landwirtschaft. Seine drei Kinder hatten ihm klargemacht, dass sie seine Firmen nicht übernehmen würden, weil sie nicht so leben wollten wie er. Heute ist Herrmannsdorf ein Ort der Begegnung: mit freilebenden Tieren, Lernwerkstätten, Handwerkermarkt, Hofladen, Wirtshaus, Biergarten und ganz viel bayerischer Tradition.

Eine dritte Frage könnte lauten: »Wie lassen sich die besten internen *und* externen Ideen so zusammenbringen, dass uns veritable Innovationen gelingen?« Nicht alle intelligenten Leute arbeiten ja bereits für Sie. Da wäre es doch gut, ein paar helle Köpfe ausfindig zu machen, die Ihnen beim Innovieren helfen können, ohne dass sie gleich auf die Gehaltsliste müssen.

Wie sich das anstellen lässt? Laden Sie sie einfach in Ihr virtuelles Ideenlabor ein. So hat es ein Mobilfunkanbieter gemacht: »Wir möchten unsere Gedanken mit Dir teilen, denn nur Du kannst uns sagen, was Dir wichtig ist. Bewerte unsere Ideen und lass uns wissen, welche wir weiterdenken sollen. Welche möglichen Produkte sind aus Deiner Sicht für die Zukunft relevant?« Und so hat es ein Getränkehersteller gesagt: »Machst du dir gerne Gedanken zu innovativen Produktideen? Willst du hautnah dabei sein beim Mitgestalten der neuesten Trends? Dann werde jetzt Mitglied in unserer exklusiven Innovation-Community und entwickle gemeinsam mit uns die innovativsten Getränke der Zukunft.«

Am Ende des zweiten Teils komme ich auf den Punkt Innovieren noch einmal zurück.

Die neuen Vermarkter

Kennen Sie das? Bisweilen beschleicht uns als Kunde ein ganz merkwürdiges Gefühl: Wenn man erst mal Kunde ist, dann ist man »zweiter Klasse«. Kein Wunder, denn in vielen Organisationen werden Interessenten nur so lange umgarnt, bis sie anbeißen. Kaum ist die Tinte trocken, hat das heiße Werben ein Ende. Die Beute ist erlegt. Die Charmeattacken versiegen, Routine kehrt ein. Ab jetzt wird es langweilig – und für das Unternehmen billig. Man wird nun nach Effizienzgesichtspunkten zwangsversorgt und soll sich in die Servicebürokratie der vorgesehenen 08/15-Abläufe fügen. Doch die Konsumenten wehren sich heftig. Und sie haben gleich zwei Waffen parat:

1. ihre Loyalität und
2. ihre Empfehlungsbereitschaft.

Wer am Ende frenetische Fans, leidenschaftliche Fürsprecher und aktive Empfehler will, der muss sich zunächst um die Loyalität seiner Kunden kümmern.

Loyalty first: Loyalität, die Basis fürs Weiterempfehlen

Die Wechselbereitschaft der Kunden ist so hoch wie nie. Das neue Phänomen heißt: der flüchtende Kunde. Immer schneller dreht sich heute das Karussell aus Kunden akquirieren, Kunden loyalisieren, Kunden verlieren. Eine Serviceplan / GfK-Studie aus dem Jahr 2011 offenbarte: Marken des täglichen Bedarfs verlieren im

Durchschnitt bereits 40 Prozent ihrer treuen Stammkunden pro Jahr. Tendenz steigend. Dabei werden mit Stammkunden durchschnittlich 60 bis 70 Prozent des Umsatzes erzielt!

Es sind vor allem die Stammkunden, die über das Schicksal einer Marke entscheiden.

Demnach sind es vor allem die Stammkunden, die über das Schicksal einer Marke entscheiden. Und sie könnten deren Retter sein. Wer »seine« Marke regelmäßig kauft, wer sich voll und ganz mit ihr identifiziert und sich ihr hochgradig verbunden fühlt, der ist immun gegen den Wettbewerb. Er wird sie vor Angreifern schützen und seinen Freunden wärmstens weiterreichen.

Zweiklassengesellschaft

Kennen Sie den Werbespot der US-amerikanischen Ally Bank? »Kann ich ein Eis haben?«, fragt da ein wartendes Kind. »Nein«, sagt der Eiskrem-Verkäufer, »mein Eis ist nur für *neue* Kunden.« Und nur das gerade herbeihüpfende Kind bekommt dann auch tatsächlich ein dickes Schokoeis. Im wahren Leben ist es genauso: Neue Kunden bekommen bei manchen Banken Null-Euro-Gehaltskonten und sogar ein Startguthaben, bestehende treue Kunden hingegen bekommen – nichts. Da kann ich mich nur noch kopfschüttelnd wundern. Und das ist nur ein Beispiel von vielen.

Stabile und dauerhafte Kundenbeziehungen sind die Lebensversicherung eines Unternehmens. Doch paradoxerweise zieht sich die Vernachlässigung der Bestandskunden als Zweite-Klasse-Kunden und auch die parallel verlaufende Vernachlässigung ihrer Betreuer als Zweite-Klasse-Verkaufsmitarbeiter wie ein roter Faden durch die Managementdenke der letzten Jahrzehnte. Dumm, aber wahr: Nicht Hege und Pflege, sondern Eroberungen stehen am höchsten im Kurs. Erinnert uns das nicht auch an Situationen aus unserem Privatleben? Wie sagt die Braut beim Hochzeitsfest: »Heute ist mein schönster Tag.« Das heißt doch eigentlich: Von da an geht's bergab. »Anstatt sich um die Nachbarin zu kümmern, die Liebe und Geborgenheit sucht, kümmert man sich besser um die eigene Frau. Die sucht das nämlich auch. Und der Nachbar lauert schon.« So hat das einer meiner Seminarteilnehmer mal auf den Punkt gebracht.

Und wie sieht das bei bestehenden Kundenbeziehungen aus? Vor dem Vertragsabschluss war alles rosarot, danach wird's leider düster. Nehmen wir doch das Beispiel Sachversicherungen. Was hört man nach der Unterschrift? Nur noch Negatives: Rechnung, Mahnung, Beitragserhöhung, Erstattungsprobleme im Schadensfall. Oder denken wir an Zeitschriftenabos oder an die Einstiegstarife der Strom- und Mobilfunkanbieter. Neukunden werden preislich bevorzugt. Sie bekommen Schnupperpreise, fette Prämien, kostenlose Testangebote. So werden der Konkurrenz die Kunden abgekauft. Zu blöd! Manager sehen dabei anscheinend nur das, was sie gewinnen, nicht aber das, was sie verlieren. Milchmädchenrechnung nennt man das.

> **Vor dem Vertragsabschluss war alles rosarot, danach wird's leider düster.**

Solche Bäumchen-wechsel-dich-Spiele sind nicht nur teuer, sondern auch sehr gefährlich. Während man vorne fleißig mit Baggern beschäftigt ist, laufen einem nämlich hinten die eigenen Kunden weg. Die haben inzwischen bemerkt, dass sich Treue nicht lohnt. »Was ist drin, wenn ich kündige, und wie hole ich am meisten dabei raus?« Das ist heute eine gängige Frage an die Web-Community. Wir alle haben gelernt: Wenn wir den Quengelfaktor erhöhen, gibt's etwas Gutes. Ergo: Die Anbieter selbst haben uns Kunden zur Untreue erzogen und in der Folge zu Schnäppchennomaden gemacht.

Kein Mensch ist von Haus aus illoyal. Ganz im Gegenteil. Die meisten bevorzugen das, was sie schon kennen. »Wenn ich jetzt bei A kaufe, dann kaufe ich dort zukünftig garantiert niemals mehr ein, sondern, egal welche Erfahrungen ich mache, beim nächsten Mal definitiv anderswo.« Kein Mensch denkt so. Die Entscheidung, ob wir wechseln oder nicht, fällt in aller Regel erst nach dem Kauf. Doch da wartet – leider – nur die B-Mannschaft.

Die B-Mannschaft

Eine Zweiklassengesellschaft herrscht auch zwischen Innen- und Außendienst. Die Kundenjäger (= Hunter) sind die Helden vom Dienst. Sie werden hofiert, bestens trainiert und fürstlich entlohnt. Die internen Kundenbetreuer (Farmer) werden hingegen ins Back(!)office verfrachtet.

Eine Zweiklassengesellschaft herrscht auch zwischen Innen- und Außendienst.

Oder wir finden sie eingepfercht in Callcentern wieder, wo die Mitarbeiterfluktuation hoch und die Anerkennung niedrig ist. Oder aber sie werden wie »Leihsklaven« von externen Dienstleistern befristet zugekauft. Und genau so kommt das alles dann beim Kunden an.

Bestandskundenpfleger sind die B-Mannschaft, die zweite Wahl. Dementsprechend werden sie auch bezahlt und geschult. Ich habe einmal für ein Industrieunternehmen fünf Tage Verkäufertraining gemacht. Am Ende jeden Tages gab es noch zwei Stunden Innendiensttraining. Immerhin! Doch es war das erste Mal, dass die Innendienstler überhaupt ein Servicetraining bekamen. »Den Begriff Servicekultur führen heute viele Unternehmen im Munde. Freilich durchschauen die Kunden rasch, dass sich in vielen Fällen dahinter nicht mehr als ein Schlagwort verbirgt«, sagt die Serviceexpertin Sabine Hübner dazu.

Erzielte Verkaufsabschlüsse werden von den Unternehmen oft wie ein Endpunkt betrachtet, aus Sicht des Kunden aber sind sie ein Start: Sie markieren den Beginn einer hoffentlich langen, wunderbaren »Freundschaft«, über die er oft und gerne spricht. Wenn das die Unternehmen nur endlich auch so sähen: Kundenloyalität wird im After-Sales-Service gemacht. Melkkühe und treudoofe Goldesel, die sich still und brav mit dem Zweitbesten begnügen, sterben langsam aus. Niemand will ein Blödmann sein. Wer als Anbieter nicht spurt, dem kehrt man den Rücken. Und im Web erzählt man der ganzen Welt, warum das so ist.

Loyale Kunden – ein wertvoller Schatz

Das größte Vermögen, das ein Unternehmen besitzt, ist die Loyalität seiner Kunden. Je länger es einen rentablen Kunden hält, desto mehr Gewinn kann es durch eben diesen Kunden erzielen. Oberstes Ziel sollte es daher sein, möglichst keinen einzigen Kunden zu verlieren, den man behalten will. Natürlich ist auch das Neugeschäft wichtig, das gilt aber nur dann, wenn man es nicht auf Kosten seiner Bestandskunden macht. Der Aufbau einer nachhaltigen Kundentreue ist somit eine der vorrangigsten unternehmerischen Herausforderungen der Zukunft. Unternehmen leben ja auf Dauer von ihren Wiederkäufern.

So hat ein Versicherer festgestellt, dass die Vertragsstornoquote 7,7 Prozent beträgt, wenn ein Kunde nur eine einzige Police besitzt. Ab dem vierten Vertrag liegt sie nur noch bei 1,9 Prozent. Loyalität hat also nicht nur mit guten Gefühlen, sondern auch mit Wiederholungen zu tun. Und sie kann durch kleine Zeichen der Wertschätzung weiter angefacht werden. Die Aufgabe einer »Loyalitätsfee« könnte es sein, dazu ständig Neues zu entwickeln.

Oberstes Ziel sollte es sein, möglichst keinen einzigen Kunden zu verlieren.

Denn insgesamt betrachtet ist Loyalität heute ein flüchtiges Gut. Man muss sie sich – genau wie seinen guten Ruf – immer wieder neu verdienen. Wer einen hohen Nutzwert bietet und eine außergewöhnlich attraktive Leistung präsentiert, wer tiefes Vertrauen aufbaut, weil er seine Kunden fair behandelt, wer sie immer wieder neu begeistert und stets in ihrer Wahl bestätigt, der bekommt Loyalität geschenkt – Loyalität jenseits der Vernunft. Loyalität ist immer auch ein wenig irrational. So ganz genau kann man oft gar nicht erklären, was an einem Anbieter so überaus anziehend ist. Weil sie eine *emotionale* Resonanz erzeugt, ist Loyalität so rätselhaft wie unergründlich. Am ehesten vergleichbar ist sie mit der Liebe: Es muss funken zwischen Anbieter und Kunde.

Loyalität ist vergleichbar mit der Liebe: Es muss funken zwischen Anbieter und Kunde.

Wer die Loyalität seiner Kunden gewinnt und dauerhaft bewahren kann, generiert kontinuierlich steigende Umsätze und reduziert gleichzeitig seine Kosten. Loyale Kunden kaufen öfter und sie kaufen auch mehr. Sie erhöhen damit die Planungssicherheit, da ihre Wechselfreude eher niedrig ist. Und sie sind weniger preissensibel. Sie haben auch meist eine bessere Zahlungsmoral. Sie sind nachsichtiger, wenn Fehler passieren. Schließlich sind sie dem Unternehmen wohlgesonnen. Sie helfen ihm durch passende Ratschläge, Hinweise und Tipps dabei, kontinuierlich besser zu werden.

Doch nicht nur als beständige Käufer, sondern vor allem als aktive Empfehler sind Kunden lukrativ. Empfehlungsbereitschaft ist ein deutlicher Hinweis auf hohe Kundenloyalität. Mangelnde Empfehlungsbereitschaft hingegen ist ein erstes Absprung-Frühwarnsignal. Und hohe Empfehlungsraten sind ein Garant für wertvolles Neugeschäft.

In mundpropagandastarken Social-Media-Zeiten und gesättigten Märkten mit wenig Wachstumspotenzial gibt es gar keine andere

Wahl: Der Hauptfokus muss zum Bestandskunden wechseln (siehe dazu auch Abb. 3 auf Seite 20). Wie viel Aufmerksamkeit, Geld, Zeit, Mitarbeiterressourcen, Schulungen, Incentives und Kommunikationsaktivitäten werden Sie also in Zukunft in den After-Sales- beziehungsweise After-Purchase-Bereich investieren?

Loyalität schlägt Kundenbindung

Wer die Loyalität seiner Kunden erhält, der braucht sich nicht aufzudrängen, der zieht seine Kunden wie magisch an – und kann sie immer wieder neu verführen. Bei Kundenbindungsprogrammen hingegen wird Kundentreue an Bedingungen geknüpft, durch Punkte, Prämien oder Rabatte erkauft, durch Fußangeln in Geschäftsbedingungen erschlichen oder durch Wechselbarrieren erzwungen. Das Ergebnis: Der Kunde bleibt nicht, weil er will, sondern vielmehr, weil er mehr oder weniger muss.

Loyalität hingegen ist freiwillige Treue. Sie geht vom Kunden aus. Er könnte jederzeit wechseln, will aber nicht. Solche Loyalität entsteht durch Vertrauen und Anziehungskraft und nicht durch Druck oder Zwang. Sie kann niemals eingefordert werden, man bekommt sie vielmehr aus Überzeugung geschenkt. Das Ganze ist übrigens hochemotional und im besten Fall voller Leidenschaft. Leidenschaft kann beim Kunden aber nur dann entstehen, wenn sie sich in allem, was der Anbieter tut, offenbart.

Es ist die Leidenschaft, die den Unterschied zwischen Mittelmaß und Exzellenz schafft. Problemlösungen sind dabei das Pflichtprogramm. Das Erzeugen guter Gefühle ist die Kür. Wir bleiben einer Marke treu verbunden und empfehlen sie unbeirrt und überzeugt weiter, solange sie uns gute Gefühle beschert.

> **Es ist die Leidenschaft, die den Unterschied zwischen Mittelmaß und Exzellenz schafft.**

Also dann: Loyalty first! Der Stammkunde gehört an die erste Stelle. Unternehmen müssen Loyalität attraktiver machen als Nicht-Loyalität. Wer seine Kunden hegt und pflegt und sie für ihre Treue belohnt, der immunisiert sie gegen die Attacken des Wettbewerbs. Darüber hinaus macht er sie zu seinen besten Verkäufern. Wer wenige Kunden verliert, muss sich auch wenige neue suchen. Wer hingegen seine Bestandskunden vernachlässigt, der wird auch keine Empfehlungen erhalten.

Theoretisch wurde das wohl inzwischen erkannt. Diesen Rückschluss lässt zumindest eine weltweite IBM-Studie aus dem Jahr 2011 zu, bei der über 1700 CMOs (Chief Marketing Officers) aus 64 Ländern Face-to-Face befragt wurden. Mit Blick auf die zunehmend digital geprägten Märkte landete das Verbessern von Customer Loyalty und das damit verbundene Ausschöpfen von Empfehlungspotenzial mit insgesamt 67 Prozent auf Platz eins der Aktivitätenliste. Im Alpenraum betrug diese Zahl allerdings nur 56 Prozent. Immerhin: Erkenntnis ist bekanntlich der erste Schritt zur Besserung. Nun müssen nur noch die richtigen Taten folgen.

Vier Loyalitäten entwickeln

Im klassischen Marketing sprechen wir von drei Loyalitäten, die zu entwickeln sind:

○ Die zum Unternehmen und seinen Standorten
○ Die zu den Angeboten, Services und Marken
○ Die zu den Mitarbeitern und Ansprechpartnern

Neuerdings kommt nun noch eine vierte Loyalität hinzu:

○ Die Loyalität zu den eigenen Netzwerken

Nicht nur im wahren Leben, vor allem auch dort, wo es eine hohe digitale Affinität gibt, ist diese Form der Loyalität von zunehmen-

der Relevanz. Das Massenphänomen Facebook ist ein typischer Vertreter dafür. Wir suchen, finden, hegen und pflegen die Mitgliedschaft in den unsere Identität stützenden oder gar schmückenden Gemeinschaften, und wir reden voller Stolz darüber. Die Verbundenheit zu deren Mitgliedern stellen wir über andere Werte. Wir fühlen uns mit ihnen über gleiche Lebenseinstellungen, ähnliche Weltanschauungen und gemeinsame Erfahrungen vereint. Wir helfen einander und stehen füreinander ein. Wir widmen uns einer solidarisierenden Fankultur und einem kollektiven Markenkult. Wir beeinflussen einander bei unseren Kaufentscheidungen und konsumieren die gleichen Dinge.

Früher gab es solche Loyalitäten auch, doch sie waren vor allem vertikaler Natur. Man war zum Beispiel ein eingefleischter Siemensianer – ein Mitarbeiter der Firma Siemens also – und dem Unternehmen ein Leben lang treu. Solche Topdownloyalitäten errodieren derzeit massiv. An ihre Stelle sind horizontal verflochtene Loyalitäten gerückt. Man pflegt sein Alumni-Netzwerk, doch kaum mehr das Verhältnis zu seiner ehemaligen Alma Mater. Egal, welche Institution auch betrachtet wird: Die mehr oder weniger bedingungslose Obrigkeitsloyalität von anno dazumal gibt es nicht mehr. Social Networks sind an ihre Stelle getreten. Und sie werden überall da zum Sicherheitsnetz, wo herkömmliche Sicherheitsnetze versagen.

Social Networks werden überall da zum Sicherheitsnetz, wo herkömmliche Sicherheitsnetze versagen.

Unsere Loyalität gehört heute den Peers, den Gleichrangigen, den lockeren Beziehungen im beruflichen und privaten Bereich. Ihnen gegenüber sind wir verbundenheitssüchtig. Und das leben wir nicht nur, wir zeigen es auch. Bei der Jugend ist dieser Trend besonders ausgeprägt. So hat sich eine gewisse Susij87 aus den Niederlanden die Profilbilder ihrer 152 Facebook-Freunde auf den Arm tätowieren lassen – das nennt man dann ein Social Tattoo. Bei indigenen

Völkern zeigen Tätowierungen auch heute noch die Zugehörigkeit zu einem Stamm. Das ist vertikale Zwangsloyalität. Bei Harley-Davidson-Fahrern findet man oft bunte Bilder auf dem prachtvollen Oberarm. Das ist, wenn überhaupt, ein milder horizontaler Gruppenzwang. Doch solche Zeichen der Zugehörigkeit gibt es inzwischen überall, nun heißen sie Logos. Und die Menschen zeigen sich gerne damit. So entstehen neuzeitliche »Tribes« im Großstadtdschungel oder Fußballtribünen voll sichtbar Gleichgesinnter bei der »Jagd nach dem Kugeltier«. Wer solche Loyalitäten am besten auf sich vereinen kann, wird künftig zu den Gewinnern zählen.

Marken können sich diesen Trend zur horizontalen Netzwerkloyalität über Brand-Communitys in besonderer Weise zunutze machen. Insgesamt müssen jedoch alle vier Loyalitäten entwickelt werden. Bleibt eine auf der Strecke, dann wirkt sich dies auf das Treueverhalten der Kunden wie auch auf Empfehlungseffekte nachteilig aus.

Fans: Die neuen Promotoren

Werben Sie noch oder empfiehlt man Sie schon? Nicht Hochglanzbroschüren und Starverkäufer, sondern enthusiastische Fans, engagierte Fürsprecher und glaubwürdige Mundpropagandisten sind die besten Vermarkter. Sie haben die höchste Überzeugungskraft, denn sie sorgen für Relevanz. Fans machen eine Marke zum Kult. Mundpropagandisten stärken ihre Reputation. Empfehler kontaktieren gezielt und ohne Streuverluste genau die Personen, die sich für ein bestimmtes Angebot auch tatsächlich interessieren. Das tun sie nicht nur kostenlos, sondern auch mit beachtlichen Abschlussquoten. Wer mithilfe eines Heeres von Promotoren für Anziehungskraft sorgt, der muss nicht länger mit den Waffen des Preiskampfs hantieren.

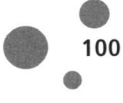

Was ist eigentlich ein Fan?

Früher war alles so einfach. Da war man, wenn überhaupt, ganz schlicht ein Fan. Heute wird das detailliert aufgeschlüsselt: Man ist ein Facebook-Fan, ein echter Fan, ein falscher Fan, ein Marken-Fan und im Fußball auch ein Sesselfan, ein Kuttenfan, ein Kommerzfan, ein guter oder ein schlechter Fan. Und wenn's ganz übel kommt, ist man höchstens ein Sympathisant.

Fans machen eine Marke zum Kult.

Grundsätzlich ist ein Fan jemand, der sich einem Unternehmen, einer Marke oder einem sonstigen Fanobjekt in besonderer Weise verbunden fühlt und dies durch sein Verhalten nach außen hin kundtut. Fans investieren oft reichlich Zeit und / oder Geld, sie bauen ein gehöriges Fanwissen auf und bringen einiges an ehrenamtlicher Arbeitskraft ein.

Markenfans schmücken sich mit sichtbaren Zeichen der Marke und drücken so ihre Zugehörigkeit aus. Fans von Stars oder Sportlern pilgern zu neuen »Wallfahrtsorten«, um denen, die sie verehren, nahe zu sein. Manche erfasst eine Zuneigung, die fast schon an Verliebtheit reicht. Der pathologische Zustand heißt übrigens »Stalking«. Man wird zum lästigen Verfolger seines Objekts der Begierde. Fans haben also Licht- und Schattenseiten. Schließlich kommt das Wort Fan von fanatisch. Fanatiker sind »Eiferer« und »Glaubensschwärmer«. Das ist bisweilen negativ, aber vor allem positiv zu sehen. »Ich bin Fan von …«, das kommt ja fast schon einem Glaubensbekenntnis gleich.

Was Fans motiviert

Fans positionieren sich mit den Fanobjekten, mit denen sie sich umgeben. Diese sind Ausdruck eines Selbstkonzepts. Welche Objekte wir wählen, verrät viel über uns. Es zeigt, wer wir sind und zu welcher Fangemeinde wir gerne gehören wollen. Es entscheidet darüber, was andere von uns denken (sollen) und mit wem wir uns umgeben. Es ist wie ein Teil unseres Selbst, das uns im Idealfall erhöht.

Deshalb sollen Fanobjekte auch von vielen anderen bewundert werden. So strahlt ein wenig von deren Glanz auf uns selber ab. Man solidarisiert sich, fiebert bei Erfolgen mit – und fühlt den Triumph fast so, als wäre es der eigene. Selbst wenn das Auserwählte einmal schwächelt, bleiben echte Fans treu. Fans lassen nichts und niemanden so leicht im Stich. Sie halten auch mal Belastungen aus. Allerdings darf man seine Fans auch nicht hängen lassen. Und man darf sie niemals enttäuschen. An diesem Punkt schlägt achten in ächten und verehren in verleumden um. Liebe und Hass sind bekanntlich nah beieinander. Und das ist häufig fatal.

Fans lassen nichts und niemanden so leicht im Stich.

Bei Fans kommt, so scheint es mir, immer ein Emotionsturbo in Gang. Es ist schon ganz erstaunlich, wie viel Energie Marktteilnehmer bisweilen investieren, um anderen ihre Lieblingsmarke schmackhaft zu machen. Dabei entsteht Verbundenheit innerhalb der Fangemeinde fast wie von selbst. Man empfindet schnell Sympathie füreinander – allein durch ähnliche Interessen, die nach außen hin deutlich sichtbar sind. Leider muss man als Fan auch schon mal Böses ertragen: Beschimpfungen und Beleidigungen Andersgesonnener – bis hin zum Exzess.

Langweiler hingegen haben bei Fans keine Chance. Schlimmer noch: Genüsslich werden sie auf großer Bühne vorgeführt und heruntergemacht. YouTube ist voll von Parodien auf schlechte Werbespots. Von dem Looserimage all derer, die in den falschen »Tribes« zugange sind, will man sich distanzieren und grenzt sich sichtbar ab.

Fans sind Leidenschaft pur. Als glühende Verehrer werden sie »ihre« Marke regelmäßig kaufen und sie jeder anderen Wahlmöglichkeit vorziehen. Die Ratio steht dabei auf »Aus«. Wie durch eine rosarote Brille sehen sie selbst unliebsame Wahrheiten in den schönsten Farben. Die Idealisierung ist so stark, dass selbst größere Nachteile billigend in Kauf genommen werden. Sie sind blind und taub für den Wettbewerb. Sie verteidigen ihre Lieblingsmarken gegen Angriffe von außen. Etwaige Fehler verzeihen sie gern. Ihr Sendungsbewusstsein ist enorm. Über ihre Erlebnisse und Erfahrungen werden sie deshalb voll überschwänglicher Begeisterung berichten – und das ist der Punkt, an dem das Missionieren beginnt. Im Englischen heißen sie deshalb »Evangelists« – ein Begriff, den der US-amerikanische Autor Guy Kawasaki geprägt hat. Sie schließen sich zu einer Community zusammen und machen so aus Unternehmen und deren Angeboten Kult. Und das Beste daran: All das tun sie unentgeltlich, freiwillig und gern.

Fans sind Leidenschaft pur.

Was sie dafür zurückhaben wollen? Eigentlich nichts, denn ein bekennender Fan zu sein, ist ihnen schon Lohn genug. Umso mehr freuen sie sich über die Aufmerksamkeit derer, die sie verehren. Deshalb tun Unternehmen und Marken gut daran, eine geeignete Plattform zu schaffen, die es ermöglicht, den Fans *das* geben zu können, was das Fan-Sein so besonders lohnenswert macht:

○ Fans möchten ernst und wichtig genommen werden.
○ Sie lieben das Gefühl, jemand Besonderes zu sein.
○ Sie schätzen die Möglichkeit, sinnvolle Beiträge zu leisten.
○ Sie genießen es, in eine Gemeinschaft eingebettet zu sein.
○ Sie möchten sich als Teil von etwas Großem fühlen.

Fangemeinschaften gab es natürlich schon immer, und manche sind, wie zum Beispiel der Porsche Club, geradezu legendär. Bei Stars und Sternchen und auch auf dem Fußballplatz zeigt sich deutlich, was ein Fankult so alles bewirken kann. Seitdem es virtuelle Fanclubs und webbasierte Fanpages gibt, ist die Fankultur schier explodiert. In einer sich anonymisierenden und zur Vereinzelung neigenden Gesellschaft ist das Miteinanderbedürfnis der Menschen wohl auch besonders hoch.

Oft entstehen Fangemeinschaften und deren Community-Seiten ganz ohne das Zutun von Unternehmen und Marken. Mit abgöttischer Hingabe wird dort das Kultobjekt gehegt und gepflegt. So hat zum Beispiel Adidas allein auf Facebook mehr als 300 Fanseiten mit mindestens 1000 Fans. »Die Unternehmen müssen diese Initiativen unbedingt im Auge behalten«, rät der Markenexperte Karsten Kilian. Gerade die nichtoffiziellen Seiten brauchen Aufmerksamkeit und Interaktion vonseiten der entsprechenden Anbieter.

Was motiviert eigentlich einen Internetnutzer, ein bekennender Fan zu werden? In diesem Zusammenhang sind die Ergebnisse einer Onlinebefragung der Fittkau & Maaß Consultants aus dem Jahr 2011 interessant (siehe Abb. 8).

Verbunden sein & Verbundenheit zeigen
Weshalb aus einem Nutzer ein »Fan« wird

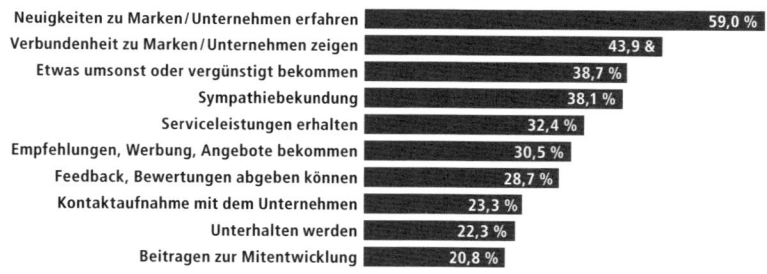

Abb. 8: Umfrageergebnisse: Weshalb aus einem Nutzer ein Fan wird (Quelle: Fittkau & Maaß 2011)

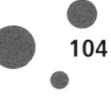

Was ist ein Fan wert?

»Ideologisch betrachtet, ist der Fan ein hirnloses Schaf. Er folgt seinem Idol überall hin und hinterfragt nichts. Wirtschaftlich betrachtet ist er eine Cashcow, die mit Fanartikeln jeglicher Art leer gemolken werden kann.« Das schreibt Andreas Ganje in seinem Blog. Und genau das zeigt die Gefahr. Hirnlos sind die Fans nämlich keineswegs, und wenn man sie leer melkt, dann ist das mit dem Milchgeben vorbei.

Es lässt sich beobachten, dass die Unternehmen bei dem ganzen Fanhype oft viel zu kurzsichtig agieren. Sie denken viel zu sehr nur ans Abkassieren und sind deutlich zu zahlenfixiert. Die pure Anzahl der Fans und Follower kann ja wohl kein Leistungskriterium sein! Entscheidend ist, wie viele Multiplikatoren darunter sind und welches Engagement sie entwickeln. Diese Qualität ist ausschlaggebend. Doch Qualität ist – und an den Gedanken wird man sich endlich gewöhnen müssen – nicht so einfach in Zahlen zu fassen.

> »Charismatische Marken zählen nicht die Menschen, die sie kennen, sondern sie wollen Menschen, die zählen.«

»Charismatische Marken zählen nicht die Menschen, die sie kennen, sondern sie wollen Menschen, die zählen«, hat Klaus-Dieter Koch von der Brand:Trust GmbH einmal gesagt. Das klingt vernünftig, doch (leider) gibt es diesen Erster-sein-besser-sein-schneller-sein-Virus, der so gern in Männerhirnen nistet. Dieser Virus bringt manche dazu, die merkwürdigsten Dinge zu tun. Zum Beispiel gilt nicht Wenigen die Zahl der Fans als neues Statussymbol. Dazu betreiben die Unternehmen eine Art Fankosmetik. Man will einfach glänzen – vor wem auch immer –, bei Präsentationen gut aussehen, bei Investoren punkten, den Wettbewerb ärgern und natürlich in den Medien gut dastehen.

Ja, man kann (fast) alles kaufen, also auch Fans. 250 000 Facebook-Fans? Die kann man schon für 9000 Dollar haben. Die Sache hat nur den Nachteil, dass darunter auch Phantomfans sind. Das sind Profile von Menschen, die es in Wirklichkeit gar nicht gibt. Man nennt sie auch »Sockenpuppen«. Doch Hirngespinste kaufen nichts. Und seien wir mal ehrlich: Zombies und tote Masse, sind das die Fans, die man haben will? Solche Machenschaften sind übrigens recht leicht herauszukriegen. Und dann wird mit etwas Pech plötzlich ein ganzes Unternehmen zum Gespött der Netzgemeinde.

Verplempern Sie Ihre Zeit also besser *nicht* damit, Onlinesysteme zu manipulieren. Sorgen Sie lieber für so viel Charisma, dass man Ihnen freiwillig hinterherlaufen wird. Denn am Ende gilt: Natürlich gewachsene Facebook-Seiten mit lebendigen Fans und ohne viel Egogeschleime werden auf Dauer am erfolgreichsten sein. Manchmal muss man nur den richtigen Dreh dabei finden. Wie kann man zum Beispiel mit dem doch eher unattraktiven Produkt Läusemittel echte Fans gewinnen? Durch eine Seite namens »Ich mag keine Läuse«.

Wahre Fans gewinnt man nicht auf Facebook, sondern im wahren Leben.

Ach, übrigens: Wahre Fans gewinnt man nicht auf Facebook, sondern im wahren Leben. »Echte Fans gewinnt man durch echtes Handeln. Durch gute, kundennahe Produkte. Durch guten, kundennahen Service. Durch gutes, kundennahes Verhalten!«, schreibt Mirko Lange von ehemals Talkabout Communications in seinem Blog.

Die Frage »Was ist ein Fan wert?« ist also falsch gestellt. Erstens wird das von Branche zu Branche sehr verschieden sein. Zweitens hängt die Antwort unmittelbar davon ab, welchen Content man seinen Fans bietet, wie man sie pflegt und was man für sie tut. In erster Linie aber sind Fans Menschen, und deren Wert lässt sich nicht in ein paar Euro messen. Eines ist jedenfalls sonnenklar: Die alte Humankapital-Denke, die bringt es heute nicht mehr. Nur wenn beide Seiten gewinnen, lohnen Geschäftsbeziehungen auf Dauer. Und die Grundlage für Wertschöpfung heißt Wertschätzung.

Die Grundlage für Wertschöpfung heißt Wertschätzung.

Fans für Buletten?

Social Media steht für Partizipation, Teilen und Gleichrangigkeit – da müssen Geben und Nehmen im Einklang sein. Unser Gehirn hat einen ausgeprägten Gerechtigkeitssinn. Das ist uns übrigens angeboren. Eine der Hauptfunktionen unseres Oberstübchens ist die Aufrechterhaltung eines physischen und psychischen Gleichgewichts. So wollen wir am liebsten mit allen »quitt« und niemandem etwas schuldig sein. Burger King Deutschland hat einmal im Rahmen einer Facebook-Aktion 50 000 Whopper an seine Fans verschenkt. In weniger als 24 Stunden kamen über 20 000 neue Fans hinzu. Fans für Buletten – ein interessantes Austauschprogramm.

Die, die immer nur fordern, die mögen wir nicht. Und für diese tun wir auch nichts. »Ich brauche ganz schnell ein paar Fans. Bitte mal auf den Gefällt-mir-Button klicken.« Solche Anfragen bekomme ich bei Facebook fast täglich – und das ist leider Verhalten à la Web 1.0. Niemand will sich gern ausnutzen lassen.

Social Media fängt mit dem Geben an. Was werden Sie Ihren Fans also geben, um sie zu binden und bei der Stange zu halten? Zum Beispiel das:

- Anerkennung, Wertschätzung, Respekt (warme Worte, Dankeschöns, Streicheleinheiten, kleine Geschenke)
- Regelmäßige Inhalte, die für Fans interessant sind und die sie so woanders nicht bekommen (Exklusivinformationen, Insiderwissen)

- Fragen, Dialog, Austausch und Diskussionen, alles gut moderiert
- Aktionen nur für Fans (Gewinnspiele, Verlosungen, Exklusivevents, Vorabverkostungen, Pilottests usw.)
- Angebote nur für Fans (Exklusivprodukte, Sondereditionen, Fanrabatte, Gutscheine zum Weiterverschenken, Fanshop usw.)
- Mitmachmöglichkeiten (Votings, Rankings, Bewertungssysteme)
- Mitgestaltungsmöglichkeiten (Produktkreationen, Werbetexte, Helpdesk, Ideenwettbewerbe)
- Gegebenenfalls: monetäre Partizipation (anteilige Provisionen für Weiterempfehlungen, Produktverkauf oder Ideengenerierung)

Fans – und auch belohnte und bezahlte Promotoren – werden künftig das Bindeglied zwischen Anbieter und Endkunde sein. So bekommen Fanpage-Betreiber mit der Anwendung »FanGager« nicht nur einen schönen Überblick über die engagiertesten Fans, sondern auch ein Instrument zu deren Aktivierung über ein Belohnungssystem. Zu den ausgelieferten Daten gehört zunächst eine Übersicht über Fanzahl, die aktiven Fans, Posts, Kommentare und Likes des letzten Monats. Dazu gesellen sich die Daten, die FanGager so interessant machen: die aktivsten Superfans.

Fans buchen bei Fans, Fans verkaufen an Fans.

Das australische Start-up »Posse« bietet auf seiner Webseite zum Beispiel an, dass Fans für ihre Lieblingsbands arbeiten können. Sie erhalten eine Provision für Eintrittskarten und Fanartikel, die sie verkaufen. Die Aufgabe der User besteht vor allem darin, die Konzerte, Events und Veröffentlichungen der Bands online zu promoten. Haben Sie den Trick durchschaut? Fans buchen bei Fans, Fans verkaufen an Fans. Dies ist ein Beispiel von vielen für einen neuen

Trend, der »User-generated Selling« heißt. Dabei wird die Leidenschaft der Anhänger kapitalisiert, und zwar so – und das ist der entscheidende Punkt –, dass es für beide Seiten gewinnbringend ist.

Am wirkungsvollsten sind jedoch immer noch die unentgeltlich ausgesprochenen oder audiovisuell sichtbar gemachten Empfehlungen, Hinweise und Tipps. Sie haben einfach die höchste Glaubwürdigkeit.

Schatzkästchen Fan

Wer die Leidenschaft seiner Fans gewinnt und auf Dauer bewahren kann, steigert die Wertschöpfung auf beeindruckende Weise. Wer es richtig macht, bekommt:

○ Erstumsatz: Nicht jeder Fan ist ja bereits Kunde. Bringen Sie Ihre Noch-nicht-Kunden-Fans möglichst schnell dazu, einen ersten Kauf zu tätigen – natürlich ohne dabei Ihre Bestandskunden zu verprellen. Sorgen Sie danach für schnelle weitere Aktivitäten. Auf diese Weise steigt die Verbundenheit.

○ Mehrumsatz: Fans kaufen öfter und hochwertiger ein. Sie konzentrieren ihre Kaufkraft auf wenige bevorzugte Anbieter. Bei Neueinführungen greifen sie eher zu. Sie kaufen auch regelmäßiger, und das wiederum erhöht die Planungssicherheit. Ob das alles auch für Ihr Business zutrifft, ist ganz leicht herauszufinden. Vergleichen Sie das Geschäftsgebaren und die durchschnittlichen Umsätze eines Nicht-Fans mit denen eines Fans. Im Rahmen einer Studie der US-Firma Syncapse aus dem Jahr 2010 gaben Facebook-Fans des Sportartikelherstellers Nike rund 205 Dollar für Produkte des Unternehmens aus, Nicht-Fans hingegen nur 86 Dollar. Und bei McDonald's geben Menschen, die auf Facebook die Seite des Fastfood-Unternehmens als Favorit gespeichert haben, 120 Euro mehr aus als Nicht-Fans.

○ Neugeschäft: Fans reden positiv über ihre Lieblingsanbieter und sprechen aktiv Empfehlungen aus. Empfohlenes Geschäft wiederum ist leichter abzuschließen, denn Empfehler haben einen Vertrauensbonus. Wer aufgrund einer Empfehlung Kunde wurde, wird auch selbst eher als Empfehler aktiv. Die Wahrscheinlichkeit, dass Facebook-Fans ihr Lieblingsprodukt weiterempfehlen, ist übrigens der Syncapse-Studie zufolge um 41 Prozent höher als bei Nicht-Fans.

○ Loyalität: Die Zahlungsbereitschaft loyaler Käufer ist in aller Regel höher als die von Schnäppchenjägern und ständigen Wechslern. Treue Kunden verhandeln nicht »bis aufs Messer«. Sie vergleichen auch weniger und sie sind resistent gegenüber Abwerbeversuchen. Ihre Verträge verlängern sie oft vollautomatisch. Sie sind toleranter gegenüber Fehlern. Sie sind auch großzügiger bei der Fehlerbereinigung und weniger fordernd bei Regressansprüchen. Und sie verursachen weniger Debitorenprobleme, denn ihre Zahlungsmoral ist hoch. Der Syncapse-Studie zufolge ist bei Fans die Wahrscheinlichkeit um 28 Prozent höher, dass sie einer Marke die Treue halten.

○ Werbekostenersparnisse: Wer neue Kunden über seine Fans gewinnt, braucht weniger in teure klassische Werbung und auch weniger in kostenintensive Vertriebsarbeit zu investieren. Außerdem kann der Werbemitteleinsatz optimiert werden. Durch Konzentration vieler Aktivitäten auf treue Fans und deren gezielte Ansprache entstehen geringere Streuverluste.

○ Reputationsgewinn: Fans preisen ihr »Idol« in den höchsten Tönen und verteidigen ihre Lieblingsmarken offline und online gegen Kritik oder Angriffe von außen. Sie bewerten ihre Lieblinge immer mit der maximal möglichen Punktzahl und motivieren andere, das Gleiche zu tun. Sie reden auch gerne mal schlecht über die Konkurrenz und diskreditieren so deren Reputation – was wiederum Wettbewerbsvorteile schafft.

○ Gute Ratschläge: Fans engagieren sich für ihre favorisierten Anbieter, sie sagen aber auch lautstark, wenn ihnen etwas nicht passt. Und sie machen Verbesserungsvorschläge. So werden sie zu Ideengebern und kostenlosen Unternehmensberatern. Mithilfe ihrer Tipps können Problemlösungen gefunden werden und kundenrelevante Produktinnovationen oder neue Servicedienste entstehen. Das alles reduziert die Kosten für externe Berater und das Floprisiko bei der Neueinführung von Produkten und Dienstleistungen.

Wer die Leidenschaft seiner Fans gewinnt, steigert die Wertschöpfung auf beeindruckende Weise.

○ Neue Fans: Fangruppen sind untereinander meist hervorragend vernetzt, wodurch Neuigkeiten und Meinungen schnell die Runde machen. So können zügig neue Interessenten mit ähnlichen Profilen gewonnen werden. Menschen sind vor allem mit Gleichgesinnten zusammen. Dies verbessert die Kundenstruktur. Und es ermöglicht die Spezialisierung auf favorisierte Kundengruppen. Hier kommt eine gezielte Multiplikatorenstrategie besonders zum Tragen. Wenn sich etwa George Clooney oder Lady Gaga als Fan von Produkt XY outet, dann hat diese Marke gleich Tausende neuer Fans und ebenso viele potenzielle Käufer.

Egal ob klein oder groß, ob lokal oder global, ob Personenmarke, Businessanbieter oder im Endkundengeschäft: Eine Fanstrategie ist in unserer neuen Wirtschaftswelt unerlässlich. Das Social Web ist der wichtigste Helfer dabei. Und es gibt Erfolgsbeispiele genug.

Nehmen wir »Hippo«, eine Chipsmarke aus Indien. Die große Beliebtheit in der Bevölkerung hatte zur Folge, dass die vielen kleinen lokalen Einzelhändler in diesem großen Land nicht mehr schnell genug beliefert werden konnten. So nutzte Hippo den Social Media-Player Twitter als Medium. Wurde ein Produkt knapp, konnte dies von der Bevölkerung direkt zum Vertrieb übermittelt werden.

Mithilfe von Twitter stieg der Umsatz von Hippo in der Folgezeit um sage und schreibe 76 Prozent.

Doch nicht nur via Social Media, an jedem Touchpoint ergeben sich Möglichkeiten, seine Kunden und Kontakte gezielt so mit einzubinden und bei der Stange zu halten, dass diese zu Fans und aktiven Kommunikatoren werden und andere zum Kauf animieren. Was kann das Unternehmen dazu beitragen? Es muss dafür sorgen, dass a) die Reputation möglichst positiv ist, dass b) das Mundpropaganda-Potenzial ausgelotet wird und dass c) die Empfehlungsbereitschaft sich heftig entzündet.

Buzz: Das neue Mundpropaganda-Marketing

Nach allem, was Sie bislang gelesen haben, ist sicher eines ganz klar: Mundpropaganda und Weiterempfehlen sind Umsatz-Boosting – und damit der Schlüssel zum zukünftigen Unternehmenserfolg. Beide Begriffe werden zwar oft synonym gebraucht, das ist aber nicht ganz korrekt.

Durchforstet man die Literatur, findet man alle möglichen Definitionsversuche, die das Phänomen zu beschreiben trachten. Die Word of Mouth Marketing Association (WOMMA) deklariert Word of Mouth (WOM) als Oberbegriff. Dieser teilt sich in Buzz (Mundpropaganda) und Advocating (Weiterempfehlungen). Und was ist der Unterschied?

Bei der Mundpropaganda geht es um das meinungsbildende Reden über ein Unternehmen und seine Angebote.

Bei der Mundpropaganda geht es um das mehr oder weniger meinungsbildende Reden über ein Unternehmen und seine Angebote (»Ich hab da was gesehen.« »Hast du das schon gehört?«). Dies kann persönlich, telefonisch oder schriftlich oder auch per Foto, Video oder Mausklick in der Offline- und Onlinewelt vonstattengehen. Letzteres wird manchmal auch als eWOM bezeichnet.

Mundpropaganda-Marketing will demzufolge Aktivitäten auf solche Weise steuern, dass in den passenden Zielgruppen möglichst positiv über einen Anbieter respektive seine Mitarbeiter, Marken, Produkte und Services geredet wird. Dies soll Aufmerksamkeit und Interesse wecken, den Bekanntheitsgrad, die Reputation und in der Folge auch die Abverkäufe steigern. Die Aktionen gehen mehr in die Breite, die zeitliche Ausrichtung ist eher kurzfristiger Natur. Mundpropaganda-Marketing in all seinen Ausprägungen ist insbesondere in den relativ schnell drehenden Consumer-Märkten ein probates Mittel der Wahl.

Eine Empfehlung impliziert einen einflussnehmenden Handlungshinweis.

Eine Empfehlung hingegen impliziert über die reine Kommunikation hinaus einen einflussnehmenden Handlungshinweis. Dieser kann positiver oder negativer Natur sein und es geht ihm fast immer eine eigene Erfahrung mit dem jeweiligen Angebot voraus (»Kann ich dir wärmstens empfehlen!« oder: »Kauf das bloß nicht!«). Dabei wird in aller Regel ein *nicht* kommerzielles Interesse des Empfehlers unterstellt. Das macht ihn glaub- und vertrauenswürdig.

Empfehlungsmarketing will demzufolge mithilfe einer geeigneten Wahl der Mittel eine möglichst große Anzahl von positiven Weiterempfehlungen stimulieren, um auf diese Weise Neugeschäft zu generieren. Insofern ist Empfehlungsmarketing eher langfristiger Natur und geht auch mehr in die Tiefe. Primäres Ziel ist die Umsatzsteigerung. Empfehlungsmarketing in all seinen Ausprägungen ist sowohl für B2C- als auch für B2B-Märkte gut geeignet.

»Während Buzz also ein Aufmerksamkeit erzeugender Ansatz für die Kommunikation einer Neuigkeit ist, nimmt Advocating einen direkteren Einfluss auf das bestehende Meinungsbild und die Kaufentscheidung Dritter.« So fasst es Onlinepionier Ossi Urchs zusammen. Natürlich gibt es Mundpropaganda bereits, seitdem die Menschen Handel treiben. Und über den Gartenzaun hinweg haben wir Gutes schon immer gerne weiterempfohlen. Heute verlagert sich das alles nun immer mehr ins Internet – und erlebt als digitaler Consumer-Content eine unbändige Renaissance.

Weitersagen 3.0: Das Positive überwiegt

Noch bis vor wenigen Jahren beschränkten sich die Möglichkeiten zum Weiterempfehlen auf Familienmitglieder, Nachbarn, Freunde und Kollegen. Mundpropaganda fand in einem überschaubaren privaten Rahmen statt. Sie war zwar hörbar, aber nicht sichtbar. Und sie war flüchtig, denn sie musste erinnert werden. Heutzutage wird das, was wir von einer Sache halten, öffentlich geteilt – und bis in alle Ewigkeit archiviert. Jederzeit kann darauf zurückgegriffen werden. Für die Guten ist das eine Riesenchance.

Mithilfe digitaler Kommunikationswerkzeuge erreicht Word of Mouth drahtlos die unzähligen Bildschirme der ganzen Welt.

Denn mithilfe digitaler Kommunikationswerkzeuge erreicht Word of Mouth nicht länger nur die Ohren weniger Interessierter, sondern drahtlos die unzähligen Bildschirme der ganzen Welt. Smarte Unternehmen, allen voran die Markenartikelindustrie, überlassen diese Effekte schon lange nicht mehr dem Zufall. Sie entwickeln gezielte Kampagnen, um ihre Botschaften viral, also ansteckend schnell, zu verbreiten. So sind die Evian Roller Babies, eines der erfolgreichsten viralen Videoclips aller Zeiten, allein bei YouTube schon knapp 60 Millionen Mal angeschaut worden (Stand Oktober 2012).

Virale Effekte sind für jeden Marktteilnehmer interessant. Wenn ich allerdings mit Unternehmern darüber rede, dann stellt sich heraus, dass die Angst vor negativer Mundpropaganda im Web nach wie vor riesig ist. Und wenn ich auf Vorträgen meine Zuhörer danach frage, dann glaubt die Mehrzahl, dass die negative Mundpropaganda bei Weitem überwiegt. Doch das ist – falsch! »Der verbreitete Glaube, dass sich Menschen nur dann Zeit zum Posten nehmen, wenn sie eine negative Erfahrung loswerden wollen, ist einfach nicht wahr!«, sagt Steve Kaufer, CEO des Reisebewertungsportals TripAdvisor. »Die überwiegende Mehrzahl der über 20 Millionen Meinungen, die wir erhalten haben, ist positiv.«

Eine Nielsen-Studie aus dem Jahr 2010 zeigt, dass nur 33 Prozent aller Europäer dazu neigen, im Web eher über negative Produkterfahrungen zu berichten. Der weltweite Schnitt liegt übrigens bei 41 Prozent. »Die Ersten, die kommen«, so Kommunikationsberater Michael Domsalla, »sind immer die Guten. Weil nur die, die dich lieben, Zeit investieren, um das anderen mitzuteilen.« Ein weiterer Grund wird wohl der folgende sein: Bei Menschen, die man weniger gut kennt, will man einen guten Eindruck machen. Wer möchte in der Öffentlichkeit schon als Miesepeter und ewiger Nörgler gelten? Wer im Business unterwegs oder immer mal wieder auf Jobsuche ist, dem kann man nur ernsthaft raten, sich im Web von seiner Schokoladenseite zu zeigen.

Nur 33 Prozent aller Europäer neigen dazu, im Web eher über negative Produkterfahrungen zu berichten.

Befragt man Konsumenten nach der letzten Mundpropaganda, die von anderen an sie weitergegeben wurde, erinnern sich 89 Prozent an positive Berichte aus ihrem Umkreis, nur 7 Prozent an negative. Dies ergab eine Studie mit 30 000 Teilnehmern, die die Trnd AG im Jahr 2010 zusammen mit der Wirtschaftshochschule ESCP Europe durchgeführt hat. »Konsumenten interessieren sich für gute Nachrichten und geben diese selbst gern weiter«, resümiert Studienleiter Martin Oetting.

Aus all diesen Untersuchungen lassen sich zwei primäre Handlungshinweise ableiten:

1. Machen Sie sich empfehlenswert!
2. Gestalten Sie Onlinebuzz maßgeblich mit!

Zu Punkt zwei gibt es einen aktiven und einen passiven Weg. Passiv heißt: Sie überwachen mithilfe von Monitoring-Tools (im nächsten Buchteil mehr dazu), was im Web über Sie gesagt wird, und reagieren passend darauf. Aktiv heißt: Sie werden zum engagierten Social-Media-Mitgestalter und stellen selber Inhalte ein. Dabei stehen nicht Egobotschaften (wir sind, wir haben, wir können), sondern solche Inhalte im Vordergrund, die die anvisierten Zielpersonen berühren. Sind solche Inhalte innovativ, witzig, nützlich, einzigartig, bizarr oder in anderer Form bemerkenswert, dann werden sie garantiert kommentiert, gevotet, gerankt, geliked, Google-geplusst und gerne auch weiterempfohlen. Halleluja!

Laden Sie aktiv zum Mitreden, Liken, Bewerten und Empfehlen ein.

Warten Sie aber nicht einfach nur ab, was passiert, sondern laden Sie aktiv zum Mitreden ein. Und das geht so: »Diskutieren Sie in unserem Forum über …« Oder: »Erzählen Sie uns Ihre Geschichte zu …« Oder: »Laden Sie doch auf unserer Website Bilder hoch, die zeigen, was Sie mit unseren Produkten Schönes erlebt haben.« Oder: »Bitte bewerten Sie uns in …« Oder: «Schreiben Sie einfach bei Gelegenheit einen kleinen Erfahrungsbericht auf …« Und schließlich: Schüren Sie durch Bestätigungen, Textvorschläge und interessiertes Nachfragen den Offenbarungswillen.

Bei Monarch Wildlife Cruises & Tours aus Neuseeland klingt das so: »Wir freuen uns, wenn Sie Ihre Erlebnisse, Bilder und Videos mit anderen Wildlife-Fans auf unserer Facebook-Seite teilen oder uns bei TripAdvisor empfehlen.« So etwas kann auf Flyern, Prospektmaterial und Onlinepräsenzen oder im PS von Briefen und E-Mails stehen. Einem Bäcker habe ich einmal empfohlen, einen entsprechenden Hinweis auf die Brötchentüten zu drucken – und es hat funktioniert. Das Meinungsportal KennstDuEinen.de stellt vorfrankierte Postkarten zur Verfügung, auf die man seine Bewertung schreiben kann. Diese Kommentare werden dann von deren Onlineredaktion eingepflegt. Den Kunden macht es die Sache einfach – und als Unternehmen erhält man so eher ein positives Echo. (Noch) nicht jeder kommt mit Onlineformularen gut zurecht.

> **Beginnt nun ein virtuelles Gespräch über Sie, dann heißt es agieren.**

Beginnt nun ein virtuelles Gespräch über Sie, dann heißt es agieren: den Ball aufnehmen, antworten, fragen, um Ratschläge bitten, Wissen teilen statt horten, bereichern – und danken. Bei Gesprächen im wahren Leben tun Sie all das ja auch. Sie wollen ein charmanter, eloquenter, wertvoller, gern gesehener Gesprächspartner sein. Das Gleiche kommt auch im interaktiven Web sehr gut an.

Kostenlose Unternehmensberatung

Anders als bei klassischen Kundenbefragungen äußern User im Web frei heraus und unbeeinflusst ihre ehrliche Meinung. Jede Bewertung eines Kunden – egal ob positiv oder negativ – ist dabei ein kostbares Geschenk. Entweder bekommt man eine Bestätigung, auf dem richtigen Weg zu sein. Im anderen Fall sollte man die negative Kritik als einen wertvollen Lerngewinn sehen. Man erhält ja die Gelegenheit, Schwachstellen aufzudecken, Fehler abzustellen, Verbesserungsprozesse einzuleiten, Innovationen anzustoßen, einen zaudernden Kunden zurückzuholen, negative Mundpropaganda zu vermeiden, Kundenverlusten vorzubeugen und seinen guten Ruf zu retten. Denn was *einen* Kunden ärgert, das stört womöglich andere auch. Negativkommentare kommen keineswegs nur von Querulanten. Konstruktive Kritiker haben ein echtes Interesse daran, von dem Unternehmen zu erfahren, wie es zu einer Negativsituation kommen konnte und was unternommen wird, um solche Fälle in Zukunft zu vermeiden.

Echte Profis betrachten Beschwerden als Chance, sich zu verbessern.

»Der schlechteste Kunde ist Ihr bester Freund«, sagt Jeff Jarvis, ein einflussreicher Blogger und Bestsellerautor (Was würde Google tun?). Echte Profis betrachten Beschwerden und kritische Hinweise im Web als Chance, sich zu verbessern. Nur für schlechte Anbieter sind diese ein Ärgernis. Die Besten sehen sie als kostenlose Echtzeit-Unternehmensberatung. Wer gezielt um Onlinebewertungen bittet, profitiert auf fünffache Weise:

○ Das Wohlwollen steigt, denn Menschen werden gerne nach ihrer Meinung gefragt. Hierdurch entsteht auch Verbundenheit.
○ Man erhält ungefilterte Meinungen in Echtzeit. So lassen sich Mängel schnell aufdecken – und dann schnell abstellen. Kritiker können dabei zum Retter Ihrer Produkte und Services werden.
○ Der Umsatz steigt. Als Faustregel gilt: Von Produkten, zu denen es gute Bewertungen gibt, werden 10 Prozent mehr verkauft. Hingegen werden Produkte, für die es keine Bewertungen gibt, oft gar nicht gekauft.
○ Kunden werden zu Testern und entwickeln dabei oft kostenlos neue gute Ideen. Kluge Firmen machen sich dies schon lange zunutze.

○ Und schließlich: Das im Netz geäußerte Lob kann als O-Ton in Ihrer Werbung und auf Ihrer Webseite eingesetzt werden. Der Kunde als Advokat und Kaufauslöser – so etwas ist kostbar wie Gold.

Suchen Sie also systematisch nach Kommentaren im Web. Reagieren Sie zügig darauf. Bedanken Sie sich bei denen, die Sie loben. Vor allem aber: Melden Sie sich bei denen, die Beschwerden hatten – und schaffen Sie deren Ärger schnellstmöglich aus der Welt! Können Sie die Person nicht ausfindig machen, dann schreiben Sie da, wo dies möglich ist, einen passenden Kommentar. Zwei Ausnahmen gibt es von dieser goldenen Regel: Gegen grobe Verleumdungen – sie sind ein Strafrechtstatbestand – gehen Sie in Abstimmung mit dem Portalbetreiber am besten juristisch vor. Und chronische Störenfriede, man nennt sie auch Trolle, ignorieren Sie. Die Regel dabei lautet: Don't feed the troll (Trolle nicht füttern).

Bei allem sonstigen negativen Gerede gilt: nichts vernebeln, nichts vertuschen, nur die Wahrheit zählt! Gehen Sie sachlich und höflich auf die wie auch immer geartete Kritik ein. Und reagieren Sie besonnen! Also: keine Eskalation, keine wilden Drohungen und besser kein Rechtsanwalt! Und ja keine Onlinedementis. Je mehr Text zu einem bestimmten Sachverhalt im Netz steht, desto interessanter ist das für Suchmaschinen – und desto weiter vorn findet sich das Problem. Verbreiten Sie stattdessen viel Positives, das verdrängt ungewollte Negativschlagzeilen. Mit etwas Glück springen wackere Fans für Sie in die Bresche.

Nichts vernebeln, nichts vertuschen, nur die Wahrheit zählt!

Stellen Sie jedoch *niemals* Lobeshymnen über sich selber ein. Und kaufen Sie keine Kundenstimmen. Früher oder später fliegen solche miesen kleinen Schummelmethoden auf. So äußerten sich erfundene User in Foren und Blogs positiv zum Thema Bahn, schrieben Leserbriefe und stellten Videos auf YouTube ein. Zunächst schien die Imagekampagne zu funktionieren. Doch dann wurde aufgedeckt, dass die Stellungnahmen von der Deutschen Bahn bezahlt worden waren – mit insgesamt 1,3 Millionen Euro. Dieser PR-Gau brachte dem Unternehmen sogar eine öffentliche Rüge des Deutschen Rates für Public Relations ein.

Am besten wirkt tatsächlich eine ehrliche Entschuldigung.

Übrigens: Wird auf eine – aus Kundensicht immer berechtigte – Kritik konstruktiv reagiert, nehmen die Verärgerten negative Onlinebewertungen oft wieder zurück. Das Erstaunliche dabei ist, dass weder Nachlässe noch Gutscheine zum Löschen der Kritik führen. Am besten wirkt tatsächlich eine ehrliche Entschuldigung. Nach einer Untersuchung von Wirtschaftswissenschaftlern der Universitäten Bonn und Nottingham hoben 45 Prozent der verstimmten Kunden ihre Kritik nach einer persönlichen Entschuldigung wieder auf. Gutscheine veranlassten sie jedoch nicht zum Meinungswandel.

Influencer-Marketing

Influencer sind die neuen Supertargets im Marketing. Sie stehen als »Social Hub« im Zentrum ihres eigenen Netzwerks und sind rege mit anderen Hubs vernetzt. Im Marketing nennen wir sie auch Alphas, Mavens oder Opinion-Leader. Das sind meist Menschen, die im Rampenlicht stehen, die hohes Ansehen genießen, die einen Expertenstatus besitzen und deshalb eine Leitfunktion haben: Eliten, Autoritäten, Experten, Wissenschaftler, Politiker, Lobbyisten, Mentoren, Unternehmer-Persönlichkeiten, Journalisten, Investoren, Analysten, Stars und Sternchen, bekannte Sportler, Buchautoren, Trendsetter, Vordenker und anerkannte Macher.

Wenn Influencer eine Nachricht streuen, dann erzeugt das

1. Reichweite, denn sie sind bekannt und kennen die »richtigen« Leute.
2. Relevanz, denn sie geben nur Passendes an ihr soziales Netz weiter.
3. Reputation, denn sie umgeben sich nur mit dem Besonderen.
4. Resultate, denn ihre Fürsprache führt Entscheidungen herbei.

Im lokalen Umfeld kommen als Influencer auch Pfarrer, Lehrer, Klassensprecher, Friseure, Vereinsvorsitzende, Skilehrer, Fitnesstrainer, Hotelportiers, Barkeeper, Sekretärinnen, Ärzte, Kosmetikerinnen, Taxifahrer, Fahrlehrer und so weiter infrage. Entscheidend ist nicht unbedingt ein hoher Status, sondern vielmehr, inwieweit eine Einzelperson Nachrichten an eine größere Zahl von Mitmenschen weiterreichen und dabei meinungsbeeinflussend wirken kann. Wie auch das Weiterempfehlen, so dürfte ein Großteil des »Influencing« offline passieren. Doch online holt auf.

Der hohe Vernetzungsgrad und die rasante Schnelligkeit des Internets macht das onlinebasierte Influencing besonders interessant. Als Beeinflusser kommen hier vor allem Foren-Moderatoren, A-Blogger, Facebooker mit vielen echten Freunden und Fans, Google+ler mit umfangreichen Circles sowie Twitterer mit wertigen Followern infrage. Solche Menschen können die öffentliche Meinung stark prägen und Anbietern, die sie schätzen, schnell zum Erfolg verhelfen.

Influencer sind die neuen Supertargets im Marketing.

Wir unterscheiden grundsätzlich zwei Typen: Da gibt es erstens die beziehungsstarken Multiplikatoren (Hubs): Sie sind vor allem an Menschen interessiert, kennen Gott und die Welt und lieben die Abwechslung. Daher sind sie nicht nur in einem festgesteckten

Die beziehungs-starken Multi-plikatoren (Hubs) sind vor allem an Menschen interes-siert, kennen Gott und die Welt und lieben die Abwechslung.

Umfeld unterwegs, sie haben Kontakte zu ganz unterschiedlichen Kreisen und können sie alle zusammenführen. Empfehlenswerte Informationen über Produkte und Marken können sich dank ihrer Hilfe wie ein Lauffeuer verbreiten und gleichzeitig in verschiedenen Szenen Fuß fassen. Multiplikatoren erzielen somit »Breite« und schnelle Hypes.

Die im Internet aktiven Multiplikatoren *senden* eine Vielfalt von Links in die virtuelle Welt hinaus. Das heißt, dass sie in hoher Zahl Inhalte weiterleiten, Interessantes teilen, Meldungen retweeten, liken und plussen, Kommentare schreiben, Bewertungen abgeben, an Umfragen teilnehmen, Videos hochladen, einbetten und voten. Es sind diejenigen, die für Mitmachaktionen offen sind und Agenturen wie Trnd, Webguerillas, Elbkind und Hyve bei Einführungskampagnen als Produkttester zur Verfügung stehen. Sind sie Fan einer Marke, dann verbreiten sie deren News wie wild auf allen ihnen zur Verfügung stehenden Kanälen. Sie sind begeisterungsfähig, kreativ, kommunikativ und extrem gut vernetzt. Ihre Motivation: Sie wollen Spaß, auf ihre Weise die Welt mitgestalten, ihrem Netzwerk als Tippgeber dienen – und sich auch ein wenig wichtig fühlen. Wer dabei virtuos in selbstgemachten Videos auftritt, kann es sogar bis zur Internetberühmtheit bringen.

Zweitens gibt es die einflussnehmenden Meinungsführer (Authorities): Sie sind vor allem an Informationen interessiert. Sie haben Detailwissen auf spezifischen Fachgebieten und beraten andere gern. In ihrem Umfeld werden sie als Experten geschätzt. Sie sorgen für Vertrauen und sind in der Lage, Komplexität zu reduzieren. Man hängt an ihren Lippen und folgt ihren Hinweisen nahezu blind. Meinungsführer erzielen somit »Tiefe« und können als effiziente Empfehler fungieren. Sie wissen um ihre Macht und sind anspruchsvoll. Sie pflegen ihre Reputation und wollen umworben werden. *Nie* lassen sie sich für Minderwertiges vor den Karren spannen. Was von ihnen für gut befunden wird, hat Hand und Fuß. Ihr Einfluss ist daher hoch. So können sie ihren Favoriten schnell zum Durchbruch verhelfen. Übrigens: Vor allem Männer schätzen solches Expertentum.

Die einflussnehmenden Meinungsführer (Authorities) sind vor allem an Informationen interessiert.

Die im Internet aktiven Meinungsführer *erhalten* eine Vielzahl von Links von den unterschiedlichsten Seiten, weil ihre Nachrichten weiterverbreitet werden. Als Reichweitenführer und Meinungsmacher haben sie sich einen relevanten Platz in ihrer Onlinegemeinde gesichert. Ihr Einfluss ist groß, da sie es auch zu einiger Medienpräsenz bringen und in der Presse oft als Zitategeber fungieren. »Sie sind die Trüffelschweine, die täglich das Beste aus den Weiten des Webs ausgraben und ihren Lesern das Suchen ersparen. Zu jedem Thema gibt es vielleicht ein Dutzend dieser Reichweiten-Aggregatoren. Zu dem Personenkreis zählen häufig Journalisten, Analysten und Investoren. Sie sind leicht zu finden, denn Twitter ist ihr Wohnzimmer und auch das eigene Blog gehört zu ihrer Grundausstattung.« Das schreibt Mark Pohlmann, geschäftsführender Gesellschafter der Agentur Mavens in einem Beitrag für den »Leitfaden WOM« (Schüller / Schwarz, s. Literatur). Vor allem die sogenannten A-Blogger, deren Einträge täglich von Tausenden gelesen werden, haben in diesem Zusammenhang einen sehr hohen Stellenwert.

Wie Sie Influencer für sich gewinnen

Influencer-Marketing ist in unserer neuen Businesswelt sowohl im B2B wie auch im B2C von wachsender Bedeutung. Entscheidend dabei ist es, die richtigen Leute zu finden und dann für sich zu gewinnen. Das ist nach wie vor Handarbeit. Spezialisierte Agenturen und passende Internet-Monitoring-Programme können helfen.

Wer sind nun die Influencer für ein bestimmtes Produkt oder eine bestimmte Zielgruppe? Auf die Liste relevanter Multiplikatoren und Meinungsführer gehören vor allem diejenigen, die Kontakte oder Kunden haben, an denen Sie interessiert sind, die Ihrer Sache zugeneigt sind und die sich für Sie mächtig ins Zeug legen können und wollen. Um diese Influencer zu finden, sollten Sie sich folgende Fragen stellen:

O Wer in meinem Umfeld redet gern – über sich und andere?
O Auf wen in meinem Umfeld hören die anderen, weil deren Meinung zählt?
O Wer ist gut vernetzt und kennt viele Leute?

Wie und wo man passende Influencer findet? Durchforsten Sie hierzu Ihre Adressdateien, Xing, Linkedin, Foren, Fach-Communitys, Facebook-Gruppen und andere relevante Networks. Oder geben Sie Suchanzeigen auf, die etwa so lauten können: »Die internationale Word of Mouth Marketing Agentur Buzzer sucht 500 Handwerker, die Lust haben, den Bosch Akkubohrschrauber Bosch GSR 10,8-2-LI Professional in ihrem Arbeitsalltag zu testen. Gefragt sind vor allem Schreiner, Messebauer sowie Fachleute aus den Bereichen Küchenbau, Innenausbau und Elektroinstallation. Die ausgewählten Handwerker können das Gerät kostenfrei ausprobieren und geben danach ihr Feedback dazu. Als Tester bewerben kann man sich unter …«

Influencer-Marketing ist in unserer neuen Businesswelt von wachsender Bedeutung.

Oder erkundigen Sie sich in Ihrer Umgebung: »Wen kennst du, der jede Menge Leute kennt und zu dieser oder jener Zielgruppe gute Kontakte pflegt?« Oder: »Wen würden Sie in Sachen … als maßgeblichen Experten am ehesten zu Rate ziehen?« Im Jugendmarketing fragt man zum Beispiel so: »Wer ist der absolut coolste Typ, den du kennst?«

Für eine dezidierte Onlinerecherche erstellen Sie am besten eine Liste mit passenden Schlagwörtern, die Sie dann googeln. Haben Sie ein paar interessante Leute gefunden, müssen Sie diese einem Test unterziehen: Analysieren Sie die Inhalte, die von diesen Leuten verbreitet werden, ganz genau. »Je werblicher diese sind, desto wahrscheinlicher ist es, dass Sie auf einen Scheinriesen hereingefallen sind«, sagt der Reputationsexperte Klaus Eck. Solche Leute sind Egomanen, aber keine Multiplikatoren.

Sind die passenden Personen gefunden, analysieren Sie folgende Punkte:

○ Reichweite: Mit wie viel Personen kann der potenzielle Influencer Kontakt aufnehmen?
○ Neutralität: Inwieweit hat er ein glaubwürdiges Interesse am Promoten einer Botschaft?
○ Frequenzhäufigkeit: Wie oft hat er die Möglichkeit, andere in ihrer Entscheidung zu beeinflussen?
○ Expertise: Wie hoch ist sein fachliches Urteilsvermögen, das es ihm erlaubt, die in Frage stehende Sache zu promoten?
○ Überzeugungskraft: Wie stark bewirkt sein Zuspruch eine tatsächliche Entscheidung Dritter?
○ Engagement: Mit wie viel Herzblut wird er bei der Sache sein?
○ Finanzierbarkeit: Wird sein Engagement etwas kosten? Und wenn ja, was und wie viel? Das hat übrigens bei weitem nicht immer nur mit Geld zu tun.

Am besten vergeben Sie gewichtete Punkte für die einzelnen Aspekte. Dann bringen Sie die näher beleuchteten Individuen in ein Ranking. Danach versuchen Sie, so viele Informationen wie möglich über diese Personen als solche und ihre Vorlieben zu finden. Eine perfekte Vorbereitung ist alles!

Influencing hat ganz viel mit Ego zu tun. Gehen Sie hierzu einen Schritt vor und einen zurück. Das heißt, Sie untersuchen,

○ wen diese Person beeinflusst und ob das Ihre Wunschkontakte sind und

○ von wem diese Person selbst beeinflusst wird.

Ist das erledigt, kommt nun die entscheidende Frage: Wann und wie spricht man die auserwählten Personen am besten an? Hier kommen nun eine ganze Reihe kritischer Aspekte ins Spiel: Exklusivität, Diskretion, Diplomatie, Kommunikationstalent, Timing, Geduld. So entscheidet sich, ob Ihr potenzieller Influencer sich geehrt oder ausgenutzt fühlt und ob eine Zusammenarbeit klappt oder nicht. Beginnen Sie deshalb immer mit Geben.

Haben Sie überhaupt etwas, mit dem sich der Influencer schmücken kann? Gut! Dann geht es nun darum, die Botschaft und alles, was dazugehört, ansprechend aufzubereiten und zwecks Weiterleitung in passender Weise zu servieren. Dabei muss die Motivation des Influencers auch *während* der Aktion hochgehalten werden. Es braucht also Zuspruch, Anerkennung, Dank und Feedback darüber, wie sich die Sache entwickelt.

Ganz grundsätzlich geht es darum, »jemand« zu sein oder »etwas« beizutragen.

Und was motiviert einen Influencer genau? Das ist von Mensch zu Mensch verschieden. Die entscheidende Triebfeder hat in den wenigsten Fällen ausschließlich etwas mit Geld zu tun. Vielmehr geht es eher um Ansehen, um Hilfsbereitschaft und andere gute Gefühle. Auch wenn sich das nicht immer so pauschal sagen lässt, gibt es doch einen Trend: Männer nutzen Influencing nicht selten dazu, Dominanz auszudrücken und damit ihren Status in ihrem Umfeld zu stärken. Und Frauen? Sie sichern über Influencing vor allem soziale Bindungen oder wollen entgegenkommend sein. Auf einen Nenner gebracht: Ganz grundsätzlich geht es darum, »jemand« zu sein oder »etwas« beizutragen.

Advocating: Das neue Empfehlungsmarketing

Weiterempfehlungen sind das Wertvollste, was ein Anbieter von seinen Kunden bekommen kann. Sie werden allerdings erst dann ausgesprochen, wenn man sich seiner Sache absolut sicher ist. Mit jeder Empfehlung steht ja immer auch die eigene Reputation auf dem Spiel. Empfohlen wird also nur, was herausragend, einzigartig und aufsehenerregend ist. Solche Superlative sorgen für den so wichtigen Erzählstoff, der Mundpropaganda auslöst und schließlich Empfehlungen bewirkt. Dabei gilt es, Kopf *und* Herz seiner aktuellen und potenziellen Kunden zu berühren. Nur wer von Ihrer Sache restlos überzeugt *und* Ihnen wohlgesonnen ist, wird als Empfehler aktiv. Doch selbst das beste Produkt nutzt nichts, wenn es letztlich an Sympathie mangelt. Denn wie schon gesagt: Wir empfehlen niemanden, den wir nicht leiden können.

Diese Gedanken lassen sich in eine einfache Formel bringen:

> **Kennen + klasse finden + gerne mögen**
> **= weiterempfehlen**

O Kennen heißt: Ich kenne es *und* mein Netzwerk kennt es.
O Klasse finden heißt: Ich *und* mein Netzwerk finden es klasse.
O Gerne mögen heißt: Ich *und* mein Netzwerk mögen es.

Zwischenmenschliche Beziehungen färben und lenken sehr stark, was wir für gut oder schlecht befinden. Manches erscheint uns nur deshalb begehrenswert, weil andere es haben – oder wollen. Soziale Ansteckung nennt man das auch. Wir sind so verdrahtet, dass wir mit denen mitschwingen, die in unserer Nähe sind. Die mehr als 200 Millionen Spiegelneuronen in unserem Hirn sind dafür verantwortlich. Dies führt zu emotionalem Einklang, zu spontaner Imitation, zum Gleichschritt und sogar zum Kopieren von Duktus und Habitus. Was viele denken, glauben und tun, das kann so falsch nicht sein. Deshalb viralisiert sich empfehlenswertes Gedankengut im Web auch so schnell. Wir wollen es mit anderen teilen.

Wessen Empfehlungen wir am meisten trauen

Im Web findet man oft Hunderte von Menschen, die das Produkt, das man kaufen will, schon getestet haben. Auf wessen Rat legen Sie dabei besonderen Wert? Erste Priorität haben die »Peers«, die Gleichrangigen um uns herum. Mit denen, die auf der gleichen Stufe der sozialen Hierarchie stehen, beschäftigt sich unser Hirn besonders gern. Das fand 2011 ein Forscherteam um Caroline Zink vom National Institute of Mental Health im US-amerikanischen Bethesda heraus. »Gleich und gleich gesellt sich gern«, sagt wissend der Volksmund. Von Ähnlichkeiten fühlen wir uns magisch angezogen, denn Ähnlichkeit gibt uns Sicherheit. Ähnlichkeit bestätigt uns in unseren eigenen Werten. Ähnlichkeit sorgt für Sympathie und schafft Vertrauen. Gleichrangigkeit auf Augenhöhe und Ähnlichkeiten sollten deshalb in

Von Ähnlichkeiten fühlen wir uns magisch angezogen.

Sales & Marketing besonders hervorgehoben werden. Das Fremde hingegen stellt möglicherweise eine Bedrohung dar. Wie treffend sprechen wir bei Menschen, die wir nicht kennen, auch von Wildfremden.

Übrigens fanden besagte Forscher auch heraus, dass nur bei denen, die sich selbst in einer gehobenen sozialen Position wähnten, die Höhergestellten besondere Beachtung genossen. So lassen sich auch endlich das Topdownsyndrom und die Nichtbeachtung der Untergebenen erklären. Doch die Social-Media-Generation hat sich von diesem Denken längst emanzipiert. So geht es im modernen Businessmiteinander vor allem darum, soziale Abstände zu reduzieren, Gemeinsamkeiten zu betonen und sich auf die gleiche Stufe zu stellen. Nur das erzeugt ein Klima des Wollens. Interessant dabei ist auch der folgende Umstand: Im Web glauben wir unseren Peers sogar, wenn diese sich »Tiger93« oder »Schatzi26« nennen und gesichtslose Avatare für sich reden lassen.

Welchen »Bekannten« wir letztlich am meisten vertrauen? Mit dieser Frage hat sich die Studentin Sandra Stefan in Kooperation mit dem Word-of-Mouth-Spezialisten Buzzer in ihrer Masterarbeit beschäftigt. Sie hat Ende 2010 mehr als 1000 Personen online befragt. Am glaubwürdigsten werden Onlineempfehlungen eingeschätzt, die von engen Freunden, weitläufigen Bekannten und anerkannten Experten kommen. Mit etwas Abstand folgen Freundesfreunde. Weit weniger glaubwürdig sind Empfehlungen von Prominenten. Am wenigsten vertrauen die Befragten auf Empfehlungen völlig unbekannter Personen, wobei immerhin rund 40 Prozent auch hier kaum ein Glaubwürdigkeitsproblem sehen.

Glaubwürdigkeit von Empfehlungsgebern im Internet:

Ein Empfehlungsgeber im Internet, der im wahren Leben ...

Abb. 9: Wessen Empfehlung wir wie sehr vertrauen (Quelle: Sandra Stefan / Buzzer: Vertrauen und Akzeptanz von eWOM)

Um solche Erkenntnisse für die eigene Arbeit nutzen zu können, ist es wichtig, die Psychologie im Beziehungsdreieck zwischen Empfehlendem, Empfehlungsempfänger und empfohlenem Unternehmen genau zu verstehen. Dabei geht es vor allem um folgende Fragen:

1. Aus welchen Gründen suchen wir den Rat unserer Mitmenschen? Und wieso folgen wir deren Hinweisen meist mehr oder weniger blind?
2. Was motiviert einen Menschen, für ein Unternehmen und seine Angebote als Botschafter wohlwollend tätig zu sein?

Schauen wir uns das doch einmal näher an.

Warum Empfehlungen uns so wichtig sind

Verlässliche Empfehlungen durch Dritte geben uns Orientierung und verringern das Risiko einer bedrohlichen Fehlentscheidung. Sie ersetzen mangelndes Wissen durch Vertrauen. Sie schaffen Sicherheit. Und sie helfen uns, eine Menge Zeit zu sparen. Wir greifen vor allem dann auf eine Empfehlung zurück,

○ wenn es schwierig oder aufwändig ist, sich einen Überblick über den jeweiligen Markt, alle Anbieter und ihre Leistungen zu verschaffen,
○ wenn Angebote komplex oder stark erklärungsbedürftig sind,
○ wenn uns die notwendige Fachkenntnis fehlt,
○ wenn uns die notwendige Muße fehlt,
○ wenn Produkte verhältnismäßig teuer sind,
○ wenn wir ein langfristiges Engagement eingehen müssen,
○ wenn wir uns einen Fehlkauf nicht leisten können,
○ wenn wir uns nicht entscheiden können,
○ wenn es um unsere Sicherheit geht,
○ wenn es um ein hohes Maß an Vertrauen geht.

Wenn wir uns also einer Sache nicht sicher sind, hören wir auf die, die ihre praktischen Erfahrungen wohlmeinend mit uns teilen. Empfehler sind das Bindeglied zwischen Gewohntem und Ungewissheit. Sie legen die Trittsteine und machen so den Weg ungefährlich und frei. Genau deshalb ist empfohlenes Geschäft auch so leicht zu bekommen.

Empfehler sind das Bindeglied zwischen Gewohntem und Ungewissheit.

Warum werden Menschen als Empfehler aktiv?

So banal das auch klingt: Unternehmen müssen empfehlenswert sein, um empfohlen zu werden. Nur wenn uns etwas geboten wird, worüber es sich zu reden lohnt – womit wir uns schmücken und bei anderen punkten können –, nur dann werden wir eifrig und wohlwollend berichten.

Empfehlungsbereitschaft setzt nicht nur bemerkenswerte Produktmerkmale, sondern immer auch Beziehungsarbeit voraus. Dazu werden zwei Dinge benötigt: Menschenversteher-Wissen und Superlative. Die einer Empfehlung vorauseilenden Emotionen kommen nur dann zustande, wenn etwas besonders gut oder besonders schlecht ist. Mittelmaß wird niemals empfohlen. Erst im Bereich der Spitzen, wenn wir also zutiefst zufrieden oder unzufrieden sind, werden wir positiv (Empfehlung) oder negativ (Warnung) aktiv.

Positive Empfehlungsbereitschaft entsteht insbesondere dann,

○ wenn man auf diese Weise seiner Persönlichkeit Ausdruck verleihen kann,
○ wenn man dadurch Coolness und Geltungsbedürfnis nähren kann,
○ wenn man zum Wohlergehen anderer beitragen kann,
○ wenn man sich durch Insiderwissen oder als Vorreiter profilieren kann,

- wenn man sich zugehörig und als Teil einer Gemeinschaft fühlen kann,
- wenn man in Entstehungsprozesse involviert wurde und mitgestalten konnte,
- wenn etwas Unterhaltsames oder Sensationelles bereitgehalten wird,
- wenn man uns etwas völlig Neues oder sehr Exklusives anbietet,
- wenn etwas überaus Nützliches oder Begehrenswertes angeboten wird,
- wenn es etwas zu gewinnen oder zum (miteinander) Spielen gibt.

Auf einen Nenner gebracht: Menschen wollen nicht nur Geld und Spaß, sie wollen sich auch als »wichtig« erleben. Sie wollen Sinnvolles tun. Sie wollen Spuren hinterlassen und als geschätztes Mitglied einer Gemeinschaft gelten. Wer ihnen das alles ermöglicht, dem wird dies mit massenhaft wirksamem Empfehlen vergolten.

Ein schöner Nebeneffekt ist der, dass diejenigen, die ein Unternehmen mit Inbrunst und Leidenschaft weiterempfehlen, es kaum mehr verlassen werden. So kommt man zu Kunden mit quasi eingebauter Bleibegarantie!

Erfolgsspirale Empfehlungsmarketing

Eines kann schon heute als sicher gelten: Die Bedeutung des Empfehlungsmarketings wird weiter wachsen. Dafür gibt es drei Gründe:

1. Vertrauensbonus: Sind Sie wirklich Spitzenklasse? Am wirkungsvollsten ist es, wenn das nicht vom Anbieter selbst behauptet, sondern von begeisterten Anwendern bezeugt wird. Als Testimonial agierende Kunden haben einen Vertrauensbonus. Sie machen neugierig und verbreiten Kauflaune. Sie wirken glaubhaft und neutral. Empfehlungen basieren auf

Erfahrungswissen. Und sie haben für den Empfänger Relevanz. Dadurch verringern sich Kaufwiderstände erheblich

2. Datenschutz: Durch die sich weiter verschärfenden Datenschutzgesetze und die neuen technologischen Möglichkeiten, sich vor unerwünschter Werbung zu schützen, wird es für Unternehmen immer schwieriger, Interessenten »kalt« anzusprechen. Eine unpassende Kontaktaufnahme kann heute nicht nur zu Fehlinvestitionen und rechtlichen Konsequenzen, sondern auch zu schwerwiegenden Reputationsschäden führen. Ein Empfehler hingegen schafft nicht nur Wärme, sondern auch ein perfektes und unkompliziertes Entree.

3. Komplexitätsreduzierung: Verlässliche Empfehlungen Dritter geben uns Orientierung im Dschungel der Möglichkeiten. Sie verkürzen Entscheidungsprozesse. Sie verringern das Risiko einer Fehlentscheidung mit Nebenwirkungen. Sie ersetzen mangelndes Wissen durch Vertrauen. Und sie schaffen Sicherheit. So helfen sie uns, die Spreu vom Weizen zu trennen und eine Menge Zeit zu sparen. Sie sorgen also für etwas, das unser Hirn besonders mag: »Brain-Convenience« und »Peace of Mind«. Genau deshalb folgen wir gutmeinenden Empfehlern auch so wohlgemut – und nahezu blind.

Kunden, die aufgrund einer Empfehlung gewonnen wurden, sind übrigens besonders wertvolle Kunden. So kam der Frankfurter Wirtschaftsprofessor Bernd Skiera, als er einmal das Empfehlungsprogramm einer großen Bank analysierte, zu folgendem Schluss: Kunden, die von bestehenden Kunden an Bord geholt worden waren, brachten 16 Prozent mehr Gewinn ein als die übrigen Neukunden, und sie blieben dem Unternehmen im Vergleich sogar um 18 Prozent länger treu. Empfehler bescheren einem Anbieter also besonders profitable Kunden.

Kunden, die aufgrund einer Empfehlung gewonnen wurden, sind besonders wertvolle Kunden.

Ob auch bei Ihnen die empfohlenen Kunden die wertvollsten sind? Das lässt sich beispielsweise über die folgenden Fragen ermitteln:

○ Wie hoch ist, wenn Sie Verkaufstermine machen, die Terminquote bei empfohlenem Geschäft? Und bei nicht empfohlenem?
○ Wie lange dauert es bis zum Abschluss bei empfohlenem Geschäft? Und bei nicht empfohlenem?
○ Wie hoch ist die Abschlussquote bei empfohlenem Geschäft? Und bei nicht empfohlenem?
○ Wie teuer ist ein neu gewonnener Kunde, wenn er aufgrund einer Empfehlung kommt? Und wie teuer ist er im Fall anderer Sales- & Marketingaktivitäten?
○ Wie hoch sind die durchschnittlichen Umsätze bei empfohlenem Geschäft? Und bei nicht empfohlenem?
○ Wie stark spielen Rabatte beziehungsweise Sonderkonditionen eine Rolle bei empfohlenem Geschäft? Und bei nicht empfohlenem?
○ Mit welcher Wahrscheinlichkeit werden Empfehlungsempfänger, die Kunde wurden, selbst als Empfehler aktiv?
○ Welche Kundenkreise und Branchen empfehlen am ehesten weiter?
○ Gibt es geschlechterspezifische oder regionale Unterschiede?

Auf Basis der so ermittelten Konversionsraten und den dabei gewonnenen Ergebnissen lassen sich konkrete Maßnahmen erarbeiten, die helfen, das derzeitige Empfehlungsgeschäft weiter zu steigern. Wie man das im Einzelnen steuern und vielfältig gestalten kann, dazu habe ich ein empfehlenswertes Buch geschrieben. Es heißt »Zukunftstrend Empfehlungsmarketing« (siehe Literatur).

Übrigens bringt das Weiterempfehlen nicht nur gutes Neugeschäft, es stärkt auch die eigene Kundenbasis. Im Rahmen einer experimentellen Untersuchung an der Universität Hamburg konnte nachgewiesen werden, dass sich Kunden, nachdem sie es empfohlen haben, dem Unternehmen in stärkerem Maße verbunden fühlen.

Ebenso wurde nachgewiesen, dass das Aussprechen einer Empfehlung eine positive Wirkung auf die eigene Wiederkaufabsicht hat.

So ist es also dreifach sinnvoll, sein Empfehlungsmarketing gezielt zu entwickeln: Es sorgt

○ für vermehrten Bestandskundenumsatz,
○ für eine höhere Kundentreue,
○ für eine wirkungsvolle, kostenlose Kundenneugewinnung.

Was man also mit Fug und Recht sagen kann: Das Empfehlungsmarketing erzeugt eine Erfolgsspirale, die sich immer weiter nach oben dreht.

Empfehlungen für lau?

Oft werde ich gefragt, ob man Empfehlungen geldwert belohnen soll, um damit den Tatendrang seiner Kunden zu schüren. Meine Antwort darauf: Der Erfolg des Weiterempfehlens hängt sehr stark von Freiwilligkeit ab. Schauen wir uns doch einmal an, wie der Empfehlungsempfänger auf einen bezahlten Tipp reagiert. Erfährt er, dass für die Empfehlung Geld geflossen ist, können darunter Glaubwürdigkeit und Vertrauen leiden. Dies schärft den kritischen Blick, die Sache wird intensiver geprüft und unter die Lupe genommen. Man entwickelt Vorbehalte und folgt dem nicht ganz uneigennützigen Rat am Ende dann doch lieber nicht. Die größten Vorteile des Weiterempfehlens sind somit dahin.

Der Erfolg des Weiterempfehlens hängt sehr stark von Freiwilligkeit ab.

Wollen Empfehler überhaupt Geld? Im Rahmen einer Onlineumfrage hat sich Spreadly, der Social Sharing Button Service, im Juni 2011 unter anderem mit folgender Frage beschäftigt: »Wie möchten Sie für fundierte und verfolgte Empfehlungen belohnt werden?« Die 230 Teilnehmer antworteten wie folgt:

- 54 Prozent: Gar nicht. Ich fühle mich sonst nicht frei in meinen Empfehlungen.
- 21 Prozent: mit dem Status Influencer / Meinungsmacher in meinem Profil
- 13 Prozent: mit attraktiven Geschenken
- 8 Prozent: mit konkreten geldwerten Vorteilen
- 5 Prozent: Ich sehe mich als Verkaufsförderer und möchte am Umsatz beteiligt werden.

Man sieht: Freiheit und sozialer Status zählen mehr als Geld. Eine Untersuchung der Defacto GmbH aus dem Jahr 2010 kam zu einem ähnlichen Schluss. Die Top-Ambassadors eines Versicherungsunternehmens waren nicht ausschließlich auf finanzielle Anreize im Gegenzug für eine Empfehlung aus. Sie hatten in Wahrheit ganz andere Favoriten: exklusive Events, Reisegutscheine und Wohltätigkeitsspenden. Die am häufigsten genannten Argumente klangen so: »Ich möchte kein Verkäufer von XY sein.« Oder: »Ich möchte eher freiwillig und ungezwungen empfehlen.«

Freiheit und sozialer Status zählen mehr als Geld.

Doch selbst wenn ein Kunde hochzufrieden ist, wird er nicht automatisch daran denken, für Sie die Werbetrommel zu rühren. Da heißt es, den Kunden ein wenig zu »impfen«, indem man das Thema zwanglos zur Sprache bringt. »Die Hälfte der neuen Mitglieder werden durch die direkte Empfehlung eines bisherigen Clubmitglieds auf uns aufmerksam«, verkündet Dietmar Keuschnig, Geschäftsführer von Nespresso Österreich, stolz in der Presse. Dies ist aber nicht nur eine Erfolgsmeldung, sondern auch ein Wink mit dem Zaunpfahl.

Einen Händler hörte ich einmal Folgendes sagen: »Ach übrigens, wenn Sie mit uns zufrieden waren, dann sagen Sie es doch bitte den anderen. Und falls Sie mal nicht so zufrieden sind, dann sagen Sie es bitte gleich mir.«

Bei einer zweiten Variante geben Sie Ihren Fans etwas in die Hand, mit dem sie Flagge zeigen können. So hat die Automarke Mini eine Zeit lang Aufkleber verteilt, auf denen stand: »My other car is a Mini.« Und bei Apple erhält man mit einem gekauften Produkt einen Aufkleber, auf dem steht: »Ja, ich bin ein Apple-Fan.«

Eine dritte Variante ist die, mit der Amazon geschätzte 25 Prozent Mehrumsatz erzielt: Kunden, die Produkt X gekauft haben, haben auch Produkt Y gekauft. Oder so: Da Sie Produkt X gekauft haben, könnten Sie sich auch für Produkt Y interessieren. Bei YouTube werden etwa 30 Prozent aller Videos angesehen, weil sie den Usern am Ende eines Videos empfohlen werden. Nachmachen ist – auch ohne die Hilfe von Vorschlagsalgorithmen – ganz einfach.

Und eine vierte, sehr charmante Variante heißt: »Pay with a tweet.« Erfunden wurde sie von den Werbern Leif Abraham und Christian Behrendt, die dazu eine kleine Software schreiben ließen. Der Deal: Man bekommt eine Sache gratis, wenn man dafür den Geber mit einer Twitter-Meldung belohnt. Das Gleiche kann man übrigens auch mit einem Facebook-Like machen.

Insgesamt ist Online eine Spielwiese für alle möglichen Ideen rund um das Thema Empfehlen. Social Plugins, also Share- oder Like-Klickfelder, die zu Ihren Präsenzen auf Social Websites leiten, sind heute ein absolutes Muss. Auch wenn sie aus Datenschutzgründen stark kritisiert werden, hat deren Erfindung Facebook den ganz großen Durchbruch beschert. Ebenso ist es heute ein Muss, rechts-

Insgesamt ist Online eine Spielwiese für alle möglichen Ideen rund um das Thema Empfehlen.

konforme (!) Tell-a-Friend-Buttons oder Weiterempfehlungslinks in seine Internetseiten und E-Mail-Newsletter einzubinden. Übrigens: Die Währung im Web heißt Link. Jeder Link ist wie ein kleines Empfehlungsschreiben. Er sagt Google, wie populär eine Seite ist. Wer also in den Suchmaschinen weit nach vorne kommen will, der produziere fleißig organisch passende Links: innerhalb der eigenen Seite, zu anderen Seiten und vor allem von wertigen Seiten zurück zur eigenen Seite (Backlinks).

In Zukunft ein Boom: Empfehlungsprogramme

In einer ganzen Reihe von Branchen gibt es zwischen Hersteller und Endkunden eine dicke Fettschicht von Vermittlern, die alle am Erfolg beteiligt sind: Großhändler, Einzelhändler, Handelsvertreter, Lobbyisten und Mittelsmänner jeder Couleur.

Im Social Web können alle Unternehmen endlich direkt mit ihren Kunden kommunizieren. Das macht die Produkte teuer – und die Margen klein. Doch diese Fettschicht schmilzt. Im Social Web können alle Unternehmen endlich direkt mit ihren Kunden kommunizieren. Und Empfehler sind ihre neuen Vermarkter. So kann das Geld, das früher an Vermittler floss, heute eingespart werden. Im Direktvertrieb kommt es dann den Abnehmern zugute: Produkte werden billiger. Und Kunden verdienen durchs Weiterempfehlen.

Empfehlungsprogramme werden ganz sicher in Zukunft ein Hype. Grundsätzlich muss dabei entschieden werden, ob nur Kunden oder auch Nichtkunden an einem solchen Programm teilnehmen können. Bei Cash-Provisionen ist zu überlegen, ob und in welcher Höhe der Betrag zwischen Empfehlungsgeber und -empfänger aufgeteilt wird. Monetäre Anreize werden am besten gestaffelt – oder auf derartige Weise attraktiv gemacht: »Wenn Sie Ihren Freunden windeln.de weiterempfehlen, bekom-

men diese einen Rabatt von 10 Euro bei ihrem ersten Einkauf. Und Sie selbst bekommen jedes Mal 1 Euro gutgeschrieben, wenn
Ihre Freunde zukünftig einkaufen.«

Es können auch Sachprämien, Rückvergü-
tungen, Bonus- oder Rabattpunkte, Warengut-
scheine und Wertcoupons angeboten werden.
Dabei sollen die angepriesenen Prämien nicht dem
Anbieter selbst gefallen, sondern den Zielpersonen etwas bringen. Bonuspunkte sprechen die Sammlerseele an.
Bekommen die Kunden für ihre Empfehlung Einkaufsgutscheine,
ergibt sich der Effekt des Mehrkaufs, sobald sie die Gutscheine ein-
lösen – und ein Nullaufwand, wenn der Gutschein verfällt. Das
Programm selbst muss einfach zu verstehen und einfach umzusetzen sein, sonst lässt die Lust am belohnten Empfehlen schnell nach.

So ist bei einem Empfehlungsprogramm des Telekommunikations-
anbieters O_2 die Mail, die man an den Empfehlungsempfänger senden kann, bereits vorformuliert: »Im Onlineshop von O_2 habe ich
ein tolles Angebot gefunden, das für dich genau das Richtige sein
könnte! Klick einfach auf den unten stehenden Link, um es dir
anzusehen. Wenn du über diesen Link im O_2 Onlineshop bestellst,
dann profitierst du zusätzlich von attraktiven Onlinevorteilen.
Aber nicht nur das: Denn zusätzlich bist du an meiner Prämie aus
dem O_2 Empfehlerprogramm beteiligt!«

Wenn es gut gemacht ist, kann ein Empfehlungsprogramm für
Anbieter und Kunde gleichermaßen gewinnbringend sein. So berichtet Bernd Röthlingshöfer in seinem Blog von der siebzigjähri-
gen Australierin Margaret Day, die 110 erfolgreiche Empfehlungen
für Fahrräder der Marke Bike Friday ausgesprochen und damit
dem Unternehmen einen Umsatz von 337 170 Dollar bescherte.
Für jede Empfehlung, die bei Bike Friday zum Kauf führt, können
Kunden entweder einen Scheck über 50 Dollar erhalten oder einen
Gutschein über 75 Dollar, der bei einem zukünftigen Kauf einge-

löst wird. Um Kunden das Empfehlen leicht zu machen, erhalten sie nach dem Kauf zwölf vorfrankierte Postkarten. Fast 60 Prozent der Umsätze stammen nach Aussagen des Unternehmens aus den Empfehlungen. Kostenintensive Werbung hat der Fahrradanbieter hingegen kräftig reduziert. Das Empfehlungsprogramm arbeitet einfach besser.

Es sollte bei Empfehlungsprogrammen absolut tabu sein, sie so zu anonymisieren, dass der Empfehlungsgeber nicht kenntlich wird. Das widerspricht der Ethik des Social Web. Ein Beispiel dafür: Ein Softwareanbieter bot Meinungsführern in der Industrie, unabhängigen Vertretern und Unternehmensberatern bis zu 15 Prozent Provision für jedes Unternehmen an, das nach einer Empfehlung Kunde würde. Die Begünstigten selbst protestierten lautstark, denn sie befürchteten eine Vertrauenskrise bei ihren Klienten. So beschwerte sich, berichtet zdnet, der Analyst Hyoun Park auf Twitter: »Dieses Programm für anonyme Infor-Empfehlungen bedeutet, dass ich nicht mehr Infor empfehlen und gleichzeitig ein glaubwürdiger Analyst sein kann.«

In Anlehnung an die klassischen Kunden-werben-Kunden- oder Leser-werben-Leser-Empfehlungsprogramme hat sich auch die Onlinewelt das bezahlte Weiterempfehlen schon längst zunutze gemacht. Wer etwa im Rahmen des Amazon-Partnerprogramms einen speziellen Link oder ein Widget auf seine Webseite setzt, erhält eine anteilige Provisionsgutschrift, wenn sich daraus ein Verkauf ergibt. Im Rahmen von Affiliate-Marketing vergüten inzwischen zahlreiche E-Commerce-Portale eine erfolgreiche Vermittlung. Der Anbieter stellt anklickbare Werbemittel zur Verfügung, die der Affiliate-Partner auf seiner Website veröffentlichen kann. Über einen Provisionscode in der Linkadresse erkennt es der Shopbetreiber, wenn Verkäufe über diesen Vermittler erzielt worden sind.

Ein webbasiertes Freunde-werben-Freunde-Programm bietet Tell-ja.de. Hierüber kann man Produkte online weiterempfehlen. Wenn die Freunde dann kaufen, bekommt der Empfehler von den angeschlossenen Partnern eine Prämie, einen Gutschein oder einen Rabatt. Bei dem US-amerikanischen Anbieter VideoGenie können Markenfans ein Anwendervideo aufnehmen und einreichen. Die Marke wählt Clips aus, die dann auf verschiedenen Videoportalen online gestellt werden. Die User erhalten abhängig vom Ranking ihrer Videos eine Belohnung, zum Beispiel in Form eines Rabatts. Beim Onlinedienst Shareifyoulike kann man durch das Teilen von Werbung Geld verdienen. So verweist der Kunde zum Beispiel auf eine Produktkampagne bei Twitter oder zeigt ein Werbevideo auf seinem Blog.

Bei Spreadly kann man mit einem Klick nicht nur alle Social Plug-ins bedienen, sondern aus dem Klick auch einen Deal-Button machen. Die Kunden werden dann für ihre Empfehlung belohnt: »1 Like bringt 20 Prozent Rabatt.« Oder: »10-Euro-Gutschein für 1 Klick.« Über diese Mechanik kann sogar – demographisch anonymisiert – analysiert werden, wer die Empfehler sind, was die Leute empfehlen, wohin sie empfehlen und welche Reichweite sich daraus ergibt. So können Muster im Empfehlungsverhalten aufgedeckt und darauf aufbauend im nächsten Schritt die Aktivitäten optimiert werden.

Doch egal, wie Sie es nun drehen und wenden: Bezahltes Weiterempfehlen ist immer nur zweite Wahl. Die freiwillig und uneigennützig ausgesprochenen Tipps sind die besten. Wenn Sie diese Empfehlungen dann im Nachhinein belohnen, ist das eine völlig andere Sache. Ich rate Ihnen sehr dazu, denn ein überraschendes Dankeschön, in welcher Form auch immer, mögen Empfehler besonders gern. Jede Empfehlung, die in einen Kauf mündet, ist eingespartes Werbegeld, und da sollte man dann am Ende nicht knauserig sein.

Bezahltes Weiterempfehlen ist immer nur zweite Wahl.

Fazit

Wenn wir zum Abschluss dieses ersten Teils das Gesagte noch einmal Revue passieren lassen, dann wird eines ganz klar: Unternehmen können nur noch dann überleben, wenn Kundenfokussierung an erster Stelle steht. Und nur wer die Regeln unserer neuen
Businesswelt beherrscht, wird künftig zu den Gewinnern zählen.
Dabei geht es vor allem um

O das virtuose Mitspielen in der Social-Media-Welt,
O Emotions- und Reputationsmanagement,
O das aktive Fördern von Kundenloyalität,
O die besondere Hege und Pflege von Fans,
O Mundpropaganda- und Influencer-Marketing,
O das gezielte Auslösen von Weiterempfehlungen.

Gerade die beiden letzten Punkte werden in Zukunft die ganz großen Erfolgstreiber sein. Denn wir leben – stark unterstützt durch
digitale Technologien – in einer Empfehlungsökonomie.

> **Sei wirklich gut und bringe die Leute dazu,**
> **dies engagiert weiterzutragen!**

So lautet das neue Businessmantra. Von Konsumenten, Fans,
Kunden und Kontakten aktiv empfohlen zu werden, ist nicht nur
die wirkungsvollste, sondern auch die kostengünstigste Form der
Kundenneugewinnung – und damit die intelligenteste Rendite-
Zuwachsstrategie aller Zeiten.

Dabei vertrauen einer in 2012 veröffentlichten Nielsen-Studie zufolge in Deutschland 88 Prozent der Befragten auf Empfehlungen von Menschen aus ihrem Umfeld, 64 Prozent vertrauen dem, was Menschen im Web zu berichten wissen, aber nur 25 Prozent der Werbung von Anbietern im Markt. Für Österreich, die Schweiz und viele andere Länder weltweit sehen diese Zahlen übrigens ganz ähnlich aus.

Zunehmend spielen also die Beeinflussungen durch Dritte – und immer weniger die teuer bezahlten Selbstanpreisungen der Unternehmen – die kaufentscheidende Rolle. Die Anbieter haben die Hoheit über ihre Kommunikation weitgehend verloren. Das heißt: Früher redeten die Unternehmen, die Kunden hörten brav zu und kauften dann. Heute ist es genau umgekehrt. Die Kunden kaufen, reden dann darüber und bringen so Dritte zum Handeln. Jetzt sind es die Unternehmen, die zuhören sollten.

Spitzenleistungen, die die Menschen begeistern und nachhaltig berühren, sind der beste Garant fürs Empfohlenwerden.

Und bei all dem gilt: Kundenloyalität ist die Basis fürs Empfehlungsgeschäft. Beides kann und muss in Zukunft systematisch entwickelt werden. Denn nur wer am Ende empfehlenswert ist, wird auch tatsächlich weiterempfohlen. Mittelmaß reicht dazu nicht aus. Erst Begeisterung sorgt für Mundpropaganda, und aufgebautes Vertrauen sorgt für Empfehlungskraft. Spitzenleistungen, die die Menschen faszinieren und nachhaltig berühren, sind der beste Garant fürs Empfohlenwerden.

Wie man solche Spitzenleistungen erreicht und seine Kunden an allen Touchpoints zum Immer-wieder-Kaufen und aktiven Empfehlen bringt, darum geht es nun im nächsten Teil. Also: Legen wir los!

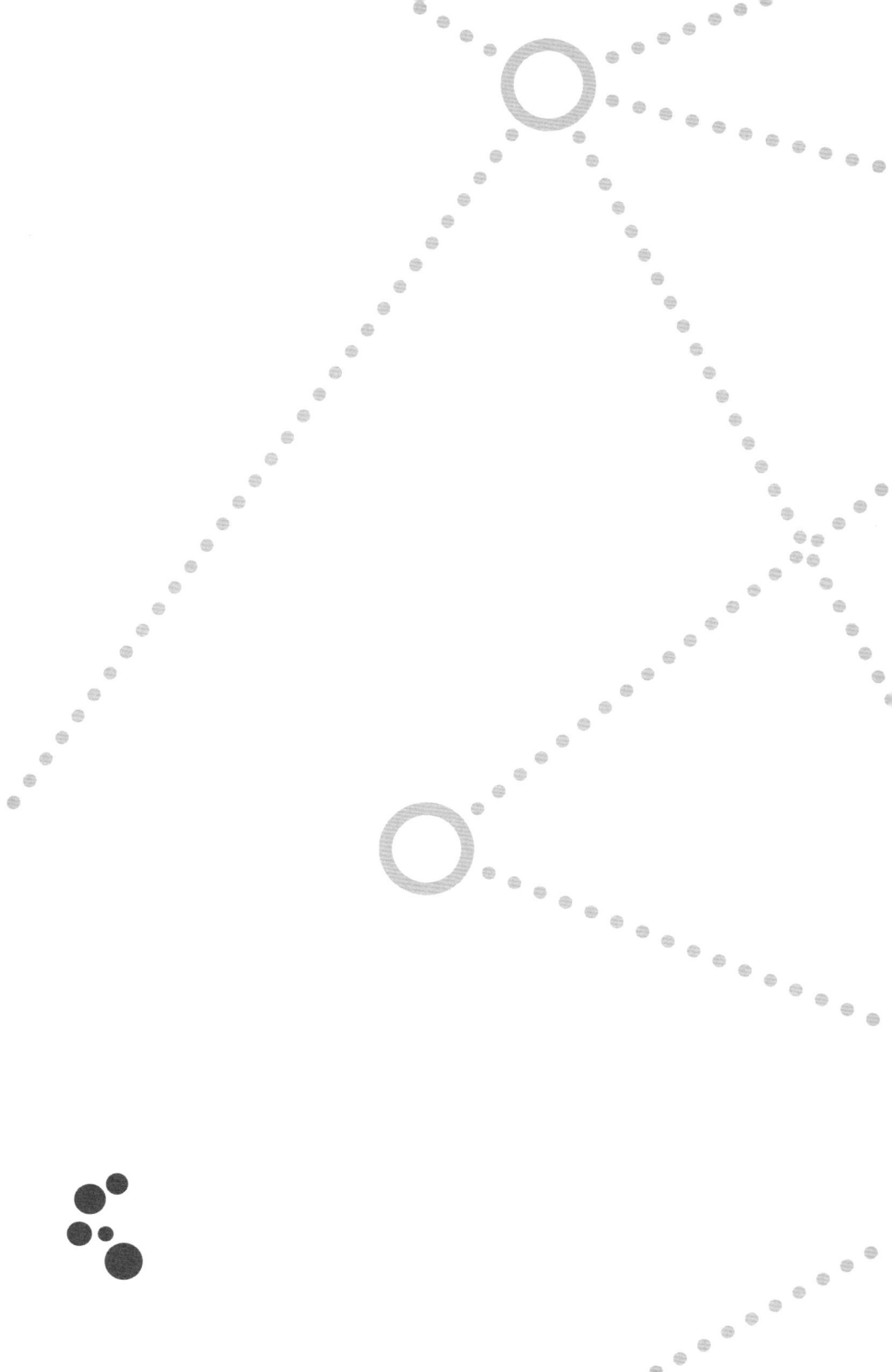

TEIL 2

TOOL FÜR EINE NEUE BUSINESSWELT: DAS CUSTOMER TOUCHPOINT MANAGEMENT

Das Customer Touchpoint Management

Unter Kundenkontaktpunkt-Management (Customer Touchpoint Management) verstehen wir die Koordination aller unternehmerischen Maßnahmen dergestalt, dass dem Kunden an jedem Interaktionspunkt eine herausragende, verlässliche und vertrauenswürdige Erfahrung geboten wird, ohne dabei die Prozesseffizienz aus den Augen zu verlieren. Ein wesentliches Ziel ist das stete Optimieren der Kundenerlebnisse (Customer Experiences) an den einzelnen Kontaktpunkten, um bestehende Kundenbeziehungen zu festigen und über Weiterempfehlung hochwertiges Neugeschäft zu erhalten. Wichtig ist in diesem Zusammenhang, dass wir dem Kunden Enttäuschungen ersparen und ihm über den Zufriedenheitsstatus hinaus Momente der Begeisterung verschaffen.

> **Ein wesentliches Ziel ist das stete Optimieren der Kundenerlebnisse (Customer Experiences) an den einzelnen Kontaktpunkten.**

Das Customer Touchpoint Management folgt also nicht länger dem selbstbezogenen alten Marketing, das fragt: Was bieten *wir* dem Kunden? Vielmehr wird untersucht, was die Kunden erwarten, welche Leistungen sie auf welche Weise erhalten und wie ihre Reaktion darauf aussieht. Dabei können neue Touchpoints gefunden, bestehende optimiert und veraltete über Bord geworfen werden. Chancenlücken können entdeckt und besetzt werden. Insgesamt gelangt man schließlich zu einer Priorisierung der einflussreichsten Berührungspunkte, zu ihrem verbesserten Zusammenspiel und zu einer Optimierung ihrer Wirkungsweise. Alles wird dabei aus der Außensicht heraus betrachtet und auf Kundenrelevanz überprüft.

Was sind Customer Touchpoints?

Grundsätzlich entstehen Customer Touchpoints, also Kundenkontaktpunkte, überall da, wo ein (potenzieller) Kunde mit einem Unternehmen und seinen Mitarbeitern beziehungsweise seinen Produkten, Dienstleistungen oder Marken in Berührung kommt, sei es vor, während oder nach einer Transaktion. Dies kann entweder

○ auf direkte Weise (Verkäuferbesuch, Newsletter, Anzeige, Website, Verpackung, Messestand, Hotline, Rechnung, Reklamation etc.) oder
○ auf indirekte Weise (Meinungsportal, User-Forum, Testbericht, Blogbeitrag, Presseartikel, Mundpropaganda, Tweet, Weiterempfehlung etc.)

geschehen. An jedem Touchpoint kann es zu positiven wie auch negativen Erlebnissen kommen, die eine Kundenbeziehung stärken oder zermürben beziehungsweise eine Marke kräftigen oder bröckeln lassen. Jedes Detail kann dabei Zünglein an der Waage sein.

Da gibt es zum einen das Tüpfelchen auf dem i, die Magie der kleinen Dinge und den Sternenstaub:

○ Der Lobgesang eines enthusiastischen Fans
○ Das »Danke« am Beginn jeder Mail
○ Die Fürsorge des Pförtners bei Regen und Schnee
○ Die vollendete Schönheit eines Produktdesigns
○ Die Begeisterung in den Augen der Mitarbeiter
○ Das Eingehen auf Meckern bei Facebook & Co.
○ Die ganz persönliche Wertschätzung einer Führungskraft
○ Und so weiter und so fort

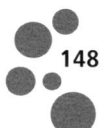

Und zum anderen gibt es den Tropfen, der das Fass zum Überlaufen bringt:

○ Der herablassende Blick am Empfang
○ Der Geruch der Besuchertoilette
○ Der schmutzige Lieferwagen
○ Das ewige Warten in der Warteschleife
○ Die nicht beantwortete Mail
○ Die aufgesetzte Freundlichkeit
○ Die kleinen Lügen im Beratungsgespräch
○ Und so weiter und so fort

So kann ein einziges negatives Ereignis an einem für den Kunden wichtigen Berührungspunkt zum sofortigen Abbruch der Geschäftsbeziehung führen und darüber hinaus zu ruf- und umsatzschädigender Mundpropaganda.

Damit dies nicht passiert, muss die Summe der positiven Erfahrungen bei Weitem überwiegen. Manche Berührungspunkte sind dabei kritischer als andere. Und Kunden gewichten das anders als Unternehmensvertreter. Oft sind es Kleinigkeiten, die schließlich große Katastrophen bewirken. So spielen zum Beispiel der erste *und* der letzte Eindruck oft eine derart wichtige Rolle, dass dies unter Umständen alles andere zunichtemacht.

Oft sind es Kleinigkeiten, die schließlich große Katastrophen bewirken.

Im Internet kann etwa eine sich zu langsam aufbauende Webseite den Kaufwillen des potenziellen Kunden sofort im Keim ersticken. Im Handel können Warteschlangen an der Kasse oder Patzigkeiten von Verkäufern zur spontanen Verwaisung schon prall gefüllter Warenkörbe führen. Und während das Management weiter mit technischem Schnickschnack statt mit Kundenbeziehungen beschäftigt ist, zieht das Geld, das schon im Laden war, wieder davon.

Die Ziele im Einzelnen

Die intensive Auseinandersetzung mit allen Touchpoints dient folgenden Einzelzielen:

○ Aufbau von Bekanntheit und Reputation
○ Stärkung von Marke und Preisbereitschaft
○ Produkt-, Qualitäts-, Prozess- und Serviceverbesserungen
○ Neukundengewinnung und Wiederkauf
○ Koordination der Kundenbeziehungspflege
○ Aufbau einer dauerhaften Kundenloyalität
○ Positive Mundpropaganda und Weiterempfehlungen
○ Eindämmen von Kundenschwund und Negativpropaganda
○ Vorbeugen und Abschwächen von Reklamationen
○ Steigerung von Innovationskraft und Wettbewerbsfähigkeit
○ Ressourcenoptimierung (Zeit, Manpower, Geldmittel)
○ Erwirtschaften eines höheren ROI (Return on Investment)

Mit dem Touchpoint Management arbeiten heißt: Managen einfach und zielsicher machen. Weitere Vorteile:

○ Das systematische Involvieren der Mitarbeiter steigert deren Motivation und legt interne Leistungsreserven frei.
○ Dies wiederum führt zu größerem Ideenreichtum, zu passenderen Angeboten und einer verbesserten Kundenorientierung.
○ Die Vielfalt der relevanten Touchpoints wird kanalisiert. Deren Bewertung – am besten durch den Kunden selbst – verhilft zu einem effizienter kombinierten Marktbearbeitungsmix.
○ Durch eine Fokussierung auf die erfolgswirksamsten Schlüssel-Touchpoints kann man sich vorteilhaft von der Konkurrenz unterscheiden – und über Alleinstellungen teurer verkaufen.
○ Alles zusammen führt schließlich zu Kosten- und Zeiteinsparungen und über einen optimierten Budgeteinsatz zu höheren Erträgen.

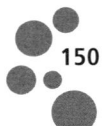

Das Hauptanliegen dabei? Wir sollten dahin kommen, genau *solche* Interaktionspunkte in den Vordergrund zu rücken, die ein marken-typisches Erlebnis schaffen und zu einer rentablen Kaufentschei-dung beitragen. Und darüber hinaus? Es muss uns gelingen, genau *die* Berührungspunkte zu favorisieren, die Kundenloyalität und Empfehlungsbereitschaft am nachhaltigsten stärken. Bei alldem kooperiert man mit den Kunden, beobachtet und befragt sie regel-mäßig und bindet sie aktiv in die Abläufe ein. Man macht sie also zu Mitwissern und Mitgestaltern.

Dies senkt nicht nur das unternehmerische Risiko, sondern baut zusätzliche Eintrittsbarrieren für den Wettbewerb auf. Wenn man Menschen zeigt, dass man sich für ihre Meinung wirklich interes-siert, und wenn man ihnen Mitwirkungsmöglichkeiten gibt, verän-dert sich deren Haltung zum Unternehmen und seinen Angeboten positiv. Dies sorgt nicht nur dafür, dass darüber geredet wird, son-dern auch für den bereits genannten »Mein-Baby-Effekt«.

»Das Marketing geht dahin, dass wir von Anfang an auf kollabora-tive Prozesse setzen werden, bei denen an den unterschied-lichsten Stellen im Prozess die unterschiedlichsten Menschen(gruppen) auf unterschiedlich intensive Weise beteiligt werden – manche geheim, man-che öffentlich. Mit dem Endergebnis, dass das Produkt dann, wenn es an den Markt kommt, bereits eine Fan- und Nutzergemeinde hat, die sich für die Verbreitung ins Zeug legt.« Das hat Mundpropaganda-Marketing-Ex-perte Martin Oetting im April 2010 in einem Interview gesagt. Ich kann das nur unter-streichen.

Mit dem Touch-point Manage-ment arbeiten heißt: Managen einfach und ziel-sicher machen.

Alles zieht in die gleiche Richtung

An den Kundenkontaktpunkten zeigt sich, was die Versprechen eines Unternehmens taugen. Denn an jedem Touchpoint sammelt der Kunde Eindrücke, die sich zu einem Gesamtbild verdichten: Dieses Unternehmen ist auf Dauer das richtige für mich – oder auch nicht. Dabei ist die Meinung des Kunden immer subjektiv, häufig verallgemeinernd, manchmal unfair, vielleicht sogar falsch. Aber es ist seine Meinung, die er gefragt oder ungefragt weitergibt. Und seine Präferenzen verschieben sich laufend. Noch während die Unternehmen weiter die falschen Dinge tun, macht sich der Kunde auf und davon. Im Internet erzählt er dann der ganzen Welt, warum das so ist. Besser also, die Unternehmensvertreter hören gut hin und ermutigen ihre Kunden, sie fleißig in den höchsten Tönen zu loben.

An den Kundenkontaktpunkten zeigt sich, was die Versprechen eines Unternehmens taugen.

Neben den klassischen »Momenten der Wahrheit« müssen nun schnellstens die socialwebbasierten »neuen Momente der Wahrheit« mit ins Kalkül. Und mehr noch: Beide Touchpoint-Welten müssen reibungslos zu einem kundenfreundlichen Gesamterlebnis verbunden werden. Denn Kunden betrachten Unternehmen immer als Ganzheit. Und *jeder* in der Leistungskette muss einen perfekten Job machen. Das heißt: Nicht nur die direkten Kundenkontaktpersonen, sondern auch diejenigen, die »nur« indirekt mit Kunden zu tun haben, wie etwa die Mitarbeiter in der Fertigung, im Lager, im Einkauf und in der Buchhaltung, müssen kundenorientiert denken und handeln.

Und das heißt auch: Einen Bruch zwischen Offline und Online darf es nicht geben. Es muss egal sein, an welchem Touchpoint die Kunden schließlich kaufen, Hauptsache, sie tun es bei uns und nicht bei der Konkurrenz. Doch wenn es auch nur an *einer* Stelle klemmt

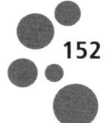

oder ein einziger Mitarbeiter patzt, dann war aus Sicht des Kunden »dieser Saftladen« schuld. Und das war's dann mit der Kundentreue und dem Weiterempfehlen.

Viele Anbieter versäumen es immer noch, eine Brücke von der realen in die virtuelle Welt zu bauen. »Ob ein Staubsauger in der Deckelklappe einen Link zum Online-Shop für Filtertüten, ein Mountainbike einen QR-Code für die Abstimmung des Fahrwerks oder eine Funktionsjacke eine App für die Pflegeanleitung hat, ist eine Frage der Kundenorientierung. Warum solche Lösungen nicht angeboten werden, hat damit zu tun, dass man sich scheinbar nicht in die Perspektive des Kunden versetzt.« Das sagt Stefan Hövel, Geschäftsführer der Unternehmensberatung Innovagon.

Neulich sprach ich mit dem Hersteller einer großen deutschen Automarke, da »gehört« der Konfigurator dem Marketing, wenn der Kunde ihn online benutzt, und dem Vertrieb, wenn der Kunde dies vor Ort beim Händler tut. Und sowas ist kein Einzelfall. In vielen Unternehmen kümmern sich die diversen Einheiten (Entwicklung, Produktion, Marketing, Vertrieb, Kundendienst usw.) immer noch mehr oder weniger unkoordiniert und mit mehr oder weniger starkem Eigeninteresse um die verschiedenen Touchpoints und die dortigen Belange des Kunden. Ressortdenke und eine stoische Blindheit für Kundenbelange sind nach wie vor ausgeprägt. Immer noch hat vielerorts die Messbarkeit Vorrang vor der Sinnhaftigkeit und das Produkt Vorrang vor den Menschen. Und immer noch begehen viel zu viele Entscheider den Fehler, von ihrem eigenen Denkansatz oder ihrem eigenen traditionellen Medienverhalten auf das ihrer Kunden zu schließen.

Mithilfe eines systematischen Customer Touchpoint Managements hingegen werden sich ohne Ausnahme alle Bereiche deutlich stärker miteinander vernetzen und abteilungsübergreifend für die Kundeninteressen tätig sein. Mit der Präzision eines Laserstrahls wird dort gesucht und gefunden, was beim Kunden Freude am Bleiben, Immer-wieder-Kauflust und Empfehlungsbereitschaft weckt.

Der Prozess in vier Schritten

Der Prozess des Kundenkontaktpunkt-Managements (CTMP®
Customer Touchpoint Management Prozess) besteht aus vier
großen Etappen mit je zwei Teilschritten:

1. Die Ist-Analyse. Sie besteht aus folgenden Teilschritten:
   a. das Erfassen der kundenrelevanten Kontaktpunkte
   b. das Dokumentieren der Ist-Situation (aus Kundensicht)

2. Die Soll-Strategie. Sie besteht aus folgenden Teilschritten:
   a. das Definieren der optimalen Soll-Situation (aus Kunden-
      sicht)
   b. das Finden passender(er) Vorgehensweisen

3. Die operative Umsetzung. Sie besteht aus folgenden Teilschritten:
   a. die Planung relevanter Maßnahmen, die zur Soll-Situation
      führen
   b. die Umsetzung eines passenden Maßnahmenmixes

4. Das Monitoring. Es besteht aus folgenden Teilschritten:
   a. das Messen der Ergebnisse
   b. die weitere Optimierung der Prozesse

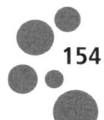

Abb. 10: Das Kundenkontaktpunkt-Management (CTMP® Customer Touchpoint Management Prozess) mit seinen vier Schritten

Schritt 1: Die Ist-Analyse

Hier geht es zunächst um eine abteilungsübergreifende, umfassende Bestandsaufnahme der kundenrelevanten Kontaktpunkte und danach um das Dokumentieren der dortigen Ist-Situation.

Das Erfassen der kundenrelevanten Kontaktpunkte

Im ersten Teil der Ist-Analyse werden zunächst alle Online- und Offlinekontaktpunkte so weit wie möglich chronologisch gelistet, die ein Kunde im Zuge eines Kaufprozesses beziehungsweise einer Nutzungsbeziehung hat oder haben könnte. Dies wird aus der Perspektive des Kunden betrachtet. Dabei kann man sich zum Beispiel auch auf einzelne Kundensegmente beziehungsweise Zielgruppen konzentrieren.

Man kann das Ganze dann weiter verfeinern, indem man die Touchpoints vor, während und nach einem Kaufakt bündelt. Im Englischen spricht man dabei von Pre-Sales, Sales und After-Sales. Diese Begriffe haben sich in international orientierten Unternehmen auch so etabliert. Doch leider stammen sie aus dem selbstzentrierten Gestern. Wenn wir alles aus der Sicht des Kunden betrachten, dann wird aus einem Verkauf ein Kauf und aus einem Point of Sales ein Point of Purchase. Das klingt vielleicht noch etwas holprig jetzt, aber man wird sich wohl daran gewöhnen müssen. Und mehr noch: Inzwischen ist, wie wir schon sahen, eine neue Art von Touchpoints hinzugekommen, die zunehmend kaufentscheidend sind und deshalb vorrangig einbezogen werden müssen: Es sind die von den Unternehmen nur mittelbar steuerfähigen Touchpoints, die von der Einschätzung durch Dritte abhängen (öffentliche Reputation, Mundpropaganda, Weiterempfehlungen). Sie sind der Vorkaufphase vorgelagert und der Nachkaufphase nachgelagert. Vor dem Kauf lässt sich der Kunde durch die Meinung anderer beeinflussen. Und nach dem Kauf wird er selbst zum Beeinflusser. Am Anfang und am Ende eines jeden Kaufprozesses steht also immer öfter eine Empfehlung – sei sie positiver oder negativer Natur. Und all das findet heute in einer gemixten Offline-Online-Welt statt.

So geht es also nun um fünf Gruppen von Touchpoints und um fünf Phasen bei den »Momenten der Wahrheit«:

○ Influencing Touchpoints: Phase der Informationssuche und des Gewahrwerdens
○ Pre-Purchase Touchpoints: Phase der Entscheidungs-vorbereitung
○ Purchase Touchpoints: Phase der Entscheidung und des Kaufs
○ After-Purchase Touchpoints: Phase der Nutzung und des Wiederkaufs
○ Influencing Touchpoints: Phase der Beeinflussung Anderer

Die Markenartikelindustrie hat in diesem Zusammenhang eine etwas andere Einteilung gefunden. Dort spricht man von sogenann-

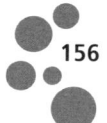

Abb. 11: Die fünf Phasen eines Kaufprozesses. Am Anfang und am Ende steht eine Empfehlung. Online und offline sind in allen Phasen verknüpft.

ten Paid Touchpoints, Owned Touchpoints und Earned Touchpoints. Das sind solche, die man sich kauft (Anzeigen usw.), solche, die man besitzt (Webseite usw.) und solche, die man sich verdient hat (Bewertungen usw.).

Je nach Unternehmensgröße und Branche können Touchpoints auch wie folgt unterteilt und gegliedert werden:

○ Human Touchpoints
○ Brand-Touchpoints
○ Product-Touchpoints

Wenn etwa BWM uns in seiner Werbung Freude verspricht, dann wollen wir Freude an jedem Touchpoint der Marke spüren. Beim Fahren des Produkts, beim Konsumieren der Werbung und natürlich auch da, wo wir BMW-Mitarbeiter treffen können: im Autohaus, in der Werkstatt, vor dem Werkstor und im Internet. Ganz wichtig dabei: Damit wahre Freude schließlich nach außen dringt, muss sie zunächst im Innen (vor)gelebt werden.

Meist spielt der Human Touch die entscheidende Rolle. So kann es beispielsweise passieren, dass ein Kunde seiner Automarke treu verbunden bleibt, den angestammten Händler jedoch verlässt, weil sein langjähriger Betreuer in ein anderes Autohaus wechselt. Weiter kann es passieren, dass die Loyalität, die der Verkäufer mühevoll aufgebaut hat, in wenigen Augenblicken durch einen miserablen Kundendienst zunichte gemacht wird. Bereits das zweite Auto »verkaufen« also in Wirklichkeit die Servicemitarbeiter. Hierzu hat ein deutscher Premium-Automobilhersteller einmal folgende Zahlen ermittelt:

Zufrieden mit dem Neu-wagenverkaufsbereich	Zufrieden mit dem After Sales Service	Wiederkauf beim gleichen Händler
ja	ja	93 %
nein	ja	45 %
ja	nein	14 %
nein	nein	3 %

Und jetzt sind Sie dran: Welches emotionale Grundgefühl versprechen Sie Ihren Kunden? Und wie wird das an den einzelnen Touchpoints durchdekliniert? Leben Ihre Mitarbeiter das, was die Marke verspricht? Und ist dies so ausgeprägt anders, dass Kunden es spüren und sagen: »Das ist typisch XY.« Zwischen dem, was man etwa als Fluggast bei Lufthansa und anderen Airlines verspürt, sollte es einen emotionalen Unterschied geben – so wie es einen erlebbaren emotionalen Unterschied zwischen den Möbelmärkten XXLLutz und Ikea gibt. Oder zwischen Apple und Nokia. So etwas sollte sich im Idealfall auch bei Ihnen an jedem Touchpoint widerspiegeln.

Wie Sie die Reise des Kunden sichtbar machen

Einige Marketingexperten stellen die von ihnen betrachteten Touchpoints in einem 360-Grad-Kreis dar. Für mich bergen 360-Grad-Betrachtungen jedoch eine ernste Gefahr: Sie nähren die Illusion, dass wir mithilfe dieser Methode an alles gedacht und somit alles im Griff haben. Da wiegt man sich leicht in einer falschen Sicherheit. Schließlich kommen täglich neue Kontaktpunkte hinzu, die geprüft und – wenn wir sie für passend halten – integriert werden müssen. Deren Zahl wird auch tendenziell steigen, sodass ein Kreis bald aus allen Nähten platzt.

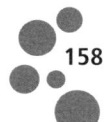

Außerdem erwächst jede Kundenbeziehung aus einer zeitlichen Abfolge von Interaktionen, die sich von einem Punkt in der Vergangenheit in eine gemeinsame Zukunft bewegt. Deshalb ist für mich eine horizontal-lineare Darstellung die bessere Wahl. Sie dokumentiert den Handlungsstrang der »Customer Journey« – der Kundenreise – mit all ihren Stationen: vom Suchen und Finden über den Kauf bis hin zum anschließenden »Danach«.

In meiner Beratungspraxis hat sich die Methode des »Touchpoint Journey Mapping« als besonders hilfreich erwiesen. Dabei wird eine typische Kundenreise in Form einer Landkarte gezeichnet. Der Weg zu den einzelnen Touchpoints erscheint wie eine sich schlängelnde Linie von links nach rechts, wobei manche Kunden auch hin und zurück oder sogar in Schleifen unterwegs sein können.

Mit einer solchen Karte kann man jetzt viele Dinge tun: Es lassen sich die Kann- und Muss-Touchpoints herausarbeiten. Oder man legt die Reiserouten vieler Kunden übereinander, um so die Schlüssel-Touchpoints sichtbar zu machen. Oder man stellt die unterschiedlichen Reiserouten unterschiedlicher Kundengruppen dar. Oder man teilt die Karte vertikal in drei große Teilbereiche: vor, während und nach einer Transaktion. Oder man betrachtet nur einzelne Abschnitte der Reise. Das lässt sich in allen Branchen für die unterschiedlichsten Situationen durchspielen, wie zum Beispiel:

O Inanspruchnahme einer Flughafen-Serviceleistung: Ankommen im Parkhaus, Abfertigung am Check-in-Schalter, Gang zum Gate
O Einkaufen im Handel: vor dem Betreten der Einkaufsstätte, während des Aufenthalts und nach Verlassen des Geschäfts
O Beim Produktverbrauch: Kaufen, Verwenden und Entsorgen eines Joghurtbechers
O Beim Produktgebrauch: Kauf, Installation und Nutzung einer Computersoftware
O Im E-Commerce: vor, während und nach einer Online-bestellung

○ Im Verbands- oder Community-Marketing: das Gewinnen, Aktivieren und Betreuen von Mitgliedern
○ In der Industrie: Konzeption, Aufstellung und Inbetriebnahme einer Fertigungsanlage

So oder ähnlich lässt sich das Ganze auch für einen Termin beim Notar, die Reinigung eines Bürogebäudes, den Erhalt einer Stromabrechnung, die Probefahrt mit dem Traumauto oder eine wichtige Geschäftsverhandlung durchspielen. Alles wird dabei aus der Perspektive des Kunden gesehen. Ja, dies muss man sich immer wieder in Erinnerung rufen, denn sehr schnell fällt man bei Touchpoint-Projekten zurück in den alten Modus der Unternehmensperspektive.

So wird gerade, während ich dies hier schreibe, im Onlinemarketing das sogenannte »Last Cookie Wins«-Prinzip diskutiert. Bei allem gesunden Menschenverstand sollte man ja eigentlich wissen wollen, welcher Touchpoint *tatsächlich* für den jeweiligen Kauf den Ausschlag gab, um daraus Maßnahmen für das weitere Vorgehen abzuleiten. Aber nein, beim »Last Cookie Wins«-Prinzip wird *willkürlich* festgelegt, dass der letzte vom Kunden angesteuerte Kontaktpunkt der Hauptauslöser für die Kaufentscheidung sei. Genau das ist aber der alte, selbstzentrierte Weg. Und er leitet in die Irre.

Im Zickzack zwischen der realen und der virtuellen Welt

Die mögliche Zahl der Touchpoints hat sich in den letzten Jahren durch Social Media stark vergrößert. So gibt es heutzutage in der Regel zwei Handlungsstränge, zwischen denen sich der Käufer hin- und herbewegt: der Online- und der Offlinestrang. Nehmen wir einmal an, jemand möchte einen Staubsauger kaufen. Meistens googelt er zunächst sein Objekt der Begierde und steuert ihm bekannte Meinungsportale an. Daraufhin begibt er sich zu einer sinnlichen Inaugenscheinnahme in ein passendes Geschäft, das ihm idealerweise auf der Unternehmenswebseite schon vorgeschlagen wird.

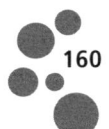

Im Laden checkt er in Echtzeit via Smartphone die Online-Bewertungen der verschiedenen Modelle, befragt seine Freunde, was sie davon halten, und führt Preisvergleiche auf entsprechenden Webseiten durch. Es kann gut sein, dass er sich letztendlich für ein ganz anderes Modell entscheidet, als ursprünglich geplant war. Ist dieses vor Ort nicht erhältlich, wird es im Onlineshop des Anbieters gekauft. Das Auspacken und erste Saugen wird nicht nur zelebriert, sondern auch per Video dokumentiert, kommentiert, online nachbearbeitet und bei YouTube hochgeladen. Eine Beziehung beginnt. Und auf Facebook nimmt sein ganzes Umfeld Anteil daran.

Das Sichtbarmachen einer solchen Customer Touchpoint Journey ist hilfreich, denn so können mögliche Wirkungszusammenhänge zwischen den Kanälen und Kontaktpunkten erkannt werden. Darüber hinaus kann man dabei auch Synergie- und Kannibalisierungseffekte aufdecken. Hat man die Interaktionsmöglichkeiten erst einmal in eine kundenlogische Abfolge gebracht, lässt sich deren Zusammenspiel in späteren Schritten optimieren und kundenfreundlicher gestalten.

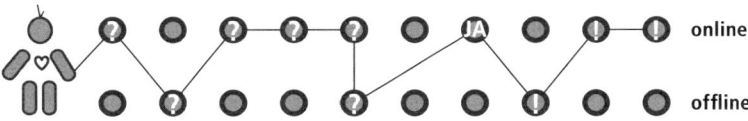

Abb. 12: Eine Customer Touchpoint Journey im Zickzack zwischen online und offline bis zum Kauf und darüber hinaus

Selbst bei mittelgroßen Unternehmen kommen bei einer Gesamtbetrachtung und sorgfältigen Analyse schnell mehr als 100 potenzielle Touchpoints zusammen. Die Zahl als solche ist schon verwirrend genug. Viel entscheidender ist aber die Frage, auf welche Touchpoints sich das Unternehmen schließlich konzentrieren soll, welche sich neu kombinieren lassen, welche vernachlässigt werden können, welche gestrichen werden müssen und welche womöglich noch gänzlich fehlen.

Die Perspektive des Kunden hilft beim Beantworten all dieser Fragen: Welche Touchpoints nutzt er wann, warum und üblicherweise in welcher Reihenfolge? Welche sind für den (Wieder-)Kauf entscheidungsrelevant? Wo können Mundpropaganda und Empfehlungsbereitschaft am ehesten ausgelöst werden? Über diese Herangehensweise wird ausgeschlossen, dass man seine ganze Energie in Leistungen investiert, von denen zwar die maßgeblichen Mitarbeiter schwärmen, die aber den Wunschkunden letztlich egal sind. Selbst- und Fremdbild können da recht stark auseinandergehen.

Im Rahmen einer Schweizer Marktstudie von Accelerom und der PubliGroupe aus dem Jahr 2011 zur Nutzung von Touchpoints kam zum Beispiel Folgendes zutage:

Durchschnittlich 17	Touchpoints sind für die Mehrheit der Schweizer/innen relevant beim Kauf.
Jede/r Zweite	besucht die Webseite eines Unternehmens, um sich über Produkte zu informieren.
Jede/r Dritte	nutzt Preisvergleichsportale während des Entscheidungsprozesses.
(Nur) jede/r Vierte	wird vor dem Kauf durch TV-Spots auf neue Produkte aufmerksam.
Rund jede/r Zweite	googelt Produkte und Dienstleistungen vor dem Kauf.
Zwei von drei	lassen sich vor einem Kauf im Geschäft beraten.

Interessant dabei ist folgende Beobachtung des Studienleiters Christoph Spengler: »Unkonventionelle Touchpoints wie eine persönliche Empfehlung, ein Online-Diskussionsforum, ein user-generiertes Video, die Berichterstattung in der Presse oder ein schriftliches Angebot fallen durch das Raster, weil Organisationen mit ihrer Arbeitsteilung nicht auf diese passiven, aber häufig kaufentscheidenden Kontaktpunkte ausgerichtet sind, sondern ihre Schwerpunkte auf die eigenen, bezahlten Touchpoints legen.« Kundenfokussiert statt selbstzentriert, zuhören, hinschauen und von den Kunden lernen, so lautet fortan die goldene Regel.

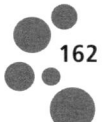

Am besten mithilfe des Kunden

Wichtig für das Kontaktpunkt-Management ist zum einen die Bedeutung eines Touchpoints aus Kundensicht; zum anderen muss man sich das (Wieder-)Kauf- und Empfehlungspotenzial des Kunden genau ansehen. Um diese drei Aspekte zu bestimmen, bietet es sich an, ausgewählten Kunden geeignete Fragen zu stellen. Man nutzt also die Hilfe des Kunden. Die Ergebnisse werden anschließend in einer Grafik sichtbar gemacht (siehe Abb. 13).

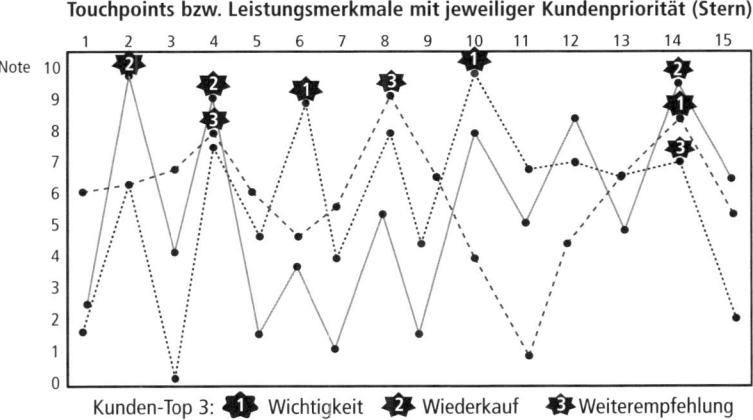

Abb. 13: Entlang der Kundenkontaktpunke (15 in diesem Beispiel) wird erarbeitet, wie hoch die Wichtigkeit, die Wiederkaufbereitschaft und die Empfehlungsbereitschaft ist. Die nummerierten Sterne zeigen die jeweils drei wichtigsten Kontaktpunkte (Supertouchpoints) aus Kundensicht an.

Zunächst wird die Wichtigkeit eines Touchpoints abgefragt. Dazu lässt sich eine Skala von 0 bis 10 verwenden, wobei 10 für die höchste Wertigkeit steht. Auf diese Weise kann zum Beispiel herauskommen, dass mitgeschleppter und nicht selten teurer Kram aus alten Tagen für die Kunden inzwischen ganz nebensächlich ist.

Danach bestimmt man – ebenfalls auf einer Skala von 0 bis 10 – das (Wieder-)Kauf- und Empfehlungspotenzial an jedem Kontaktpunkt.

Hier die Fragen im Wortlaut dazu:

○ Auf dieser Skala von 0 bis 10: Wie wichtig ist Ihnen dieser Punkt?
○ Auf dieser Skala von 0 bis 10: Würden Sie an diesem Punkt (wieder-)kaufen?
○ Auf dieser Skala von 0 bis 10: Würden Sie diesen Punkt weiterempfehlen?

Nach jeder Antwort stellen Sie gleich noch eine wertvolle Zusatzfrage: Was ist der Hauptgrund für die Bewertung, die Sie gerade abgegeben haben? Mit einer solchen Frage kommen Sie sofort ganz nah an die wichtigsten Kundenmotive heran.

Nun können alle vergebenen Punkte zusammengezählt und dann die einzelnen Touchpoints in eine Reihenfolge gebracht werden. Oder man stellt dies in Form einer Matrix dar. Nach Feststellung der Prioritäten lassen sich geeignete Maßnahmen vorbereiten. Sie tragen dazu bei, in eine verbesserte Soll-Situation zu gelangen.

Ein Handwerksunternehmen fand zum Beispiel auf diese Weise heraus, dass der kostenintensive Eintrag in die gedruckten Gelben Seiten inzwischen gar nichts mehr brachte. Wohlwollende Kommentare auf verschiedenen Bewertungsportalen führten hingegen zu interessanten Neuaufträgen. Daraufhin wurden ausgewählte Kunden animiert, auf diesen und weiteren adäquaten Bewertungsportalen zu berichten. Das brachte dem Unternehmen interessante Erkenntnisse. So wünschten sich jüngere Zielgruppen eher ein auf die Firmenwebseite eingebundenes Präsentationsvideo als eine Informationsbroschüre, die mit der Post kam. Daraufhin konnte eine nicht nur erfolgreichere, sondern auch viel kostengünstigere Akquisitionsstrategie entwickelt werden.

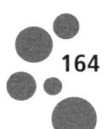

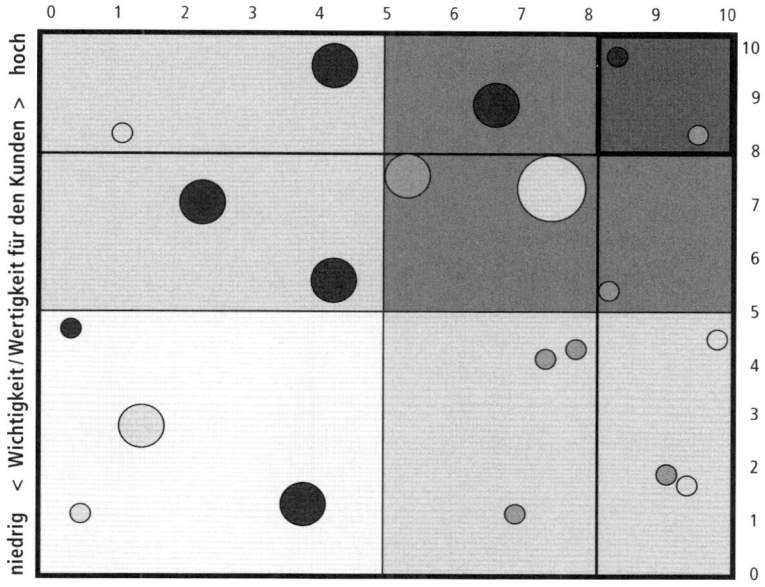

Abb. 14: Neunfelder-Portfolioanalyse mit den Achsen Wichtigkeit/Wertigkeit und (Wieder-)Kaufbereitschaft/Empfehlungsbereitschaft. Die unterschiedliche Größe der Punkte ermöglicht eine dritte Dimension, das Einfärben der Punkte eine vierte Dimension.

Übrigens: Gut gemachtes Bewegtbildmaterial erhöht, wie Untersuchungen zeigen, die Kaufbereitschaft um ganze 20 Prozent. Google präsentiert beispielsweise Videos ganz weit vorn auf den Trefferlisten. Mein Tipp an dieser Stelle: Drehen Sie Videos zu all Ihren Angeboten! Stellen Sie aber bloß kein plärrendes Verkaufsmaterial her, produzieren Sie lieber Ratgeberclips. Machen Sie nicht Ihre Produkte zum Star und sagen Sie nicht, dass *Sie* die Größten sind. Zeigen Sie besser, wie erfolgreich/glücklich/sexy Ihre Kunden dank Ihrer Hilfe nun sind. Und bei allem, was so kompliziert ist wie Hemdenbügeln und Möbelaufbauen, ist eine Video garantiert der beste Weg: Videos, die kurzweilig und lebensnah gemacht sind, toppen jede schriftliche Gebrauchsanweisung. Das Gleiche gilt auch für das Erklären von Maschinen, industriellen Schaltanlagen & Co.

Idealerweise ist ein Video etwa drei bis vier Minuten lang. Am besten wird es nicht von einem Schönwetter-Werbefilmer, sondern von talentierten, videoerfahrenen Azubis gemacht. Das wirkt authentisch und real – und die jungen Leute lernen etwas dabei. Die wichtigsten Zutaten? Technisch gesehen ein gutes Equipment. Und inhaltlich? Ein Spannungsbogen. Selbst der kürzeste Film braucht einen dramatischen Anfang und einen emotionalen Schluss: das Happy End. Und dazwischen? Schrecken, Staunen, Lachen.

Das Dokumentieren der Ist-Situation

In diesem zweiten Teil der Ist-Analyse werden die faktischen und die emotionalen Erlebnisse, die ein Kunde an jedem Kontaktpunkt hat oder haben könnte, bereichsübergreifend beleuchtet. Zu diesem Zweck sollten Sie sowohl die kritischen Ereignisse als auch die positiven Geschehnisse auflisten, die einem Kunden an jedem Touchpoint widerfahren – oder im schlimmsten Fall widerfahren könnten. Es gibt tatsächlich unglaublich viele Möglichkeiten, es sich mit einem Kunden auf immer und ewig zu vermasseln. Und es gibt fast noch mehr Möglichkeiten, einen Fan fürs Leben zu gewinnen.

Es gibt unglaublich viele Möglichkeiten, es sich mit einem Kunden auf immer und ewig zu vermasseln.

Eine interessante Fragestellung empfiehlt hierzu der amerikanische Marketingexperte Anthony Tjan: »Was tut Ihr Kunde in den drei Minuten bevor und in den drei Minuten nachdem er mit Ihrem Unternehmen, mit Ihrem Produkt oder mit Ihrem Servicemitarbeiter in Kontakt kommt?« Schon allein diese Drei-Minuten-Technik hilft ungemein, Abläufe und Vorgehensweisen kundenfreundlicher zu gestalten.

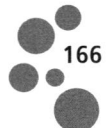

Beobachten Sie zum Beispiel einmal die Anwender Ihres Produkts oder Ihrer Dienstleistung und halten Sie das Geschehen per Video fest, damit es nicht durch subjektive Eindrücke gefärbt wird.

Die Drei-Minuten-Technik hilft ungemein, Abläufe und Vorgehensweisen kundenfreundlicher zu gestalten.

Um eine Ist-Situation differenziert zu beleuchten, können Sie verschiedene Wege einschlagen. So hat die Computerindustrie schon längst damit begonnen, ihren Kunden über die Schulter zu schauen, wenn sie am Rechner hantieren. Mitarbeiter des Werkzeugherstellers Black & Decker verfolgen auf Baustellen die Arbeit der Handwerker, die die Geräte der Firma benutzen, und holen sich so direkte Rückmeldungen. Markenartikelriesen halten über fest installierte Videokameras das Koch-, Ess- und Putzverhalten in Haushalten fest. Über solche Analysen kommen die Anbieter zu neuen Produktideen und können bestehende Produkte verbessern.

Schlüsselfragen für das weitere Vorgehen

Welches Vorgehen im Einzelnen sinnvoll ist, das ist von Branche zu Branche verschieden. Hier einige beispielhafte Schlüsselfragen:

○ Welche Kunden treten an welchen Stellen und zu welchen Anlässen wie häufig mit welchen Mitarbeitern im Unternehmen in Kontakt?
○ Was erlebt der Kunde dort? Wie sehen die Abläufe an den einzelnen Punkten aus? Sind sie selbstzentriert oder aus Kundensicht gestaltet?
○ Entsprechen sie dem natürlichen Kundenverhalten? Sind sie abteilungsübergreifend aufeinander abgestimmt?
○ Sind sie markenkonform inszeniert? Wie glaubhaft leben die Mitarbeiter das, was Marke und Unternehmen versprechen?

- Was erwartet beziehungsweise wünscht sich der Kunde? Und was nicht? Wo können wir Erwartungen übertreffen? Wie können wir den Kunden angenehm überraschen?
- Welche Kontaktpunkte bringen das beste Neugeschäft? In welcher Kombination? Was fehlt, um weitere Neukunden zu gewinnen?
- Wo sind wir schon gut in der Kundenpflege? An welchen Punkten muss der Service weiter verbessert werden?
- Wer sind die einflussreichsten Empfehler? Und worüber reden sie? Welche Touchpoints werden aktiv weiterempfohlen?
- Wo wird vehement abgeraten? Wer sind die Saboteure? Was stellen sie an? Und welchen wirtschaftlichen Schaden verursacht das für uns?
- Welche Kontaktpunkte favorisieren die Kunden? Und welcher akute Handlungsbedarf ergibt sich aus deren Sicht?
- Was könnte die Geschäftsbeziehung intensivieren?
- Wo lauern Abwanderungsrisiken? Wie erkennen wir dies? Gibt es ein funktionierendes Frühwarnsystem?
- An welchen Punkten unterscheiden wir uns positiv beziehungsweise negativ vom Mitbewerber?
- Was läuft gut? Wo werden wir besonders gelobt?
- Wo gibt es öfter Beschwerden? Wann gibt es heikle Situationen?
- Was muss deshalb weg? Und was muss im Detail zukünftig anders beziehungsweise besser gemacht werden?
- Welche Kontaktpunkte fehlen und müssen bis wann entwickelt sein?
- Wo sind die Mitarbeiter nicht kompetent genug? Fehlt es an der Einstellung oder am Verhalten? Wie kann beides verbessert werden?
- Was sollten wir schnellstens ändern oder verbessern? Und was hat uns bislang daran gehindert, dies auch zu tun?

Auch wenn es unangenehm ist, die letzte Frage muss unbedingt besprochen werden. Denn erst wenn die wahren Ursachen für Handlungsblockaden offenliegen, lässt sich etwas dagegen tun. Oft

besteht auch die Tendenz, die eigenen Leistungen zu beschönigen oder in einem zu warmen Licht zu sehen. Doch gerade in Social-Media-Zeiten ist es wichtig, auch die Schwachstellen ausgiebig zu beleuchten, denn jedes »Dislike« kann öffentlich werden. Solange es noch gravierende Schwachstellen gibt, werden Sie keine Kunden begeistern – und somit weder Loyalität noch Empfehlungen erhalten.

Erst wenn die wahren Ursachen für Handlungsblockaden offenliegen, lässt sich etwas dagegen tun.

Um nun das Beseitigen der Minderleistungen gezielt in Angriff zu nehmen und als Herausforderung zu sehen, lohnt es sich, diesem Prozess klingende Namen zu geben. Heike Bruch vom Lehrstuhl für Führung und Personalmanagement der Universität St. Gallen schlägt Folgende vor: »Den Drachen besiegen« oder »Die Prinzessin vom Eis holen«.

Zwischen Enttäuschung und hehrer Begeisterung

Bei der Betrachtung einzelner Transaktionspunkte werden in gängigen Schaubildern gern die folgenden Bewertungsstufen verwendet: negativ, neutral, positiv. Die ganze Emotionalität, die für die Kunden beim Kauf eines Produkts oder bei der Inanspruchnahme einer Dienstleistung eine so wichtige Rolle spielt, kommt dabei aus meiner Sicht allerdings reichlich zu kurz. Schließlich wird jede Erfahrung, die Menschen machen, emotional markiert und so im zerebralen Erfahrungsspeicher notiert. Als »Like« oder »Dislike« wird sie dem Umfeld dann schließlich mitgeteilt.

Um diese Emotionalität sichtbar zu machen, favorisiere ich eine Vorgehensweise, bei der jeder Interaktionspunkt auf seine Enttäuschungs-, OK- und Begeisterungsfaktoren hin analysiert wird. Diese Methode habe ich in Anlehnung an das Kano-Modell des japanischen Universitätsprofessors Noriaki Kano weiterentwickelt.

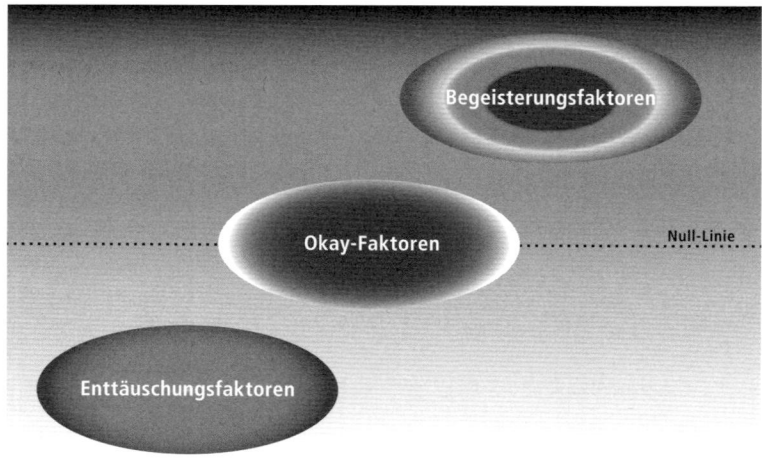

Abb.15: Enttäuschungs-, Okay- und Begeisterungsfaktoren. Erst oberhalb der Null-Linie setzt Begeisterung ein.

Enttäuschungs-, Okay- und Begeisterungsfaktoren können durch die eigenen Mitarbeiter identifiziert oder mithilfe von Kunden für jeden Touchpoint ermittelt werden. Man stellt (sich) die Frage, was der Kunde im Einzelnen erwartet und im Vergleich dazu erhält. Das Ergebnis vibriert zwischen herber Enttäuschung und hemmungsloser Begeisterung, zwischen himmelhoch jauchzend und zu Tode betrübt.

Ist ein Kunde enttäuscht, wird er Sie hart bestrafen. Seine Liste der Quälmöglichkeiten ist lang: Unbequemlichkeit, Nörgelei, verschärfte Reklamationen, anspruchsvolle Forderungen, verminderte Kaufpreise, Rechnungskürzungen, Fahnenflucht, üble Nachrede und Sabotageakte. All das tut er mit hohem Zerstörungsdrang. Sein Motiv? Rache! Vergeltung für empfundenes Unrecht! Solches Empfinden ist immer subjektiv – und es kann eine Menge Energie entfalten. Immer öfter wird dabei *der* »Anwalt« gewählt, der am meisten Druck machen kann: die digitale Öffentlichkeit.

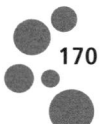

Ist der Kunde hingegen begeistert, dann kauft er mit (Vor-)Freude und immer wieder gern. Dann ist er blind und taub für den Wettbewerb. Er wird zum Fan, zum Fürsprecher und Meinungsmacher. Er empfiehlt Sie weiter, wo er nur kann. Ich nenne das den »Rosarote-Brille-Effekt«. »Wo Begeisterung zum Vorschein kommt, verschwindet die Gleichgültigkeit«, sagt der österreichische Aphoristiker Ernst Ferstl in seinem Buch »Lebensspuren«.

»Wo Begeisterung zum Vorschein kommt, verschwindet die Gleichgültigkeit.«

Die Ergebnisse solcher Überlegungen lassen sich an jedem Kontaktpunkt zunächst einmal in einer einfachen Übersicht listen, wobei nach faktischen und emotionalen Merkmalen getrennt werden kann:

Betrachteter Touchpoint	Enttäuschungs-faktoren	Okay-Faktoren	Begeisterungs-faktoren
Faktisch			
Emotional			

Enttäuschungsfaktoren

Mit dieser Kategorie von Merkmalen können Sie Ihre Kunden weder begeistern noch zufriedenstellen, aber Sie können es sich gründlich mit ihnen verderben. Wenn Sie beispielsweise in einem Elektroladen eine Designerlampe erstehen und den dortigen Elektriker beauftragen, diese bei Ihnen zu Hause zu montieren, werden Sie eine schlussendliche Funktionsprüfung erwarten. Wird diese nicht durchgeführt und Sie stellen fest (kaum dass der Elektriker das Haus verlassen hat), dass die Lampe nicht brennt, werden Sie frustriert und unzufrieden sein. Macht er die Prüfung, ist das für Sie ganz normal. Mängel oder Fehler bei Enttäuschungsfaktoren

Mängel oder Fehler bei Enttäuschungsfaktoren tolerieren wir nicht.

tolerieren wir nicht, da es sich dabei um Selbstverständlichkeiten handelt.

Unsere negative Reaktion ist vor allem dann vehement, wenn man obendrein noch patzige Antworten bekommt, wie etwa die, man möge sich wegen der Kleinigkeit nicht so aufregen, das könne schon mal passieren. Explosiv wird es dann, wenn das, was uns ganz besonders am Herzen liegt, uns bitter enttäuscht. In einer funktionierenden Kundenbeziehung dürfen keinerlei Enttäuschungsfaktoren vorkommen, denn das führt ganz schnell zu Ärger. Und Ärger ist eine verschärfte Form von Enttäuschung. Gerade wenn Fehler bei Nichtigkeiten auftauchen, gibt dies dem Kunden das Gefühl der offensichtlichen Missachtung. Machen Sie es sich also zur Aufgabe, herauszufinden, welche Aspekte für Ihre Kunden ein absolutes Muss sind. Stellen Sie sicher, dass zumindest diese Aspekte bei jedem Kunden immer hundertprozentig erfüllt werden. Über alle Branchen hinweg sind das Themen wie Sicherheit, Sauberkeit, Höflichkeit und Ehrlichkeit. Zusatzleistungen bleiben völlig wirkungslos, solange es noch herbe Enttäuschungsfaktoren gibt.

> **Ziel bei den Enttäuschungsfaktoren:**
> **0 Prozent Unzufriedenheit = 0 Prozent Bestrafung**
> **= Vermeidung von Illoyalität und negativer**
> **Mundpropaganda**

Okay-Faktoren

Wer über das Mindestziel – die Vermeidung von Unzufriedenheit – hinauswill, muss an den Okay-Faktoren arbeiten. Mit diesen haben Sie, anders als bei den Enttäuschungsfaktoren, zumindest die Chance, den Kunden zufriedenzustellen. Ein schönes Beispiel

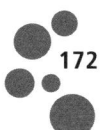

dafür ist die Freundlichkeit. Ist Ihr Elektriker bei der Montage unfreundlicher, als Sie erwarten dürfen (denn schließlich sind Sie der Kunde), werden Sie unzufrieden sein, auch wenn die von ihm montierte Lampe funktioniert. Ist er so freundlich, wie Sie es von einem Handwerker erwarten, werden Sie weder unzufrieden noch begeistert sein. Übertrifft er aber Ihre Freundlichkeitserwartungen deutlich, werden Sie ihn – wenn die Lampe dann immer noch funktioniert und er nicht nur nett mit Ihnen geplaudert hat – wahrscheinlich auch beim nächsten Mal mit einem Auftrag belohnen.

Okay-Faktoren sind, aus der Sicht des Kunden, eine Selbstverständlichkeit. Er wird sie sicherlich nicht an die große Glocke hängen (»Wow, die Lampe funktioniert!«). Und Sie als Anbieter werden ebenso wenig dafür werben (»Die von uns montierten Lampen funktionieren«). Das würde nur albern klingen.

Dennoch müssen Sie die Okay-Faktoren identifizieren und dafür sorgen, dass zumindest das erwartete beziehungsweise als selbstverständlich erachtete Niveau immer erreicht wird. Dazu gehören zum Beispiel termingerechte Lieferungen und vollständige Bestellungen. Dem Kunden kommt es womöglich gar nicht auf den ganzen Service-Schnickschnack an, der bei Ihnen eine Kostenexplosion bewirkt. Für ihn müssen zunächst die Kernleistungen stimmen. Einfach, praktisch und schnell muss es gehen. Und die Mitarbeiter sollen achtsam, aktiv, kompetent und hilfsbereit sein.

> **Okay-Faktoren sind, aus der Sicht des Kunden, eine Selbstverständlichkeit.**

»Freundlich, aber ahnungslos« ist definitiv unzureichend. Ein Mangel an Kompetenz kann durch naive Freundlichkeit keinesfalls kompensiert werden. Wer wirklich Hilfe braucht, will nicht mit einem unbeholfenen Lächeln abgespeist werden. Mich macht so etwas immer ganz wütend. Und wir wissen ja: Wut hat ein sehr mächtiges Negativpotenzial. Bevor wir uns also an die Service-extras machen, müssen zunächst die Basisleistungen stimmen.

> **Ziel bei den Okay-Faktoren:**
> **100 Prozent Erfüllung der Kundenerwartungen**

Begeisterungsfaktoren

Die ergiebigste Kategorie für Kundentreue und massenhaft Emp-fehlungen sind die Begeisterungsfaktoren. Mit ihnen kann man nur gewinnen. Fehlen sie, wird Ihnen das vom Kunden nicht übel genommen. Aber wenn Sie ihm diese Faktoren bieten – und das am besten uner-wartet, ohne Ankündigung –, wird er Sie dafür lieben und der ganzen Welt davon erzählen.

Die ergiebigste Kategorie für Kundentreue und massenhaft Emp-fehlungen sind die Begeisterungs-faktoren.

Wenn also der Elektriker nach Montage und Überprüfung noch höflich fragt, ob Sie im Schein dieser Lampe bevorzugt lesen oder fernsehen wollen, dann eine Empfehlung für eine bestimmte stromsparende Glühbir-ne gibt und diese gleich noch einsetzt, wenn er in Ihrem Wohnzimmer keinerlei unliebsa-me Spuren hinterlässt und Ihnen den kleinen Aufpreis für die Sparlampe mit einem netten Augenzwinkern und einem freundlichen »Gern geschehen« erlässt (da es angesichts des Designerlam-penpreises wirklich keine Rolle spielt) – ja, dann werden Sie wahrscheinlich begeistert sein.

Es sind vor allem jene unerwarteten, netten Kleinigkeiten, die den Gesamteindruck letztendlich prägen. »The big little things«, sagt Managementvordenker Tom Peters dazu. Wir können gar nicht

genug Aufmerksamkeit darauf lenken. Gerade wenn bei Dienstleistungen, wie etwa in der Gastronomie, der Kunde in den Produktionsprozess mit eingebunden wird, merkt er sehr schnell, ob die Mitarbeiter ihren Job liebevoll oder lieblos erbringen. Das habe ich zum Beispiel bei der Schweizer Bundesbahn erst neulich im Restaurant erlebt: »Genießen Sie ruhig Ihr Essen weiter, ich möchte jetzt nicht stören und komme später gern noch mal zum Fahrkartenanschauen vorbei.« So überraschte mich der freundliche Schaffner äußerst positiv. Seitdem ist die SBB für mich topp!

Kunden merken sehr schnell, ob die Mitarbeiter ihren Job liebevoll oder lieblos erbringen.

Es ist die Summe überdurchschnittlich bemerkenswerter, verblüffender, bezaubernder, faszinierender Details, die schließlich den Unterschied macht. Was wir dafür brauchen? Möglichkeitsräume zum Kundenbegeistern und ein innovatives Ideenmanagement. Davon später mehr.

**Ziel bei den Begeisterungsfaktoren:
mindestens 100 Prozent Erfüllung der Erwartungen und immer wieder neue Kicks durch unerwartet Positives. So kommt es zu reichlich Mundpropaganda, und das wie von selbst.**

Kundenbegeisterung: Alles im Griff?

Die Essenz einer solchen Enttäuscht-Okay-Begeistert-Betrachtung lässt sich nun in das Schaubild einarbeiten, das wir von Seite 163 schon kennen. Gibt der Kunde bei der Gesamtbetrachtung eines Touchpoints eine 0 bis 5, dann ist das unter Durchschnitt. Der Kunde ist mehr oder weniger enttäuscht und damit abwanderungsgefährdet. Außerdem ist mit negativer Mundpropaganda zu rechnen, die um so desaströser ausfallen wird, je niedriger die Punktzahl ist. Zwischen 5 und 8 liegt der Okay-Bereich. Hier ist der Kunde zufrieden, weil alles funktioniert – mehr aber auch nicht. Erst oberhalb der Null-Linie, also zwischen 8 und 10, ist der Kunde begeistert. Das bedeutet: Er ist zum Immer-wieder-Kaufen und Weiterempfehlen bereit.

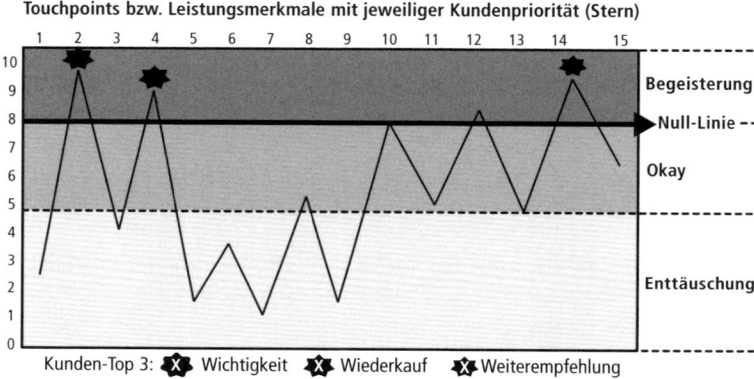

Abb. 16: Entlang der Kundenkontaktpunke (15 in diesem Beispiel) wird erarbeitet, welches Enttäuschungs-, Okay- und Begeisterungspotenzial die einzelnen Angebote im »Moment der Wahrheit« enthalten. Erst oberhalb der Null-Linie entsteht Begeisterung und damit Wiederkauf- und Empfehlungspotenzial. Die Sterne zeigen die drei wichtigsten Kontaktpunkte (Supertouchpoints) aus Kundensicht, in diesem Fall für den Wiederkauf.

»Wir haben 9,6 bei Wiederkauf und Weiterempfehlung, und die brauchen wir auch«, sagt Hotellegende Horst Schulze, »Erfinder« der Ritz Carlton Hotels und heute CEO der West Paces Hotel Group, in einem Interview. »Denn unser Ziel Nummer eins heißt: nie einen Gast verlieren.« Wie er das hinbekommt? »Unsere Hotels werden nicht von Hotelentwicklern ›gebaut‹, sondern vom Gast«, erklärt er.

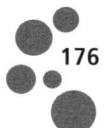

Die Krux mit den Begeisterungsfaktoren ist die folgende: Wenn ein einmal gelernter Level unterboten wird, sind wir enttäuscht. Was heute noch für Überraschungen sorgt, ist morgen schon »basic«, also kaum noch der Rede wert. Da sich die Kunden schnell an das Besondere gewöhnen, werden ihre Erwartungen und damit auch ihre Anforderungen steigen. Deshalb muss ein Unternehmen bestrebt sein, Begeisterung zu »tunen«. Um das zu erreichen, begibt es sich mit dem Kunden gemeinsam in einen stetig ansteigenden, mehr oder weniger steilen Begeisterungskanal. Innerhalb des Kanals werden immer wieder andere, neue Begeisterungsideen geplant und umgesetzt. Unterhalb des Kanals wird es dem Kunden schnell langweilig, darüber wird es dem Unternehmen zu teuer. Sichern Sie deshalb einen permanenten Ideenfluss durch regelmäßige Kreativsitzungen und sorgen Sie für eine virtuose Umsetzung.

Wenn ein einmal gelernter Level unterboten wird, sind wir enttäuscht.

Natürlich kann man auch zu viel des Guten tun. Achten Sie darauf, dass die Mitarbeiter in der Kundenansprache nicht überdrehen. Wirkt etwas irgendwie antrainiert, geht der Schuss nach hinten los. Die richtige Dosierung macht's. Das heißt: Die Mitarbeiter sollten nicht bemüht höflich und aufgesetzt freundlich wirken, sie sollten sich nicht beim Kunden anbiedern und einschleimen und dem Kunden auf keinen Fall etwas aufzwingen. »So fühlt man Absicht, und ist verstimmt«, hat schon, sehr weise, einst Goethe gesagt.

Was aber ist nun die richtige Dosierung? Das kommt auf den Kunden an. Bei denjenigen, die selbst begeisterungsfähig sind, springt der Funke schnell über. Wer hingegen bei seinen Gefühlsausbrüchen asketische Zurückhaltung übt, interpretiert fast jeden Anflug von Begeisterung schon als künstlich. Deshalb sollten wir uns unbedingt an den einzelnen Touchpoints auch einmal beispielhaft mit verschiedenen Kundentypen auseinandersetzen. Dabei sollten insbesondere solche Kontaktpunkte im Fokus stehen, die am ehesten zu einer Übererfüllung der erwarteten Leistung führen und damit Kundenbegeisterung bewirken können.

Denn eines ist sicher: Kundenzufriedenheit und Loyalität korrelieren keinesfalls miteinander. Zufriedenheit löst auch keine Mundpropaganda aus. Wenn zum Beispiel Ihr Hotelzimmer zufriedenstellend sauber ist, würden Sie dann auf digitalen Plattformen jubeln? »Nur« zufriedene Kunden sind sogar eine große Gefahr, denn sie wiegen die Unternehmen in Sicherheit. Sie sind schweigsame Kunden. Sie tadeln nicht, sie loben aber auch nicht. Und genauso still machen sie sich, sobald ein attraktiveres Angebot naht, auf und davon. Sie sind im Grunde immer wechselbereit und werden von den Unternehmen gerne unterschätzt.

In den Extremen steckt das größte Innovationspotenzial.

Bei einer Untersuchung der Forum!-Marktforscher aus Mainz zum Thema Kundenzufriedenheit in einer Baumarktkette kam sogar heraus, dass Baumärkte mit hoher Kundenzufriedenheit rückläufige Umsatzrenditen hatten. Bei Baumärkten mit begeisterten Fankunden hingegen war die Umsatzrendite nach oben geschnellt.

Was gewöhnlich ist, das lässt uns ganz kalt. Deshalb ist intensiv auf den Spitzen und in den Tälern zu suchen. In den Extremen, also in massiver Unzufriedenheit ebenso wie in hehrer Kundenbegeisterung, verbirgt sich das größte Innovationspotenzial.

Zufriedenheit hingegen steckt auf dem Niveau der Null-Linie fest, sie steht für Durchschnitt und Mittelmaß. Doch es ist reine Zeitverschwendung, mittelmäßig zu sein. Wer will heutzutage schon noch Durchschnitt kaufen? Mittelmaß ist austauschbar wie jedes x-beliebige Produkt im Regal. Unternehmen, die nur auf die Zu-

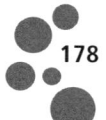

friedenheit ihrer Kunden aus sind, setzen sich eher halbherzig für deren Interessen ein. Diese Egal-Mentalität führt zu Desinteresse, zu Nachlässigkeiten und mangelnder Sorgfalt – und schließlich zum Kundenverlust.

Kundenbegeisterung ist also vonnöten. Doch um den Kunden zu begeistern, werden Sie seine Erwartungen übertreffen müssen. Sonst schlägt die positive Erwartungshaltung schnell in Enttäuschung um. Und das wollen Sie sicher sich selbst wie auch Ihren Kunden ersparen.

Das systematische Aufdecken von Stärken, Schwächen, Chancen und Risiken (SWOT-Analyse) in diesem ersten Schritt hält jede Menge Lernfelder für die Zukunft bereit. Dabei sollte man seinen Kunden so nahe wie möglich sein, denn vom Schreibtisch aus fällt das Kundenbeobachten schwer. Ferner muss die Selbstzentriertheit völlig abgestreift werden. »Wir wissen alles über das verkaufte Auto, aber fast nichts über den, der es fährt«, sagte mir erst kürzlich ein Servicemitarbeiter aus dem Kfz-Handel zum Thema CRM. Dabei hingen dort reichlich Zertifikate an der Wand. Die Krux: In zertifizierte Prozesse haben sich nicht nur die Mitarbeiter, sondern auch die Kunden einzufügen. Und wenn solche Prozesse auf Basis interner Machbarkeiten und nicht vom Kunden her definiert worden sind, dann ist das nicht selten fatal.

Gerade suboptimale Zustände sind oft ergiebige Quellen für Innovationen und neue Geschäftsideen.

Was uns an dieser Stelle trösten mag: Gerade suboptimale Zustände sind oft ergiebige Quellen für Innovationen und neue Geschäftsideen. Gehen wir also weiter zum zweiten Schritt im Kundenkontaktpunkt-Management: zur Entwicklung einer tragfähigen Soll-Strategie.

Schritt 2: Die Soll-Strategie

Nun geht es um das Definieren der angestrebten optimalen Zielsituation und darüber hinaus um das Sondieren passender Vorgehensweisen an *den* Interaktionspunkten, die man für die anvisierten Kundengruppen optimieren will.

Die angestrebte optimale Zielsituation

Erst das Ziel, dann der Weg. Das ist wie bei einem Navigationsgerät: Wenn man sein Ziel nicht eingibt, kann es keine passende Route berechnen. Sie müssen nun also die Ziele für das gesamte Touchpoint-Projekt beziehungsweise für einzelne Touchpoints bestimmen. Das muss ganz individuell passieren. Definieren Sie dabei nicht nur das, was Sie erreichen wollen und in welchen Freiräumen sich das bewegen kann (Dos). Klären Sie zusammen mit Ihren Mitarbeitern auch, was nicht getan werden soll (Don'ts)! Und machen Sie sich Gedanken darüber, was keineswegs passieren darf. Für den Fall der Fälle wären Sie dann schon immer vorbereitet.

Erst das Ziel, dann der Weg.

Jemand Besonderes für manche sein

Im Touchpoint Management wird immer in beide Richtungen geschaut: auf das Positive und das Negative, auf die Spitzen und die Täler. Der Kundenfokus ist hierbei sehr wichtig. Dazu werden Sie im ersten Schritt ganz viele Ideen brauchen – und im zweiten Schritt häufig Nein sagen müssen: Nein zu unpassenden Ideen, und Nein zu unpassenden Vorgehensweisen.

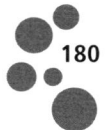

Es klingt vielleicht zunächst seltsam, aber auch Kundenorientierung hat ihre Grenzen: Es geht eben *nicht* darum, dem Kunden alles zu schenken, was dieser sich wünscht, und auch nicht darum, sich erpressen zu lassen, wenn er mit »Liebesentzug« droht. Ebenso wenig sollten Sie klein beigeben, wenn er Sie über den Tisch ziehen will. Auch Kunden müssen Sie also manchmal »bei aller Liebe« Grenzen zeigen.

Auch Kunden-orientierung hat ihre Grenzen.

Insgesamt gilt es, treffsicher zu entscheiden,

O wer Sie sind – und wer nicht,
O was zu Ihnen passt – und was nicht,
O wer zu Ihnen passt – und wer nicht.

Machen Sie sich immer wieder bewusst: Sie wollen nicht alles für jeden, sondern jemand Besonderes für manche sein. Und das, was Sie dann bieten, sollte so perfekt wie möglich sein.

Aber was ist perfekt? Der große Bürgerrechtler Martin Luther King hat das einmal so ausgedrückt: »Wenn jemand den Auftrag erhält, die Straße zu kehren, sollte er sie so kehren, wie Michelangelo gemalt, Beethoven komponiert oder Shakespeare gedichtet hat. Er sollte sie so gut kehren, dass die himmlischen und irdischen Heerscharen stehen bleiben und sagen: Hier lebte ein großer Straßenkehrer, der gute Arbeit geleistet hat.«

Kundensegmentierung neu betrachtet

Nachdem Sie Ihre Zieldefinition erstellt haben, bestimmen Sie nun die Kundengruppen, für die die ausgewählten Touchpoints optimiert werden sollen. Dabei fragen Sie sich zunächst Folgendes: »Welche Kunden wollen wir? Und welche nicht? Wer passt zu wem? Und wer passt gar nicht? Mit wem verdienen wir Geld? Und mit wem nicht?« Oder auch: »Wen wünschen wir den Mitbewerbern viel lieber als uns selbst?« Und schließlich: »Wie können wir uns von denen, die wir nicht mehr wollen, auf elegante Weise trennen?« Planen Sie also einen »Beautiful Exit«, einen netten Abgang, ein. Oft trifft man sich zweimal im Leben. Und wer weiß, ob man unter anderen Umständen nicht später doch wieder Partner sein kann.

Die Zielgruppenanpassung spielt vor allem dann eine Rolle, wenn sich Kunden treffen können oder mischen müssen. Fällt etwa in einem edlen Fünf-Sterne-Businesshotel eine Busladung voller Billigtouristen ein, dann wird dieser Umstand honorige Geschäftsleute zügig vertreiben. Und wenn massenhaft »Proleten« die Automarke X oder die Uhr Y kaufen, dann kommen diese Produkte für manch andere nicht mehr infrage – sofern die sich für etwas Besseres halten. »Wer bestellt das denn sonst noch so?«, fragt man (sich) gerne. »In diese Kneipe musst du gehen, da trifft man coole Leute!«, sagt man auch. Kundengruppen ziehen sich an – oder sie stoßen sich ab.

Kundengruppen ziehen sich an – oder sie stoßen sich ab.

Bis vor Kurzem glaubten Marketer noch, sie suchten sich die Zielgruppen aus, um auf diese dann mit lästigen Werbeattacken und überlautem Geschrei zu zielen. Kunden waren in ihren Augen reine Abnehmer, sie hatten Nummern zu ziehen und brav zu warten, bis sie an der Reihe waren. Dass es mittlerweile eine andere Sicht auf die Konsumenten gibt, scheint noch nicht überall angekommen zu sein. Immer noch fühlen sich Kunden vielen Anbietern »ausgeliefert« – sie »dürfen« dort kaufen oder »müssen« dies und jenes tun. Aber das sollte nicht mehr von Dauer sein, denn dieses Topdowndenken ist deutlich von gestern.

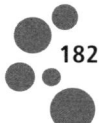

Heute geht es um Anziehungskraft. Die beste Strategie dabei? Für diejenigen Influencer und Opinion-Leader besonders attraktiv zu sein, die sozialen Einfluss auf solche Marktteilnehmer haben, die Sie gern als Kunden hätten. Sie brauchen also auch eine Touchpoint-Strategie für all die Menschen, die Ihnen beim Auslösen von Mundpropaganda und Empfehlungen helfen können.

Netzwerk statt Zielgruppe

Zielgruppen nach klassischem Muster gibt es schon fast nicht mehr. Heute agieren (potenzielle) Kunden – egal ob im B2B oder im B2C – vermehrt in Netzwerken, Communitys und Interessengemeinschaften. Dort werden Kaufentscheidungen maßgeblich beeinflusst. Die Mitglieder berichten ausführlich über Angebote, die sie erhalten haben, oder sie sprechen über Erfahrungen, die sie anderen lieber ersparen wollen. Es wird zu- oder abgeraten und praktisches Wissen geteilt. Diese Netzwerke gilt es in den Fokus zu nehmen – *das* sind die Zielgruppen von morgen. Es gibt zwei Arten von Beziehungsnetzen:

Netzwerke sind die Zielgruppen von morgen.

O Starke Netzwerke: Dort ist die Interaktion zwischen den Teilnehmern hoch und der Zusammenhalt sehr stark. Man trifft sich häufig und kommuniziert laufend miteinander. Es gibt Zeichen der Zugehörigkeit, die sichtbar und mit Stolz getragen werden. Es gibt gemeinsame Aktivitäten und Angleichungseffekte. Ferner gibt es Rituale, die nur die Insider kennen. Der Zugang durch Außenstehende wird an Bedingungen geknüpft oder ist nur über Einladungen möglich.

O Schwache Netzwerke: Die Interaktion ist sporadisch. Es gibt keine oder nur seltene Treffen. Man kommuniziert kaum miteinander. Zusammenhalt und Angleichungseffekte sind schwach. Es gibt keine Zeichen der Zugehörigkeit und keine Rituale. Der Zugang ist schrankenlos offen und frei. Hierdurch ist die Meinungsvielfalt höher, die Breite der Informationen ist größer und immer neue Kontakte sind möglich. Allerdings ist der Aktivitätsgrad insgesamt niedrig.

Im Touchpoint Management interessieren uns die starken Netzwerke, weil unsere Aktivitäten hier Wellen schlagen.

Im Touchpoint Management interessieren uns natürlich besonders die starken Netzwerke, weil unsere Aktivitäten hier Wellen schlagen. Die grafische Darstellung solcher Beziehungsgeflechte kann sehr nützlich sein, um die zunächst unsichtbaren Strukturen erkennbar zu machen. Spezifische Softwareprogramme helfen dabei, die dazugehörigen Datenquellen zu erschließen. Im Business können Xing und Linkedin gute Zuarbeiter sein.

Ich habe auch schon Verkäufer erlebt, die Netzwerklandkarten an der Bürowand erstellten. Dazu haben sie die Namen aller Personen, die eine Rolle spielten, auf Kärtchen geschrieben, diese aufgeklebt und – je nach Intensität der gepflegten Beziehung – durch verschiedenfarbige und unterschiedlich dicke Fäden miteinander verbunden. Auf diese Weise lassen sich starke und schwache Verbindungen (sogenannte »strong ties« und »weak ties«) optisch sichtbar machen und Super-Networker über Knotenpunkte identifizieren.

Neben dem Netzwerkansatz gibt es eine Reihe weiterer Ansätze, wie sich Kundengruppen sinnvoll bündeln und betrachten lassen. Das schärft die Interaktionspunkte und deckt zusätzliche Chancen des Handelns auf. Durchleuchten Sie Ihre Touchpoint-Strategie zum Beispiel doch einmal genderbasiert.

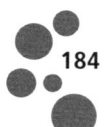

Gendermarketing: Lieber Mann oder Frau?

Bis zu 80 Prozent aller Konsumentscheidungen werden von Frauen getroffen. Diese Zahl ist bekannt und für die meisten Branchen auch relevant. Doch Frauen denken, fühlen, entscheiden und kaufen anders als Männer. Die gute Nachricht dabei: Ihr Treuepotenzial, ihr Mundpropagandaverhalten und ihre Empfehlungsbereitschaft sind besonders hoch, wenn man das richtig angeht. Fast jede Frau ist quasi ein personifiziertes Schneeballsystem.

Eine persönliche Empfehlung ist für 88 Prozent der weiblichen Konsumenten die wichtigste Informationsquelle für eine Kaufentscheidung. Das ergab eine Umfrage der Empfehlungsplattform Konsumgöttinnen, an der im Jahr 2009 2400 Frauen teilnahmen. Eine Untersuchung der Erasmus-Universität in den Niederlanden ergab, dass Männer eher einem Unternehmen und seinen Marken die Treue halten, während für Frauen die Beziehung zu einem Ansprechpartner vorrangig ist.

Eine persönliche Empfehlung ist für 88 Prozent der weiblichen Konsumenten die wichtigste Informationsquelle für eine Kaufentscheidung.

Außerdem interessieren sich Frauen für das Urteil anderer stärker als Männer – und sie folgen gutgemeinten Hinweisen bereitwilliger. Sie lassen sich allerdings auch eher von der Skepsis anderer anstecken. Denn sie sind evolutionsgeschichtlich betrachtet entscheidungsunfreudiger – und auch weniger risikobereit.

Haben Sie solches Wissen schon konsequent in Ihr Kundenmanagement eingebaut? Gibt es genderspezifisch bei Ihnen

○ zwei verschieden strukturierte Verkaufsgespräche?
○ zwei verschiedene Vorgehensweisen am Telefon?
○ zwei verschiedenartige Produktbeschreibungen?

○ zwei unterschiedliche Formen von Reklamationsbearbeitung?
○ zwei verschiedene Formen der Mundpropaganda-Stimulation?

Und außerdem:

○ Begrüßen Sie Männer und Frauen verschieden?
○ Bedienen oder beraten Sie Männer und Frauen verschieden?
○ Verkaufen Sie an Männer und Frauen verschieden?
○ Wie nutzen Sie das geschlechterspezifische Treueverhalten?
○ Wie nutzen Sie das geschlechterspezifische Empfehlungs-
  verhalten?

Und schließlich:

○ Was wissen Sie aus der Hirnforschung über die Unterschiede
  zwischen männlichen und weiblichen Kunden? Und wie setzen
  Sie diese Erkenntnisse um?
○ Befragen und beteiligen Sie ganz speziell Frauen, um zu erfahren, wie Frauen ticken? Und warum sie kaufen – oder auch
  nicht?
○ Haben Sie Ihre Kundendaten geschlechterspezifisch analysiert?
  Welche Muster sind zu erkennen? Und was lässt sich daraus
  lernen?
○ Sind Ihre Produkte, wenn Sie vor allem an Frauen verkaufen,
  auf Frauenwünsche und Frauenhände ausgerichtet? Woher
  wissen Sie das?
○ Wie berücksichtigen Sie weibliches Sozialverhalten? Und haben
  Sie Ihre männlichen Verkäufer auf weibliche Kommunikations-
  muster trainiert?

Intuitiv haben Sie sicher das eine oder andere schon richtig und
gut gemacht. Um dies nun vom Zufall zu befreien, heißt es, sich
an jedem einzelnen Touchpoint mit den unterschiedlichen Verhal-
tensweisen der beiden Geschlechter intensiv und systematisch aus-
einanderzusetzen – und passende Maßnahmen daraus abzuleiten.
Dabei geht es oft um Nuancen.

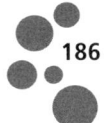

Es sind erwiesenermaßen gerade die kleinen Dinge, die bei Frauen eine überragende Rolle spielen. Frauen sind im Allgemeinen auch anspruchsvoller – und viel leichter zu enttäuschen. Sie sehen einfach mehr Details. Für sie muss vor allem auch die Beziehung stimmen. Frauen »kaufen« erst den Menschen und dann die Sache.

Frauen »kaufen« erst den Menschen und dann die Sache.

Mit einer Reihe von Kunden habe ich spannende Workshops zum Thema Frauen in Management und Marketing gemacht. Ich erinnere mich gerne an das verblüffte Staunen der Männer-Manager über das, was in Frauenhirnen wirklich so pocht. Ganz wild wird's dann, wenn männliche Hirne glauben, zu verstehen, wie ein Frauenhirn tickt. »Pink it and shrink it« (mach es pink und kleiner) ist eine gern genommene Nullnummer unter Entwicklern. Gerade wenn Männer an Frauen verkaufen, gehen sie viel zu sehr von sich selber aus. Oder sie stellen ihre eigene Sichtweise in den Vordergrund. Und sie bedienen die *blödesten* Klischees dabei: chauvinistisch, erniedrigend, gönnerhaft.

So versucht die Werbung auch heute noch, weibliche Zielgruppen mit längst überholten Frauenbildern anzusprechen. Darüber hinaus hat sich ein Format entwickelt, bei dem scheinbar moderne, selbstbewusste Frauen durch ihr Verhalten Männer auflaufen und trottelig aussehen lassen. Ja, da ist es wieder, das männereigene Hierarchiedilemma. Und es ist voll daneben, denn Frauen mögen nun mal keine Trottel. »Jeder Produktvorteil muss in eine emotionale Geschichte eingebettet sein. Sonst werden die Frauen immer das Gefühl haben, dass man sich nicht ernsthaft um sie bemüht.« Zu diesem Schluss kommt Ines Imdahl, Geschäftsführerin des Rheingold Salons, nachdem sie monatelang Anzeigen, Werbefilme und Plakate studiert und 200 Frauen zu Tiefeninterviews auf die Couch gebeten hat.

Dem deutschen E-Commerce entgehen jährlich geschätzte 2,3 Milliarden Euro Umsatz alleine dadurch, dass die weibliche Kundschaft digital mangelhaft angesprochen wird. Statt der im Versandhandel üblichen 71 Prozent tragen Frauen im puren Onlinehandelssegment nur magere 46 Prozent zum Gesamtumsatz bei. Das geht aus einer 2010 erschienenen Untersuchung des BVH (Bundesverband des Deutschen Versandhandels) hervor. »E-Commerce ist Männersache. Vom Konzept bis zum System machen die Jungs das, was sie für toll und richtig halten. Die Bedürfnisse der Frauen werden weitgehend ausgeblendet, um nicht zu sagen: sträflich missachtet«, klagt Jochen Krisch in seinem Blog »Exciting Commerce«.

Ich könnte ein ganzes Buch darüber schreiben, was man alles wie verändern und besser machen kann und muss, um Frauen nicht nur zu erreichen, sondern auch zu berühren, zu betören und so ihre zerebralen Kaufstrukturen auf Ja zu polen. Einige wenige Bücher über dieses spannende Thema gibt es schon. Eines davon möchte ich Ihnen besonders empfehlen: Es ist von den Autorinnen Diana Jaffé und Saskia Riedel und heißt »Werbung für Adam und Eva«.

Übrigens: Wenn Sie Ihr (Social-Media-)Marketing besonders auf die Zielgruppe Frauen ausrichten wollen, dann schauen Sie mal bei den besagten Konsumgöttinnen oder in der Erdbeerlounge vorbei.

Saboteure oder Promotoren?

Wir wissen inzwischen, wie wichtig hohe Kundenloyalität und ausgeprägte Empfehlungsbereitschaft für dauerhafte Geschäftsbeziehungen sind. Haben Sie demzufolge schon einmal eine Zielgruppenauswahl nach Loyalitätskriterien vorgenommen? Dabei werden Kunden entsprechend ihrem Treueverhalten geclustert und anschließend stimmt man

Haben Sie schon einmal eine Zielgruppenauswahl nach Loyalitätskriterien vorgenommen?

einzelne Touchpoints entsprechend darauf ab. Mögliche Kunden-typen wären zum Beispiel:

○ Saboteure
○ Illoyale Kunden
○ Bedingt loyale Kunden
○ Total loyale Kunden
○ Fan-Kunden, Multiplikatoren, Empfehler

Analysieren Sie zum Beispiel einmal genau, wie Sie an Ihre total loyalen Kunden, Fans und aktiven Empfehler gekommen sind, was sie auszeichnet und wie sie sich an den ein-zelnen Touchpoints verhalten. Welche Muster sind zu erkennen? Und welche Muster lassen sich re-produzieren? So können Profile und Prozesse erstellt werden, mit deren Hilfe man syste-matisch auf die Suche nach neuen loyalen Kunden, Fans und Multiplikatoren gehen kann. So lernt man auch, solche Kunden zu meiden, bei denen alle Loyalisierungs-bemühungen zwecklos sind. Loyalität lässt sich nun mal nicht bei allen und jedem er-reichen – und schon gar nicht auf die gleiche Weise. Viel mehr habe ich dazu in meinem Buch »Kunden auf der Flucht?« gesagt (siehe Literatur).

> **Loyalität lässt sich nun mal nicht bei allen und jedem erreichen – und schon gar nicht auf die gleiche Weise.**

Erwartungen übertreffen!

Zwar sind die Kunden alle verschieden, doch Kauf, Wiederkauf und Weiterempfehlen entspringen letztlich einem einfachen Kalkül: dem Abwägen zwischen Erwartung und erhaltener Leistung. Wenn dann der Kunde den Abgleich macht, sollte die Waagschale mit den positiven Eindrücken so schwer wie möglich sein. Nur solange ein Beziehungskonto im Plus ist, können wir Fehler verzeihen.

Erwartungen speisen sich aus eigenen inneren Bildern.

Der Erwartungstopf speist sich aus dem, was Sie über sich und andere über Sie sagen. Einen gewissen Einfluss hat natürlich auch die Bestform der Mitbewerber. Vor allem aber speisen sich Erwartungen aus eigenen inneren Bildern. Diese mentalen Landkarten wurden durch die Summe unserer Erfahrungen aufgebaut. Erfahrungen sind die wertvollste Form von Wissen. Und Erinnerungen sind emotional markierte Erfahrungen. Sie werden ständig bearbeitet und neu bewertet. Dabei füllt das Gehirn Lücken mit passendem Material. So kommt es, dass Erinnerungen verschieden sind, selbst wenn zwei das Gleiche erlebt haben. »Je emotionaler ein Reiz, desto besser wird er im Gehirn verknüpft und bleibt uns bestenfalls ein Leben lang haften«, sagt der Neurologe Christian Elger. All das passiert übrigens völlig unbewusst.

»Unbewusstes Wissen«, so Elger weiter, »ist auch schneller verfügbar als bewusste Überlegungen und stellt deshalb die Weichen, bevor wir es merken.« Das bedeutet: Das Unbewusste steuert das Bewusste – und nicht umgekehrt. Dies wurde bei einem Experiment bewiesen, bei dem Männer Bilder von Frauen anschauen durften. Dabei wurde ihnen der Puls gemessen. Teilte man ihnen nun mit, dass bei einem bestimmten Bild ihr Puls höher schlug, obwohl das gar nicht der Fall war, fanden die Männer die Frau auf diesem Bild attraktiver.

Angenehme Überraschungen mögen Menschen besonders gern. Unser Hirn will das Happy End. Der maßgebliche Treiber hierbei ist Dopamin, ein Glücksbotenstoff aus dem zerebralen Belohnungssystem, das Ja-Sager- und Kauflust-Hormon. Wenn uns Dopamin durch die Gefäße rauscht, erzeugt das eine vibrierende Erwartungshaltung und unbändiges Verlangen. Energiereserven werden mobilisiert, das Objekt der Begierde *muss* unser Eigen werden. So tun Menschen am liebsten das, wofür eine Belohnung in Aussicht steht. Gleichzeitig werden zerebrale Kontrollmechanismen

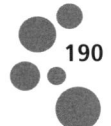

heruntergefahren. Die Unvernunft siegt und lässt selbst sinnlose Lustkäufe zu. Das kennen wir alle aus dem Urlaub. »Es hat mich so angelacht«, sagen wir dann zu unserer Rechtfertigung. Bei der Auswahl und im Kaufprozess hat demnach *das* Produkt die Nase vorn, dessen neuronales Feuerwerk uns das größte emotionale Wohlgefühl verspricht.

Wissenschaftlich korrekt haben wir es sogar mit zwei Belohnungssystemen zu tun: zum einen mit dem Belohnungserwartungssystem, das uns motiviert, eine in Aussicht stehende Belohnung zu erstreben, zum anderen mit dem eigentlichen Belohnungssystem, das uns nach erfolgreicher Tat mit Glücksgefühlen versorgt. Beide Teilsysteme sind von Natur aus auf Steigerung angelegt. Und sie wollen Belohnungen möglichst sofort. Unserem Hirn fällt das Warten so schwer. Was das nun für unsere Arbeit heißt? Es geht darum, an den Kontaktpunkten einerseits Vorfreude und andererseits Nachfreude zu erzeugen. Eine schöne Aufgabe, sich einmal darüber Gedanken zu machen, wie man diese beiden Freuden durch kleine, flotte Glücksverstärker nährt!

Es geht darum, an den Kontaktpunkten einerseits Vorfreude und andererseits Nachfreude zu erzeugen.

Versprochen ist versprochen

Lassen sich die vollmundigen Zusagen Ihrer Vertriebsmitarbeiter auch tatsächlich erfüllen? Können Sie jeden Tag und bei jedem Kunden garantieren, dass Ihre Leistungsversprechen eingehalten werden? Sind sie »einbeschwerbar«? Sind Sie für den Kunden eine Garantie, auf die er sich verlassen darf? Oder ist für Sie eine Aussage dem Kunden gegenüber eben nur ein bisschen Werbung – und der Käufer wird ja wohl so aufgeklärt sein, dass er zwischen Werbung und Wirklichkeit unterscheiden kann? Minderleistungen können schon lange nicht mehr mit Werbung einfach so glattgebügelt werden. Und Vorurteile lassen sich nicht durch Süßholz raspeln besiegen, sondern nur durch positive Erfahrungen.

Wenn ein Anbieter seine Versprechen bricht, ist es aus mit der Kundentreue. Und nicht nur das Einhalten, sondern vor allem das Quäntchen Übererfüllung sorgt dafür, dass die Kunden begeistert, vielleicht sogar überwältigt sind. »Begeisterung entsteht bei mir«, so hat das der Teilnehmer einer Finanz-Community einmal ausgedrückt, »wenn jemand deutlich mehr leistet, als ich erwartet habe. Das passiert aber nur selten. Und wenn, dann sind es die Mitarbeiter, sehr selten das Unternehmen selbst. Wenn die Mitarbeiter begeistern, dann deshalb, weil sie sich aus dem starren Regelkorsett befreien und freie Entscheidungen treffen, um schnell und unbürokratisch Lösungen zu finden.«

Wenn ein Anbieter seine Versprechen bricht, ist es aus mit der Kundentreue.

Dabei sind auf Kundenseite die Erwartungen ebenso wie die Wahrnehmung und Bewertung des Erhaltenen immer subjektiv gefärbt. Das hat mit dem eigenen Anspruchsniveau zu tun. Darüber hinaus zählt auch das, was üblicherweise zu erwarten ist. Bei einem Zwei-Sterne-Budget-Hotel drückt man schon mal ein Auge zu. Eine niedrige Erwartungshaltung ist dort leicht zu übertreffen. In einem Fünf-Sterne-Luxus-Resort hingegen muss alles wie am Schnürchen klappen, da kennen die Gäste kein Pardon.

Bei einer Serviceleistung ist außerdem noch Folgendes zu bedenken: Der Kunde ist Teil der erbrachten Leistung. Kooperiert er, dann wirkt sich das auf die Ergebnisse positiv aus. Stellt er sich quer, dann kann es für alle Beteiligten mühevoll sein. Ärzte nennen das Compliance. Macht der Patient vertrauensvoll-wohlwollend mit, unterstützt das den Behandlungserfolg. Sogar die Selbstheilungskräfte kommen in Gang. Und wie bekommt man nun die

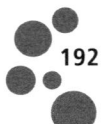

Compliance der Kunden? Da gibt es einen einfachen Trick – die berühmten fünf magischen Worte. Sie heißen: danke, bitte, gerne, klasse, prima gemacht. Im Arbeitsalltag werden sie nur leider sehr oft vergessen.

Dabei wären sie bestens angelegt. Auch die Tageslaune des Kunden spielt ja eine Rolle. Unser Gehirn ist sehr empfänglich für emotionale Streicheleinheiten. Wem es gut geht, der trägt eine rosarote Brille, ist hoffnungsvoll gestimmt und sieht sich nur die Schokoladenseiten an. Ihm sitzt die Geldbörse locker und er ist großmütig bei kleinen Fehlern: Kann mal passieren, ist kein Beinbruch, alles halb so wild.

> **Die berühmten fünf magischen Worte: danke, bitte, gerne, klasse, prima gemacht.**

Hat der gleiche Kunde hingegen einen rabenschwarzen Tag, dann kommt bei aller Anstrengung niemand gut weg. Dann kommt jedes Lachen gequält. Dann will so gar nichts gelingen. Dann kann man beim besten Willen das Gute einfach nicht sehen. Bei trüber Verfassung ist unser Hirn in der Lage, sich das Schlimmste auszumalen. Und es igelt sich ein. In einer derart verschlossenen Stimmung bleibt dann auch die Geldbörse zu.

Menschenversteher gefragt

Kundenversteher können nicht nur erspüren, wie es anderen geht, sie achten auch auf ein positives Beziehungskonto. »Sei freundlich, denn jeder, den du triffst, kämpft einen großen Kampf.« Ein weiser Rat von Platon, dem großen griechischen Menschenfreund.

Indes färben unsere Gedanken unsere Grundstimmung sehr. Im Gehirn entstehen dabei dauerhafte Nervenbahnen, vergleichbar mit einem Weg, der routinemäßig begangen wird. Aus einem Trampelpfad negativer Gedanken wird so im Laufe der Zeit eine

Unser Hirn bevorzugt die ausgetretenen Pfade.

Autobahn voll pessimistischer Gefühle. Und wer viel Positives denkt, bahnt sich selbst den Weg zu Optimismus und Wohlergehen. Unser Hirn bevorzugt die ausgetretenen Pfade. Es ist eine lebenslange Baustelle und wird so, wie man es benutzt. Das nennt man auch Plastizität. Dabei sind kognitive Veränderungen jederzeit möglich, emotionale hingegen nur bei vielen Wiederholungen. Achten Sie also darauf, mit welchen Gedanken Sie und Ihre Leute sich ihre Oberstübchen konditionieren.

Vor allem aber: Achten Sie darauf, dass Ihre Unternehmenskultur eine lachende ist. Positive Gefühle springen besonders leicht auf andere über. Studien zeigten, dass glückliche Menschen uns um 9 Prozent glücklicher machen, während unglückliche Menschen uns nur um 7 Prozent unglücklicher machen. So sollten Mitarbeiter Kunden-Glücklichmacher sein und den Funken der Begeisterung hüpfen lassen. Wo die Stimmung stimmt, da stimmen am Ende auch die Ergebnisse.

Also dann: Reißt das, was Sie tun, den Kunden vom Stuhl? Begeistert ist, wer seine Erwartungen übertroffen sieht. Unser Hirn vergleicht immer. Ohne Bezugspunkt kann es kein Urteil fällen. Es braucht das Böse, um das Gute sehen zu können. So ist auch begeistert, wer mehr bekommen hat als andere. Dabei ist den meisten Menschen ihr relativer Status wichtiger als ihr absoluter. »Sie bekommen mehr als XY« – damit ködert man einen Kunden sofort. Wer hingegen weniger als andere erhält, ärgert sich sehr. Bei dieser Rechnung werden immer sowohl die faktischen als auch die emotionalen Werte eines Angebots addiert. Beides zusammen bestimmt dann den Preis, den man zu zahlen bereit ist. Fehlen faktische oder emotionale Alleinstellungsmerkmale, dann muss der Preis als solcher begeistern. Dann macht der Preis den einzigen Unterschied. Er ist in diesem Fall unser emotionales Ersatzprogramm. Man spricht ja auch gerne vom »Trostpreis«.

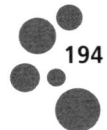

Wenn es den Anbietern hingegen gelingt, den Verlustschmerz, den das Geldhergeben uns bereitet, auf angenehme Weise zu lindern, dann kommen sie gut ins Geschäft. Im Schatten der Begeisterung verblasst der Preis. Für köstliche Gefühle sind Menschen sogar bereit, richtig tief in die Tasche zu greifen. Die Krux dabei ist: Die faktischen (Wieder-)Kaufgründe teilt uns der Kunden gerne mit, wenn wir ihm entsprechende Fragen stellen. Über seine emotionalen Motive hingegen schweigt er sich lieber aus. Menschen wollen emotional zwar berührt werden, gefühlsmäßig entlarvt werden wollen sie jedoch nicht. Man muss schon Menschenversteher sein, um all das erkennen zu können.

Jedes Detail zählt

Haben Sie es inzwischen bemerkt? Das Begeistern an den Kundenberührungspunkten ist ganz schön granular: feinkörnig und kleinteilig. Auf jedes Detail kommt es an. Und was im Einzelnen begeistert, das liegt im Auge des Betrachters. Selbst die so viel beschworene Qualität unterliegt dem subjektiven Urteil des Kunden. Qualität ist nicht das, was ein Anbieter definiert (und zertifizieren lässt), sondern das, was die Kunden erwarten. Jeder sieht das anders – und keiner sieht das wie Sie! So können Qualitätsstandards, die Ihnen adäquat erscheinen, für einzelne Kunden völlig inakzeptabel sein. Und ein winziger Fehler zur falschen Zeit kann den Gesamteindruck für immer zerstören..

Qualität ist nicht das, was ein Anbieter definiert, sondern das, was die Kunden erwarten.

Neulich fand für eine ausgewählte Gruppe von Eventmanagern eine sehr schöne Nachhaltigkeitstour ins Allgäu statt, zu der ich ebenfalls eingeladen war. Eventmanager sind wichtige Multiplikatoren und die Organisatoren von Bayern Tourismus haben sich rührend um alles gekümmert. Im ersten Hotel ging's besonders großzügig zu: Champagnerempfang, Fünf-Gänge-Menü, Luxuszimmer. Am nächsten Tag bemerkte eine Teilnehmerin zu spät, dass sie ihr Handy im Zimmer vergessen hatte. Und der Bus konnte nicht umkehren. Also rief sie mit einem geliehenen Gerät bei der Rezeption an. Ja, hieß es kurze Zeit später, das Handy sei gefunden worden. Man würde es ihr gerne per Nachnahme schicken – oder die Dame solle 3 Euro fürs Porto überweisen. Von dieser Kleinkariertheit war im Hotel selbst nach einem nochmaligen Bittanruf niemand abzubringen: Die Vorschriften – das müsse man doch verstehen! So zerstörte ein lächerliches Detail den wunderbaren Gesamteindruck.

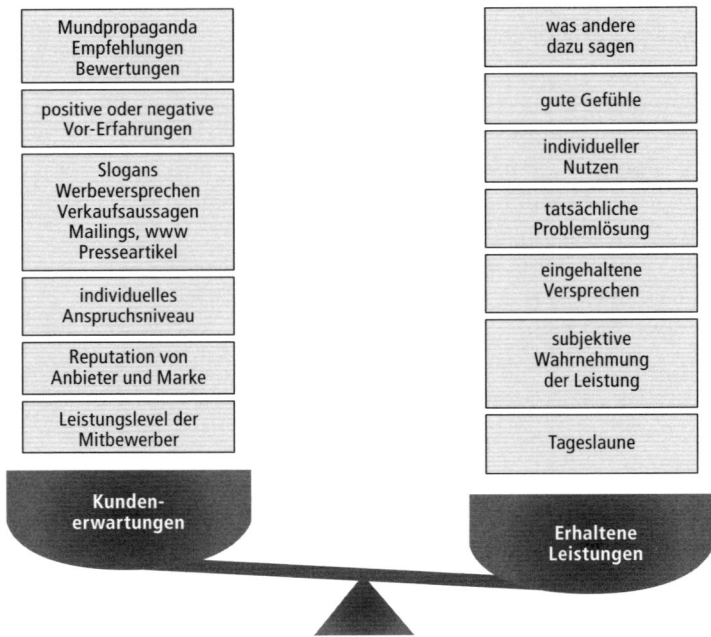

Abb. 17: Woraus sich Kundenerwartungen speisen und was für die Einschätzung erhaltener Leistungen maßgeblich ist. Die Waagschale mit den erhaltenen Leistungen sollte schwerer sein.

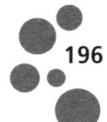

Es gibt übrigens noch etwas, das einen positiven Ersteindruck schnell ins Wanken bringt: die Meinung derer, die uns wichtig sind. Entscheidungen sind sehr verletzlich. Was andere zu einer neuen Errungenschaft sagen, kann einem ganz schön die Stimmung vermiesen. Und plötzlich gefällt einem die Sache dann selber auch nicht mehr. Andersherum kann ein ermunternder Zuspruch unsere letzten Zweifel im Nu in Luft auflösen. Im Touchpoint Management geht es also auch darum, die Meinung derer, die sich im Umfeld eines Entscheiders bewegen, positiv zu stimmen.

> **Was andere zu einer neuen Errungenschaft sagen, kann einem ganz schön die Stimmung vermiesen.**

Wie man passende(re) Vorgehensweisen findet

Nun geht es darum, das optimale Soll für die zu bearbeitenden Touchpoints zu bestimmen. Letztendlich ist nicht die Überlegung »Wie organisieren wir uns?« entscheidend, sondern vor allem diese überlebenswichtige Frage: »Wie geht es den Kunden mit uns, und wie soll das in Zukunft noch besser werden?«

Um das herauszufinden, bieten sich zum Beispiel folgende Fragen an:

- Welche Produkt- und Servicequalität wollen wir welchen Kunden an welchen Kontaktpunkten zukünftig bieten?
- Mit welchen Ressourcen wollen wir diese Servicelevels erreichen? Auf welche Weise? Und mit welchen Prioritäten?
- Welche verschiedenen Handlungsszenarien gibt es dabei?
- Soll die Zahl der Kontaktpunkte vergrößert werden? Oder verkleinert? Und mit welchen Prioritäten?
- Wie sieht ein optimaler Online-Offline-Touchpoint-Mix aus?
- Was können wir an welchen Touchpoints tun, um in Zukunft mehr Wunschkunden zu gewinnen?

○ Was können wir an welchen Touchpoints tun, um in Zukunft weniger Wunschkunden zu verlieren?
○ An welchen Touchpoints kann am ehesten Fanpotenzial entwickelt werden? Und wie?
○ Wie sollen insbesondere die Schlüsselkontaktpunkte mundpropagandakonform optimiert und ausgebaut werden?
○ An welchen Touchpoints kann am ehesten Empfehlungspotenzial entwickelt werden? Und wie?

Damit es sich bei all dem nicht nur um Einschätzungen handelt, sollten auch in dieser Phase die Kunden einbezogen werden. Sie votieren, priorisieren, kommentieren, ergänzen, geben Anregungen, Hinweise und Tipps. Sie berichten darüber, was sie denken und warum sie was tun. Und sie erzählen von ihren Idealvorstellungen.

Konkret heißt das: Ausgewählte Kunden machen bei diesem Prozess mit. Man kann sie auch mündlich oder schriftlich befragen oder sie von abschreckenden beziehungsweise wundervollen Erlebnissen berichten lassen. Eine weitere Möglichkeit ist die, bereits existierende Kommentare aus Zufriedenheitsbefragungen zu Rate zu ziehen oder sich mit Beschwerdefällen aus der Vergangenheit zu beschäftigen. Oder man durchforstet das Web auf der Suche nach Meinungen, Beispielen und Kommentaren – durchaus auch bei der Konkurrenz.

Klassische Kundenbefragungen? Blödsinn!

Gleich die frohe Botschaft vorweg: Vergessen Sie groß angelegte, jährlich stattfindende repräsentative Kundenzufriedenheitsmessungen. Die sind nicht nur teuer, sondern im Customer Touchpoint Management auch ziemlich wertlos. Sie sind vergangenheitsorientiert, mühsam und träge. Wir wollen aber nach vorne blicken, leicht und schnell agieren. Und wir wollen begeisterte Kunden, nicht nur Zufriedenheit. Mehr noch: In den üblicherweise umfang-

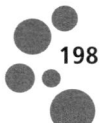

reichen Fragebögen werden meist nur solche Punkte abgeklopft, die für die Geschäftsleitung von Interesse sind und statistische Vergleichswerte liefern. Die Kunden finden aber womöglich ganz andere Aspekte wichtig – und Statisten in Statistiken wollen sie auch nicht sein.

Was die ganze Sache noch unhaltbarer macht: Oft werden gute Kundenbewertungsergebnisse auch noch incentiviert, das heißt, es gibt Geld dafür. Die Resultate kann man sich vorstellen: Die Mitarbeiter konzentrieren sich nur noch auf das, was ihnen dicke Prämien und erste Plätze im Ranking bringt. Alles andere rückt in den Hintergrund. Im schlimmsten Fall werden die Kunden geradezu flehentlich angebettelt, nur ja gute Noten zu geben. Oder man bietet ihnen geldwerte Vorteile an. So etwas ist unlauter – und entwürdigend für beide Seiten. Das Ende vom Lied? Das sollten Manager eigentlich wissen: KPIs (Key Performance Indicators), die sich aus »Vergangenheitsmaterial« speisen, sind nicht selten Irrlichter, von denen sich die, die im Elfenbeinturm sitzen, in den Sumpf statt in die Zukunft leiten lassen.

Repräsentativität wird durch eine klassische Kundenbefragung auch nicht erreicht, weil man auf diese Weise nur nichtssagende Durchschnittswerte erhält. Konzentrieren wir uns lieber auf die Ausreißer. Gerade von ihnen erfährt man die nützlichsten Dinge – von dem, was absolut einwandfrei funktioniert, bis zu den Problemfeldern, die dringend zu bearbeiten sind. Befragen Sie dazu vor allem loyale Fans, profitable Kunden, aktive Empfehler, frustrierte Reklamierer, wütende Abwanderer, hartnäckige Saboteure. Und befragen Sie unbedingt auch mal Nichtkunden.

Kunden wollen keine Statisten in Statistiken sein – und auch keine Datenpakete.

Jedenfalls: Werfen Sie endlich Ihre Ankreuzfragebögen in den Müll. Unternehmen sollten ihre Kunden nicht zu simplen Kreuzchenmachern degradieren. Was bringt es Ihnen, wenn der Befragte überall ein »gut« angekreuzt hat? Oder ein »mangelhaft«? Sicherlich, Sie haben zwar einen Status, doch Sie können nur erraten, was unbedingt besser gemacht werden muss. Und Sie können nur hoffen, dass Sie damit richtig liegen. Wenn Menschen hingegen ohne Vorgaben ihre eigenen Worte wählen, anstatt nur Vorgekautes abzuhaken, kommt viel Wertvolleres dabei heraus.

Allerdings sollte man sich dessen bewusst sein, dass Menschen nicht immer wissen, was sie wollen, dass sie aber immer vor sich selbst gut dastehen mögen und im Einzelfall auch aus reiner Berechnung falsche Angaben machen. Manchmal sagen wir die merkwürdigsten Dinge auch nur, um vor anderen gut auszusehen. Oft ist es sogar so, dass wir gar keinen Zugang zu unseren wahren Motiven haben, da sie tief im Unterbewussten wabern – und sie tarnen sich manchmal recht gut.

So wurde im Rahmen einer großangelegten Befragung zum Thema Uhrenkauf unter anderem folgende Aussage zum Ankreuzen angeboten: »Das Wichtigste ist doch, dass eine Uhr die genaue Zeit anzeigt.« 74 Prozent der Befragten antworteten darauf mit Ja. Alles klar? Schauen Sie nun einmal auf das Handgelenk Ihrer Mitmenschen und schätzen Sie den Wert der Uhr, die Sie dort sehen. 74 Prozent müssten Uhren tragen, die weniger als 10 Euro kosten. Uhren, die die Zeit korrekt anzeigen, kann man schon für diese Summe erstehen. Würden wir rein rationale Entscheidungen treffen, dann hätten teure Uhren kaum eine Existenzberechtigung. Doch wir wissen bereits: Emotio schlägt Ratio. Das ist die erste Erkenntnis. Und die zweite?

Emotio schlägt Ratio. Gefühle haben in unserem Hirn immer Vorfahrt.

Schlechte Fragen führen zu falschen Antworten, zu widersinnigen Erkenntnissen und schließlich zu dummen Entscheidungen. Wir müssen also klüger fragen!

Kluge Fragen an die Kunden stellen – und für kluge Antworten danken

Sie wollen ganz schnell erfolgreicher werden? Dann nehmen Sie sich jede Woche einen Touchpoint vor. Für diesen machen Sie eine schriftliche Kundenbefragung: vor Ort, per Mail, auf Facebook & Co. Definieren Sie den Kundenkreis, den Sie befragen wollen. Diesem stellen Sie nur eine einzige Frage. Und die geht so:

> **Unsere Kunden sind es, die uns am ehesten helfen können, immer noch ein wenig besser zu werden. Deshalb haben wir heute eine Frage an Sie:**
>
> **Wenn es eine Sache gibt, die wir in Zukunft noch ein wenig besser machen können, was wäre da *das Wichtigste* für Sie?**

Stellen Sie sich vor, Ihr Banker, Ihr Mobilfunkprovider, Ihr Fitnessstudio oder sonst wer würde das fragen. Hätten Sie eine Antwort parat?

Jedem Hotel, das ich besuche, könnte ich ein, zwei, drei schöne kleine Verbesserungsgeschenke machen. Wenn man mich doch nur mal fragen würde! Aber nein, ich soll Fragebögen ausfüllen, die alle auch noch gleich aussehen – weil einer vom anderen abgeschrieben hat. Wie deprimierend!

Einer Apotheke würde ich zum Beispiel Folgendes sagen: Schafft eine Stelle im Verkaufsraum, an der ich, ohne dass andere lange Ohren machen, bei Bedarf mit euch reden kann. Nicht jeder Hintermann in der Warteschlange soll wissen, welches Wehwehchen mich gerade plagt. Und nicht bei jedem Vordermann möchte ich mithören müssen, wie es in seinem Körper spukt. Weil das sicher nicht nur mir so geht, wandern viele gerade bei peinlichen Themen ins Internet ab, um ihre Medikamente online zu kaufen.

Übrigens präferiere ich schriftliche Befragungen. Face-to-Face hat in der Kommunikation zwar den obersten Stellenwert, doch bisweilen kann das auch heikel sein. Auf Papier neigen die Leute dazu, ehrlicher zu antworten und sich auch überlegter auszudrücken. Sie kennen das: Nicht jedem mag man alles aufs Geratewohl ins Gesicht sagen.

Sie wollen es telefonisch versuchen? Ja, das geht! Laden Sie dazu Ihre Innendienstmitarbeiter ein, sich Gedanken über das entsprechende Vorgehen zu machen. Das könnte etwa so aussehen: War der übliche Gesprächsverlauf gut und ist der Kunde nicht im Stress, dann beginnt man gegen Ende eines Telefonats einen Satz mit »Ach übrigens …« Anschließend kommt *eine* spezifische Frage. Ja, nur eine. Und dann hören Sie interessiert und wohlwollend zu.

Hier eine kleine Auswahl von Formulierungen, die je nach Branche und Situation in Betracht kommen können:

○ Wie haben Sie zuallererst von unserem Angebot erfahren?
○ Was hat Sie bei Ihrer Entscheidung am stärksten beeinflusst?
○ Wo haben Sie früher gekauft und weshalb sind Sie dort weggegangen?
○ Wo kaufen Sie die gleiche Leistung außerdem?
○ Was würden Sie bei uns schnellstens verändern / verbessern?
○ Worauf möchten Sie bei uns am wenigsten verzichten?
○ Was kommt Ihnen bei uns völlig überflüssig vor?
○ Welche Leistung, *für die Sie bereit wären, zu zahlen,* sollten wir unbedingt noch anbieten?
○ Nehmen Sie an, Sie wären unser Gewissen, was würden Sie uns sagen?

Wer solche Fragen stellt, muss darauf achten, dass sich anschließend auch etwas tut. Wenn Kunden für Sie aktiv werden, dann wollen sie nachher sehen, dass ihre Anregungen und Einschätzungen etwas bewirken. Geben Sie den Kunden, die ihre Zeit für Sie

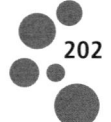

investieren, ihr Hirn bemühen und Ihnen geldwerte Impulse geben, unbedingt eine Rückmeldung dafür:

○ Bedanken Sie sich bei den Kunden, die Sie lobten und Ihnen gute Bewertungen gaben. Denn so wird das Positive verstärkt. Doch solche Stimmen werden leider immer noch allzuoft gänzlich vergessen.
○ Überraschen Sie diejenigen, die einen Verbesserungsvorschlag hatten, mit einem Gutschein für Folgeeinkäufe. Oder halten Sie ein kleines Geschenk bereit. Sagen Sie den Ideengebern auch, was aus ihrem Vorschlag geworden ist.
○ Fassen Sie bei denen, die sich als Kritiker zu erkennen geben, unbedingt nach. Sagen Sie, dass es Ihnen leid tut, und zeigen Sie Freude darüber, dass diese Dinge endlich ausgesprochen worden sind. Betonen Sie, wie sehr Ihnen das helfen kann. Schaffen Sie immer noch bestehende Probleme nun schleunigst aus der Welt. Kunden erwarten das und wenn es nicht passiert, sind sie doppelt enttäuscht.

Eine ganze Reihe weiterer Methoden, die Ihnen helfen können, an die Wünsche der Kunden näher heranzukommen, habe ich in meinem Buch »Kunden auf der Flucht?« ausführlich beschrieben. Eine davon möchte ich nun hier nochmals skizzieren, weil ich sie für die effizienteste halte.

Fokussierende Fragen stellen

Fokus heißt: Konzentration auf das Wichtigste statt Verzettelung im Dickicht der Nebensächlichkeiten. So bringen fokussierende Fragen (Anne M. Schüller) die Sache stets auf den Punkt. Auf diese Weise kommt man den wahren Beweggründen der Kunden am ehesten näher – ohne ihnen dabei zu nahe zu treten.

> **Fokus heißt: Konzentration auf das Wichtigste statt Verzettelung im Dickicht der Nebensächlichkeiten.**

Geht es um einen speziellen Touchpoint, dann stellt man die Frage zum Beispiel wie folgt:

○ Was war es, das Sie an diesem Punkt *am meisten* begeistert hat?
○ Was war es, das Sie an diesem Punkt *am meisten* enttäuscht hat?
○ Was wäre das *Wichtigste*, das wir an diesem Punkt *schnellstmöglich* ändern / verbessern sollten?

Allgemeiner gefragt klingen fokussierende Fragen – eingeleitet mit einem »Ach übrigens« – so:

○ Von all den Dingen, die Sie bei uns schätzen, was gefällt Ihnen da *am besten*?
○ Wenn es eine Sache gibt, die wir unbedingt mal anders machen sollten, was wäre da *das Wichtigste* für Sie?
○ Was fehlt Ihnen denn bei uns am *allermeisten*?
○ Was ist eigentlich für Sie *der wichtigste Grund*, uns die Treue zu halten?
○ Wenn es eine Sache gibt, für die Sie uns garantiert weiterempfehlen können, was wäre da *das Empfehlenswerteste* für Sie?

> **Vor allem die so gefährlichen kritischen Ereignisse lassen sich mit fokussierenden Fragen gut herausarbeiten.**

Vor allem die so gefährlichen kritischen Ereignisse lassen sich mit fokussierenden Fragen gut herausarbeiten. Ein kritisches Ereignis ist ein Moment in der Kundenbeziehung, der von starken Emotionen begleitet war und sich deshalb tief ins episodische Gedächtnis eingegraben hat. Solche Ereignisse werden wieder und wieder weitererzählt. Es ist besonders wichtig, diese Ereignisse zu kennen, um Schaden von Ihrer Reputation abzuwenden.

Fahnden Sie außerdem nach besonders erfreulichen Geschehnissen, um dies dann in internen und externen Medien als Erfolgsgeschichte zu nutzen. Das ist der erste Effekt. Und der zweite? Kaum

etwas ist besser für die Loyalität als ein Kunde, der sich selber sagen hört, wie toll es ist, mit Ihnen zusammenzuarbeiten. Und da er das nun schon mal ausgesprochen hat, wird er dies wohl in Zukunft öfter tun. Am Ende können Sie den Kunden sogar fragen, ob Sie sein Statement als schriftliche Referenz für Ihre Verkaufsarbeit nutzen dürfen.

Um an Informationen über kritische Ereignisse zu gelangen, werden die Fragen am besten folgendermaßen eingeleitet: »Was ich immer schon mal fragen wollte ...« An die Frage selbst hängen Sie dann, wenn es passt, ein »... erzählen Sie mal« dran. Die Erzählen-Sie-mal-Frage ist magisch, denn im Plauderton deckt der Kunde seine Emotionen am ehesten auf. Diese zu kennen und sich darauf einzulassen, das ist für eine gute Beziehung sehr hilfreich. Die Fragen selbst – von denen Sie immer nur eine stellen sollten – klingen so:

Die Erzählen-Sie-mal-Frage ist magisch, denn im Plauderton deckt man Emotionen am ehesten auf.

○ Wenn es so etwas jemals gegeben hat, lieber Kunde, was war dann *das Unangenehmste*, was Ihnen bei uns widerfahren ist?
○ Was ist eigentlich *das Beste*, lieber Kunde, was Ihnen bei uns je widerfahren ist, erzählen Sie mal.

Durch diese fokussierenden Fragen entdecken Sie nicht nur Ihre Schwachpunkte, sondern womöglich auch das alles entscheidende Erfolgsdetail, das Ihrer Konkurrenz bislang verborgen blieb. Und Sie werden schnell. Sie erkennen treffsicher den konkreten Handlungsbedarf an den kritischsten Stellen und können sofort darauf reagieren. So löst man nicht nur die Probleme einzelner, sondern wappnet sich gegen die Unzufriedenheit vieler Kunden. Das Ergebnis: Die Loyalität wird gestärkt und zum Kundenschwund kommt es erst gar nicht. Es kann sogar gelingen, dass bereits absprungwillige Kunden gerettet werden. Außerdem spart man sich eine Menge

Wenn die obersten Chefs anrufen, ist das ein ganz großes Signal der Wertschätzung. Kosten für klassische Marktforschung und vermeidet Fehlentscheidungen am grünen Tisch.

Mein besonderer Tipp: Lassen Sie die Führungsmannschaft öfter solche Aktionen machen. Wenn die obersten Chefs anrufen, ist das ein ganz großes Signal der Wertschätzung – und der Lerngewinn ist gewaltig. Die Fragen sind die gleichen wie eben. Oder sie klingen zum Beispiel so:

○ Lieber Kunde, wie denken Sie eigentlich über uns?
○ Nur mal angenommen, Sie wären an meiner Stelle, was würden Sie schleunigst verändern?
○ Nur mal angenommen, Sie hätten bei uns Vertriebsverantwortung, was würden Sie als Erstes verbessern?
○ Wie sähe für Sie eine perfekte Dienstleistung aus?

Wenn sich die Oberen nun gar nicht dazu bewegen lassen, solche Befragungen durchzuführen, oder wenn es schwierig ist, die Teppichetage für ein Touchpoint-Projekt zu begeistern, dann spielen Sie doch einfach mal ein paar Videos ein. Schon wenige O-Töne von aufgebrachten Kunden bewirken oft mehr als der dickste Berichtsband mit Zahlenkolonnen und bunten Tortendiagrammen.

Außer Ihren Kunden können Sie natürlich auch andere Marktteilnehmer befragen. Mit einem Taxifahrer sprach ich kürzlich über das Einkaufen im Internet, dem er sehr skeptisch gegenüberstand. Ich frage ihn: »Was fehlt Ihnen denn da am allermeisten?« Seine Antwort: »Mir fehlt einer, mit dem ich sprechen kann.« Solche simplen Hinweise beinhalten wertvolles Verbesserungspotenzial. Daher ein weiterer Tipp: Hören Sie nicht auf die Leute, die sagen, Kunden könnten nichts erfinden, was es noch nicht gibt. Das gilt vielleicht für Durchbruchinnovationen, für das Touchpoint Management aber nicht.

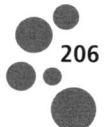

Fragen nach »entweder – oder«

Übrigens sind fokussierende Fragen auch dann das ideale Mittel der Wahl, wenn man Leistungsbestandteile in einem Test miteinander vergleichen will. In klassischen Fragebögen werden einzelne Aspekte durch das Ankreuzen von Kästchen bewertet und gewichtet. Das Problem hierbei: Die meisten Kunden finden fast alles mehr oder weniger wichtig und gut. Mit falschen Fragen erzeugt man also eine regelrechte Anspruchsinflation. So kommen Unternehmen den scheinbaren Kundenwünschen dann gar nicht mehr hinterher. Das wird teuer – und Enttäuschungen sind vorprogrammiert.

Mithilfe fokussierender Fragen kann der Kunde leicht zwischen »muss sein« und »ist eigentlich egal« unterscheiden.

Mithilfe fokussierender Fragen hingegen kann der Kunde leicht zwischen »muss sein« und »ist eigentlich egal« unterscheiden, und so kann das Unternehmen das für den Kunden wichtigste Merkmal gut herausfiltern. In der Praxis nehmen Sie jeweils vier Merkmale und lassen dann den Kunden entscheiden, welches davon ihm am wichtigsten und welches ihm am unwichtigsten ist. In vier Runden können Sie dabei insgesamt 16 Merkmale gegeneinander testen und so zu perfekten Leistungsbündeln kommen.

Leistungsmerkmal	am wichtigsten	am unwichtigsten
Merkmal 1		
Merkmal 2		
Merkmal 3		
Merkmal 4		

Eine noch simplere Methode funktioniert so: Man lässt Kunden jeweils zwei Merkmale gegeneinander abwägen, etwa mit der folgenden Frage, die mündlich oder schriftlich gestellt werden kann:

»Was ist Ihnen wichtiger, X oder Y?« Nach mehreren Runden lässt sich bereits erkennen, welche Merkmale den Kunden am wichtigsten sind. Das kann dann weiter nach Geschlecht, Zielgruppen, Regionen und Nationalitäten ausdifferenziert werden. Für ein Callcenter sähe das Ganze im Ansatz wie in Abbildung 18 dargestellt aus.

Was ist Ihnen wichtiger?

Was ist Ihnen wichtiger?

Kurze Wartezeiten in der Warteschleife

Flexibilität bei der Problembehandlung

Kompetenz der Ansprechpartner

Freundlichkeit der Ansprechpartner

Abb. 18: Entweder-oder-Entscheidungsbaum für ausgewählte Leistungskriterien in einem Callcenter

Die Ergebnisse aus solchen Befragungen können bei der Priorisierung und dem Feintuning der ausgewählten Touchpoints sehr hilfreich sein.

Kundenbefragungen mithilfe von Social Media

Früher brauchte man in der Regel externe Profihelfer, um größere Kundenbefragungen durchzuführen. Das war teuer und langwierig. Heutzutage lassen sich Befragungen im Internet kostengünstig, einfach und schnell durchführen. Die eigene Webseite kann Interessenten und Kunden einladen, ihre Erfahrungen, Wünsche und Ideen einzubringen. Online oder übers Handy können per Voting (Abstimmung) oder Ranking (Priorisierung) Vorlieben abgefragt und Entscheidungen vorbereitet werden. Über Twitter kann man seine Follower, über Xing seine Kontakte und über Facebook seine Freunde bitten, zu gestellten Fragen ihre Meinung kundzutun. Wer echte und nicht nur gekaufte Fans hat, bekommt schnell Hilfe, Anregungen und Tipps – und das Netzwerk fühlt sich eingebunden.

> **Heutzutage lassen sich Befragungen im Internet kostengünstig, einfach und schnell durchführen.**

Im Web gibt es eine Reihe von Tools, mit deren Hilfe Meinungsumfragen kostenlos durchgeführt werden können. Über einen Dienst namens Voycer lassen sich innerhalb von Sekunden Votings anlegen und aussenden. So kann man auch Verbesserungsvorschläge testen. Dazu bieten Sie drei Antwortmöglichkeiten an: »Diese Verbesserung ist kaufentscheidend.« – »Sie ist gut, aber nicht kaufentscheidend.« – »Ist mir egal, brauche ich nicht.« Die Ergebnisse sind zwar nicht repräsentativ, aber hilfreich.

Malermeister Werner Deck stellte zum Beispiel auf twtpoll.com folgende Frage: »Was ist für Sie das wichtigste Kriterium bei der Beauftragung eines Handwerkers?« Zehn Kriterien konnten ausgewählt werden, Mehrfachnennungen waren möglich. Die maximale Zahl von 400 Personen nahm an der Abstimmung teil. Das Ergebnis: Die beiden wichtigsten Kriterien bei der Beauftragung eines Handwerkers sind mit Abstand die Zuverlässigkeit (79 %) und die Kompetenz (79 %). Danach folgen Vertrauen (53 %),

Ehrlichkeit (45 %), Pünktlichkeit (36 %), Sauberkeit (32 %) und Freundlichkeit (28 %). Weit abgeschlagen folgt erst der Preis (nur 26 %). Die Erkenntnisse aus solchen Analysen kann man für seine Touchpoint-Arbeit nutzen, mit seinem Beziehungsnetz teilen – und natürlich auch der örtlichen Presse übermitteln. Aufmerksamkeit ist in jedem Fall gewiss.

Schritt 3: Die operative Umsetzung

Nun geht es um die Planung und Umsetzung eines passenden Maß-nahmenmixes, der von der Ist-Situation zur Soll-Situation führt.

Das Erstellen eines passenden Umsetzungsplans

Bei der Umsetzungsplanung geht es formal um folgende Punkte:

○ Wer (Bereich, involvierte Mitarbeiter, Verantwortliche)
○ macht was (Beschreibung der Aktion oder Maßnahme)
○ ab / bis wann (Zeitpunkt, Zeitlimits oder Zeitplan)
○ mit welchem Budget (Kostenkalkulation)
○ mit welchen Wunschergebnissen (Messgrößen, Erfolgs-kontrolle)?

Eine gute Planung berücksichtigt immer mehrere Wege zum Ziel: die ideale Strecke (Best Case), die realistische Strecke und auch die Strecke für den Fall, dass alle Stricke reißen (Worst Case). Man kann in unseren rasanten Zeiten gar nicht genug Alternativen in der Schublade haben.

Doch vielen Unternehmern fehlt bei ihren Planungen ein Best-Case- und ein Worst-Case-Szenario. Sie verfügen weder über ein Modell für den kometenhaften Aufstieg, noch haben sie eines für

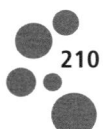

den Totalabsturz. Besser, man bereitet sich in Zeiten, in denen es keine Krisen gibt, schon einmal auf Krisen vor. Das gilt vor allem für den Fall, dass es zu einer socialmediagesteuerten Reputationskrise kommt. Diese nennt man »Shitstorm«. Ein solcher Sturm folgt Regeln, die Sie unbedingt kennen sollten. Auf www.touchpoint-management.de finden Sie unter Downloads eine Checkliste dazu.

Wie Sie die Mitarbeiter einbeziehen

Wenn noch nicht vorhanden, ist es zunächst nötig, für einzelne Touchpoints Minimumstandards zu entwickeln, Serviceversprechen (Dos and Don'ts) zu definieren, Garantien zu formulieren oder Service Level Agreements (SLA) zu initiieren. Und nicht nur das. Mit den kundennahen Mitarbeitern müssen die Service-Basics auch regelmäßig geübt und besprochen werden, damit alles in Fleisch und Blut übergeht und im Kundenkontakt nicht künstlich wirkt.

Dabei wird kundenfokussiertes Verhalten über Kompetenz und Effizienz, also über Wissen und Können, sichtbar, die Einstellung hingegen über das Wollen. Eine fehlende oder falsche Einstellung verschlechtert die Leistung und färbt das Verhalten negativ. Es wirkt dann mühsam und lustlos oder aufgesetzt und andressiert. Freundliche Inkompetenz, also »nur nett« sein, reicht natürlich nicht, genauso wenig, wie Fachkompetenz gepaart mit schlechtem Auftreten punkten kann. Auch der Preis ist bei Weitem nicht immer maßgeblich kaufentscheidend. Wenn wir den Konsumenten angeregt zuhören, ist die Kundenorientierung in der Regel der vorrangige Aspekt. Sie zeigt sich in vielerlei Form: Herzlichkeit, Achtsamkeit, Bemühen, Geduld, Verständnis, Toleranz und Wahrhaftigkeit.

> **Eine fehlende oder falsche Einstellung verschlechtert die Leistung und färbt das Verhalten negativ.**

Um all das zu thematisieren, können die Mitarbeiter selbst Lernvideos erstellen, die plakativ ein Vorher / Nachher zeigen. Hierbei sollen vor allem relevante Begeisterungsfaktoren in den Vordergrund gestellt werden. Solche Videos können dann in ein interaktives Intranet eingestellt, kommentiert und mit Sternen bewertet werden. Die am besten beurteilten Videos werden schließlich ausgezeichnet. So ist es nicht mehr das Topmanagement oder eine mysteriöse Fachkommission, die entscheidet, wer Touchpoint-Sieger ist, sondern *der* Kreis, den die Sache tatsächlich auch betrifft: die Mitarbeiter selbst.

Sehr gut bewährt hat sich auch das Storytelling. Selbst aus den einfachsten Geschichten lässt sich meist mehr lernen als aus komplexen Kundenzufriedenheitsbefragungen. Im Touchpoint Management geht es dabei um Geschichten, die verdeutlichen, welches Verhalten an den einzelnen Interaktionspunkten erwünscht und erfolgversprechend ist – und welches nicht. Solche Geschichten können in internen Wikis oder Blogs dokumentiert und bereichert werden.

Sehr gut bewährt hat sich auch das Storytelling.

All dies sollte im Rahmen turnusmäßiger Meetings ein gemeinsames Thema sein. Hierzu richtet man am besten unter dem Motto »Der Kunde spricht« einen festen Tagesordnungspunkt ein. So findet Kontrolle nicht länger von oben, sondern vielmehr über das Team statt: Man diskutiert gemeinsam darüber, was passt und was nicht. Wissen wird dabei nicht eindimensional, sondern im Austausch entwickelt, vernetzt und weitergereicht. Das ist Verhalten 3.0. Und es bewirkt um ein vielfaches mehr als ein ganzes Service-Handbuch voll penibler Anweisungen und jeglicher Mystery-Checks.

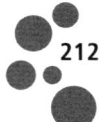

Prioritäten setzen – am Controller vorbei

Ist das alles geklärt, werden im Rahmen des Aktionsplans die Prioritäten gesetzt. Hierbei stehen *die* Touchpoints im Fokus, die für ein positives Kundenerlebnis, eine dauerhafte Loyalisierung und ein wohlwollendes Weiterempfehlen von zentraler Bedeutung sind. Zielgruppenbelange, Mediennutzungsprofile und geographische, kulturelle oder geschlechterspezifische Besonderheiten können dabei ebenfalls eine Rolle spielen. Ein weiterer Filter kann die Marke sein. Man fragt: Was passt gut zur Marke und was nicht?

Meine Empfehlung lautet: Im Rahmen von Touchpoint-Projekten nicht mit einem großen Rundumschlag anzusetzen, sondern an einem wichtigen Punkt einfach anzufangen. So kann man auch die Controllingabteilung umschiffen. Typische Controller sind die Totengräber jeder Kundenorientierung. Maschinen und Computer sind in ihrem Sinne bilanzierbare Investitionen, Mitarbeiter und Kundenservice hingegen als Aufwand zu buchen. Dabei ist es genau andersherum. Für sich allein ist ein Investitionsgut nichts als ein Kostenblock. Erst wenn Maschine plus Mensch einen Mehrwert geschaffen haben, der so attraktiv ist, dass er von Kunden immer wieder gerne gekauft, positiv bewertet und aktiv weiterempfohlen wird, kommt schließlich Geld in die Kasse.

> **Nicht mit einem großen Rundumschlag ansetzen, sondern an einem wichtigen Punkt einfach anfangen.**

So lässt sich die gebetsmühlenartige Controllerfrage »Was bringt uns das?« im Touchpoint Management nicht immer sofort und auf den Cent genau beantworten. Und sie ist auch falsch gestellt. Warum das?

○ Weil sich der Wert einer menschlichen Beziehung nicht einfach in Geld ausdrücken lässt

○ Weil sich positive Effekte auf die Loyalität eines Kunden erst beim nächsten anstehenden Kauf zeigen können

○ Weil sich Mundpropaganda nicht mit einem Betrag X beziffern lässt

○ Weil in aller Regel gar nicht nachvollzogen wird, welche Kunden man aufgrund einer Empfehlung gewonnen hat

○ Weil niemand bislang genau nachgerechnet hat, wie viel Kosten Fans, Multiplikatoren und Empfehler an anderer Stelle ersparen

○ Und weil niemand je ermittelt hat, wie viel Umsatz man durch seine negative Reputation schon verliert

Ergo müsste das Controlling ein ganz neues Kennzahlensystem entwickeln, bei dem die Messung der Beziehungsqualität genauso wichtig ist wie die Messung der Profitabilität. Auf diese Weise ließe sich dann endlich auch dokumentieren, wie viel Rendite dem Unternehmen durch eine nachlässige Kundenbehandlung entgeht. Aber wer will das schon? Dabei wäre höchste Eile geboten, sonst haben Sie am Ende keine Kunden mehr.

Wenn Sie also nicht warten wollen: Beginnen Sie mit der Umsetzung Ihrer Touchpoint-Projekte schon mal am Controller vorbei. Hier lautet die goldene Regel: Weniger ist mehr. Vermeiden Sie also unbedingt solche Ankündigungen wie diese hier: »Die wichtigsten 192 Maßnahmen zur Loyalisierung unserer Kunden.« Eine solche Riesenaktion schafft nur Verwirrung, und die gewünschte Wirkung wird sang- und klanglos verpuffen.

Der Quick Win zuerst

Einige »Quick Wins« – also Maßnahmen, die einen schnellen Erfolg versprechen – müssen unbedingt ganz nach oben auf die To-do-Liste und dann sofort in die erste Phase der Umsetzung gehen. Vertagen Sie nichts! Sonst gehen wieder alle guten Ansätze im Tagesgeschäft unter.

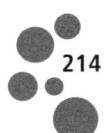

So hat sich die RecaNorm, die Befestigungstechnik und Werkzeuge im Direktvertrieb an Handwerker verkauft, im Zuge eines Touchpoint-Workshops für folgende fünf Quick Wins entschieden:

1. Die Buchhaltung schickt einmal im Jahr an alle Kunden einen Dankeschönbrief für die gute Zusammenarbeit und beziffert den Gesamtbetrag, den der Kunde durch die Inanspruchnahme von Skonto eingespart hat.
2. Die Logistik packt einmal im Monat eine spezielle Dankeschönkarte in die bestellten Pakete, zusammen mit einem kleinen Treuegeschenk.
3. Für Jubiläumskunden wird ein Überraschungsevent organisiert, zum Beispiel eine Brotzeit für deren Mitarbeiter oder ein Betriebsausflug.
4. Der Innendienst stellt nach der telefonischen Bestellaufnahme dem Kunden folgende Frage: Ach übrigens, wenn wir in Zukunft etwas für Sie noch besser machen könnten, was wäre Ihnen da das Wichtigste?
5. Bei ausgewählten Kunden werden Referenzvideos gedreht, die dann auf die Webseite der RecaNorm hochgeladen werden.

»Unser Touchpoint-Projekt lebt in vollem Umfang und alle sind begeistert bei der Sache. Ausschlaggebend dafür war, dass die Teilnehmer ihre Ideen selber entwickeln und auch selber umsetzen konnten. Die Resonanz bei unseren Kunden ist beeindruckend. Und die Kundenbindung steigt.« Das sagte Geschäftsführer Ulrich Häfele zur ersten Runde. Nun wird das Projekt von den Mitarbeitern in Eigenregie weitergeführt.

Ausschlaggebend dafür war, dass die Teilnehmer ihre Ideen selber entwickeln und auch selber umsetzen konnten.

Im Rahmen größerer Touchpoint-Projekte umfasst ein Umsetzungsplan in der Regel die folgenden Eckpunkte:

○ Was ist unser Quick Win, also ein schnelles Erfolgserlebnis?
○ Welche Touchpoints werden auf welche Weise optimiert, um Loyalität und Profitabilität zu stärken und Weiterempfehlungen zu bewirken?
○ Welche Touchpoints werden neu lanciert, um Wettbewerbsvorsprünge und / oder positive Mundpropaganda zu generieren?
○ Welche Touchpoints werden gestrichen, ohne dass Proteste und üble Nachrede entstehen oder gute Kundenbeziehungen gefährdet sind?
○ Welche internen Ressourcen, wie viel Budget und welche Zeitspannen sind anzusetzen?
○ Welche Mitarbeiter sind abteilungsübergreifend die »Eigner« des jeweiligen Touchpoints?
○ In welcher Form kann bei all dem der Kunde aktiv einbezogen werden?
○ Woran wollen wir unsere Ergebnisse messen?

Ein weiterer Tipp: Beginnen Sie mit dem Optimieren solcher Touchpoints, an denen es brennt. Die kundennahen Mitarbeiter wissen übrigens längst, welche das sind und wo dringend etwas besser gemacht werden kann und muss. Wenn man nur öfter auf sie hören würde! Aber nein, viele Unternehmen sind, oft mit teurer Hilfe von außen, so sehr auf der Suche nach weiteren neuen Touchpoints, dass existierende Touchpoints darüber vernachlässigt werden. Natürlich ist die Suche nach Neukunden wichtig, doch das Hegen und Pflegen bestehender Kunden ist, wie Sie bereits wissen, noch sehr viel wichtiger. Und wenn wirklich vorne ein neues Projekt hinzukommt, dann muss hinten etwas weggestrichen werden. Sonst bordet die Arbeit schnell über und darunter leidet vor allem das Bestandskundengeschäft. Genau dafür fehlt dann die Zeit.

Wie dem auch sei: Ist all das berücksichtigt und stringent geplant, dann kann – am besten in Form von Tests – die Umsetzung beginnen.

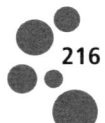

Die Umsetzung eines passenden Maßnahmenmixes

Ich könnte noch ein weiteres Buch darüber schreiben, was man an den einzelnen Touchpoints so alles (besser) machen kann und was das in der Praxis bewirkt. In der einschlägigen Presse gibt es ständig gute Beispiele, die zeigen, wie sich mit Kreativität, Emotionalität und einem Quäntchen Mut der Kopf, das Herz und auch die Geldbörse der Kunden erobern lassen. Hier die drei wichtigsten Aspekte zum Abhaken:

O Integrieren Sie einen Mitmachfaktor.
O Sichern Sie sich einen Reputationsgewinn.
O Sorgen Sie für positive Mundpropaganda.

Denn ein Unternehmen, das sich heutzutage nicht oder nur mit negativen Meldungen in der Presse wiederfindet, muss spürbare Nachteile hinnehmen:

O Der Marketingaufwand ist größer.
O Potenzielle Kunden sind skeptischer.
O Lieferanten und Partner sind zurückhaltender.
O Qualifizierte Bewerber für offene Stellen bleiben aus.

Ein Unternehmen, das sich nicht oder nur mit negativen Meldungen in der Presse wiederfindet, muss spürbare Nachteile hinnehmen.

Steuern Sie gegen – werden Sie zum Storyteller! Berichten Sie von Ihren Erfolgsgeschichten! Entscheidend hierbei: Der Kunde und nicht das eigene Produkt ist der Held! Alles wird aus der Perspektive des Kunden erzählt. »Verfassen Sie dazu ein Drehbuch mit Einzelereignissen, Charakteren, Handlungen, Bühnen und Requisiten. Wichtig ist, einen Stil zu entwickeln, der zum Unternehmen und seinen Produkten passt«, rät der Schweizer Marketingexperte Werner T. Fuchs. Feiern Sie Ihre Erfolge auf internen Plattformen, dokumentieren Sie sie auf öffentlichen Webportalen, bringen Sie sie in die Medien und reichen

Sie sie bei Wettbewerben ein. So wissen es dann bald alle im Markt: Sie sind ein Unternehmen, das es krachen lässt.

Beispiele für gute Mitmachaktionen

Über Mitmachaktionen haben Sie nun schon sehr viel gehört. Hier noch ein paar Beispiele dafür:

O Die evangelische Kirche verschickte einen Taufbrief, auf dem zunächst fast gar nichts zu lesen war. Erst wenn der Empfänger das Schreiben in Wasser tauchte, zeigte sich die Botschaft.

O In Hamburg hing Anfang 2010 auf der Reeperbahn ein Plakat mit der Aufschrift »Böser Mini«. Sendete der Betrachter eine SMS mit dem Kennwort SM an die abgebildete Nummer, wurde das Auto mit einer Peitsche, die an dem Plakat befestigt war, bestraft.

O Die Zwei-Sterne-Hotelmarke Ibis brachte im Sommer 2011 ihre Betten auf die Straßen: Auf einer Rikscha war ein Bett in Originalgröße aufgebaut, es war komplett bezogen und in diesem Bett lag ein lustiges Paar. So radelte ein Fahrer durch mehrere deutsche Innenstädte. Wer wollte, konnte Probe liegen und sich zur Erheiterung der Zuschauer fotografieren oder rumkutschieren lassen.

O In einem Londoner Club können die Besucher durch ihre Tanzbewegungen selbst einen Teil der benötigten Energie produzieren. Auf einem Display wird der erreichte Level angezeigt und die Bodenbeleuchtung ändert sich je nach Status.

O In der Schweiz hat der Fruchtsaftanbieter Innocent schon mehrere Mal »Das große Stricken« ausgerufen. Es handelt sich dabei um eine Benefizaktion, bei der kleine Mützchen für die Smoothie-Fläschchen gestrickt werden sollen. 2010 gin-

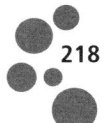

gen so knapp 25 000 Fläschchen im Handel über den Tresen. 50 Rappen pro verkauftem Getränk, also insgesamt fast 12 500 Schweizer Franken, wurden an Pro Senectute, eine Organisation im Dienst älterer Menschen, gespendet.

Übrigens: In Christian Maria Fischers Buch »Macht Schlagzeilen« finden Sie ein wahres Ideenfeuerwerk: 1000 originelle Aktionen, um an einzelnen Touchpoints zu berühren, via Mundpropaganda neue Kunden zu gewinnen, bestehende Kunden in ihrer Treue zu bestärken und die Presse auf sich aufmerksam zu machen. Hier eine Kostprobe: Der Düsseldorfer Zoo wurde zum Stadtgespräch, als dieser einen Teddybärentag veranstaltete. An diesem Tag durften alle Kinder bis zwölf Jahre, die ihren Teddy mitbrachten, den Zoo kostenlos besuchen.

Reputationsgewinn: Dankeschöns am laufenden Band

Danke, dass Sie dieses Buch gekauft haben. Danke, dass Sie bis hierher gelesen haben. Und schon jetzt vielen Dank, wenn Sie es weiterempfehlen. Ja, man kann gar nicht oft genug Danke sagen. Für ein Danke braucht es kein Budget. Bringen Sie also das Danken in Ihre Unternehmenskultur und kreieren Sie Danke-Aktionen. Vor allem Frauen sind für ein Danke sehr empfänglich. Hier ein paar Ideen dazu:

Bringen Sie das Danken in Ihre Unternehmenskultur.

O Machen Sie einmal pro Woche Ihren persönlichen Dankeschöntag. Rufen Sie dazu mindestens fünf Kunden / Kollegen / Mitarbeiter an und sagen Sie einfach mal Danke. Das nennt man auch »Kuschel-Calls«. Wenn es dabei um Kundenpflege geht, sollten Sie diese Anrufe keinesfalls an ein Callcenter delegieren – Sie müssen schon selber »kuscheln«. Es geht dabei auch ausdrücklich nicht ums Verkaufen. Über den Nachsatz »Haben Sie bei der Gelegenheit noch eine Frage an mich?« und eine lange Pause ergibt sich womöglich aber doch noch etwas.

O Lassen Sie alle Ihre Briefe und Mails, wenn es passt, mit einem »Danke« beginnen. Lassen Sie auch Ihre Produkte Danke sagen. »Danke«, sagt etwa der Boden einer Käsepackung. »Mit dem Kauf dieses Produkts haben Sie einige Kühe im rauen Norden Hollands richtig glücklich gemacht.« Na ja, über den Text lässt sich sicherlich streiten, aber die Idee ist gut.

O Danken Sie Ihren Kunden nicht an deren Geburtstag für die guten Geschäfte, sondern am Geburtstag der Kundenbeziehung. Die A1 Telekom Austria zum Beispiel verschickt an ihre Businesskunden ein Dankesplakat zum ersten Jahrestag der Zusammenarbeit.

O Führen Sie in Ihrem Unternehmen einen Danke-Mottotag ein – und überlegen Sie sich gemeinsam ein paar verrückte Sachen dazu.

O Machen Sie für Ihre Kundenparkplätze ein Schild mit dem Text: »Danke, dass Sie uns besucht haben«, und stellen Sie es auf, bevor der Kunde Sie verlässt.

O Das Hotel Schindlerhof bedankt sich für sofort bezahlte Rechnungen. Die Stadt St. Gallen verschickt ein Dankesschreiben für prompte Steuerzahlungen. Bekommen Sie so etwas von Ihrem Finanzamt auch?

Der Schweizer Reiseveranstalter Kuoni hat eine Dankeschönaktion zusammen mit dem Onlinegeschenkanbieter Novadoo gemacht. Über Novadoo kann man für die unterschiedlichsten Anlässe Geschenkgutscheine verschicken lassen: zum Beispiel als Dank für Kundentreue und Weiterempfehlungen oder als Antwort auf eine Reklamation. Der Clou ist eine fokussierende Frage zum Schluss.

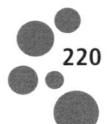

So konnte bei Kuoni die Feedbackrate von früher gerade einmal 4 Prozent jetzt auf über 60 Prozent gesteigert werden. Kuoni weiß nun auch, ob die Kunden immer noch sauer sind oder ob alles wieder im Lot ist. Ferner konnte durch die Rückmeldungen an verschiedenen Touchpoints die Servicequalität verbessert werden. Ein Kunde schrieb: »Die Überraschung ist Ihnen gelungen. Damit haben wir nun wirklich nicht gerechnet. Vielen Dank – das ist echt super! Wir werden bestimmt wieder mit Kuoni reisen. Sie nehmen die Kundenanliegen ernst – das ist schön.« Und das ist nur ein positiver Kommentar von vielen.

Mundpropaganda gewiss: Negatives in Positives verwandeln

Nehmen Sie sich einmal Ihre mündliche und schriftliche Kommunikation vor und überlegen Sie, wie Sie an das Gute im Menschen appellieren, aus Negativem Positives und aus »Verlierersprache« »Gewinnersprache« machen können. Es gibt unendlich viele Beispiele dafür:

An das Gute im Menschen appellieren, aus Negativem Positives und aus »Verlierersprache« »Gewinnersprache« machen.

○ Wenn Hirnforscher ins zerebrale Schmerzzentrum schauen, dann sehen sie Folgendes: Es tut weh, wenn wir uns von unserem Geld trennen müssen. Also sollte diesem barbarischen Akt etwas Erbauliches gegenüberstehen. Doch wie sagt die Schuhverkäuferin beim Bezahlen an der Kasse dummerweise: »Sie werden Ihren Kauf nicht bereuen.« Die meisten Verkäufer sagen gar nichts. Der Apple-Verkäufer sagt: »Herzlichen Glückwunsch.« Und nun raten Sie mal, was beim Kunden am besten ankommt!

○ Was lässt sich über Ihre Lobkultur sagen? Klingt das etwa so: »Nicht übel«, »Da kann man nicht meckern«, »Gar nicht so schlecht«? Wie wäre es stattdessen mit: »Alle Achtung«, »Erstklassig«, »Prima gemacht«? Als »Lobkärtchen« bekommen Sie so etwas online in Wolpertingers Warenhaus. Aber es ist natürlich immer besser, wenn ein Lob persönlich ausgesprochen wird. Katrin Schmieder schrieb mir dazu: »Mein wertvollstes Lob war ein mit der Hand geschriebener persönlicher Brief von meinem damaligen Chef, was er an unserer Zusammenarbeit ganz besonders schätzt und was mich einmalig macht. So was ist Wertschätzung pur – und unbezahlbar!«

○ Wie sehen Ihre Antworten auf Beschwerden aus? Bekommt der Kunde einen Standardtext? Kunden sind nicht doof, sie merken das – und fühlen sich mies behandelt. Kreieren Sie gemeinsam mit Ihren Leuten ein paar pfiffige Varianten. Bei der Rheinbahn klingt ein Entschuldigungsschreiben wegen eines defekten Fahrscheinautomats beispielsweise so: »Wir entschuldigen uns für die Launenhaftigkeit unseres Automaten und …« (Quelle: Acquisa).

○ Dieter Fröhlich, Inhaber des Franchisesystems Musikschule Fröhlich, benutzt einen »Grünstift« statt eines Rotstifts. Damit hebt er das Positive hervor. Oberlehrerhafte und damit eigentlich schwache Führungskräfte machen sich hingegen gerne einen Sport daraus, Fehler zu finden und die »Täter« vor versammelter Mannschaft abzukanzeln.

○ Während es bei Gewerbebauten oft zu Verzögerungen kommt, wurde das Passivhotel Explorer in Oberstdorf durch einen rasanten und pünktlichen Bauabschluss bekannt. Der Trick dabei: Es wurde keine Vertragsstrafe bei Zeitüberschreitung, sondern eine Belohnung für vertragskonforme Bauzeit ausgelobt.

○ Statt Unternehmen an den Pranger zu stellen, die sich falsch verhalten, belohnt CarrotMob die Guten, indem man ihnen im übertragenen Sinne eine »Karotte« hinhält. Dazu werden Menschen zum gemeinsamen Shoppen eingeladen. Sie gehen an einem bestimmten Tag dann in genau jenen Geschäften

einkaufen, die bereit sind, einen festgesetzten Teil der Tages-einnahmen etwa in eine klimagerechte Sanierung des Ladens zu investieren.

○ In Schweden hat VW unter der Überschrift »The fun theory« ein Projekt gestartet, bei dem die Menschen durch Spaß zu ei-ner positiven Verhaltensänderung gebracht werden sollen. In einem Fall wurden die Stufen einer U-Bahn-Treppe zu einem Piano umfunktioniert. Kontakte erzeugten einen Ton, wenn man auf die Stufen trat. So erklang eine Melodie, während man die Treppe rauf- und runterging. Zwei Drittel mehr Men-schen benutzten während dieser Aktion diese Treppe statt der Rolltreppe.

○ Ein besonders berührendes Beispiel stammt aus einer Rede, die Ex-Außenminister Hans-Dietrich Genscher auf einer Conven-tion der German Speakers Association (GSA) hielt. Es ging um die besetzte Prager Botschaft im Jahr 1989. Im entscheidenden Gespräch fragte Eduard Schewardnadse, der damalige sowjeti-sche Außenminister: »Sind Kinder dabei?« Genscher antwor-tete: »Ja, viele.« Daraufhin Schewardnadse: »Dann helfe ich Ihnen.«

Und was fällt Ihnen, angeregt durch diese Beispiele, so alles für Ihr Unternehmen ein? Schreiben Sie mir (info@anneschueller.de), dann schaffen Sie es vielleicht bei der nächsten Auflage genau hier-her, an diese freie Stelle.

Schritt 4: Monitoring und Optimierung

Kontrollieren lässt sich alles Mögliche: wie oft das Telefon bis zum Drangehen klingelt, wie breit das Lächeln der Rezeptionistin ist oder wie mittig die Etiketten im Regal aufgereiht werden sollen. Kontrollieren lässt sich offen oder verdeckt, durch Qualitätsbeauftragte oder Mystery-Shopper, auf die nette oder die fiese Tour. Kontrolle ist hie und da sicher richtig, manchmal lebensnotwendig und bisweilen auch bitter nötig. Aber übertreiben Sie nicht! Kontrolle macht auch leider langsam, faul und dumm. Und sie erzeugt ein Klima der Angst. Harsches Kontrollieren erbringt keine Exzellenz, sondern höchstens eine Basisqualität mit Allerweltslösungen. Ob das heute noch reicht? Die Antwort ist »Nein«.

Kontrolle macht langsam, faul und dumm. Und sie erzeugt ein Klima der Angst.

Erfolgskontrolle: Wie war's?

Für ein gelungenes Touchpoint Management müssen in vielen Unternehmen zunächst die externen Kontrollsysteme heruntergefahren und durch sich selbst organisierende Maßnahmen ersetzt werden. Zwei Formen von Kontrolle sind dabei hocheffizient:

○ Die Selbstkontrolle der Mitarbeiter
○ Die »Kontrolle« durch den Kunden

Vor allem die gezielt zu Kommentaren ermunterten Käufer sorgen für den notwendigen Rückkopplungseffekt. Damit erhalten die Mitarbeiter ein unmittelbares Feedback über ihre Leistungen und ihre Wirkung auf die Kunden. Hierdurch und auch durch das systematische Miteinbeziehen ergeben sich vielfältige Möglichkei-

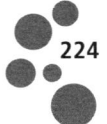

ten zur Selbstkontrolle. Dies reduziert den Controllingaufwand des Managements auf ein Minimum und motiviert das Team, sich schließlich an die ganz großen Heldentaten heranzuwagen.

Die gezielt zu Kommentaren ermunterten Käufer sorgen für den notwendigen Rückkopplungseffekt.

So wird den Gästen des altehrwürdigen Berner Hotels Bellevue im von Kristalllüstern erleuchteten Restaurant zwischen den Gängen ein hochmodernes iPad gereicht. Darauf erhalten sie nicht nur Nahrungsmittelinformationen zu genau den Gerichten, die sie bestellt haben, sie können auch der Küchencrew beim Zubereiten der Köstlichkeiten zusehen. Und sie können der Küche Nachrichten senden, wie es gemundet hat. Diese werden dort auf einem Flatscreen angezeigt. Sollte ein Kommentar tatsächlich einmal negativ sein, reagiert der Maître sofort. So wird Diskretion gewahrt und für sofortige Abhilfe gesorgt. Die Mitarbeiter erhalten ein unmittelbares Feedback in Echtzeit, die Gäste fühlen sich umsorgt und peinliche Diskussionen können vermieden werden.

Egal, ob wir bei all dem am Ende von Kontrolle oder Controlling sprechen, beides hat einen negativen Touch. Deshalb verwende ich lieber den Begriff Monitoring. »Die Funktion des Monitorings besteht darin, bei einem beobachteten Ablauf beziehungsweise Prozess steuernd einzugreifen, sofern dieser nicht den gewünschten Verlauf nimmt« (Wikipedia). Dieses Eingreifen muss eben nicht Topdown erfolgen, sondern kann – ganz im Sinne des Social Web – selbstverantwortlich und auf Augenhöhe geschehen.

Dabei gibt es zwei Bereiche: das Offline-Monitoring und das Online-Monitoring. In beiden Fällen geht es um das Messen von Ergebnissen zwecks weiterer Optimierung der Vorgehensweise. Folgende Fragen lassen sich dazu stellen:

O An welchen Kriterien wollen wir unsere Kundenkontakt-
   Performance messen?

○ Welche Kennzahlen wollen wir auf welche Weise wie oft und für wen erheben?
○ Werden insbesondere die Empfehlungsbereitschaft sowie die Empfehlungsrate ermittelt?
○ Wie wird das gewonnene Wissen dokumentiert und mit den involvierten Mitarbeitern besprochen?
○ Wer leitet auf welche Weise die notwendigen Verbesserungen ein?

Feedbackschleifen und schnelle Reportings, flankiert von geeigneten internen und externen Kommunikationsmaßnahmen, sichern die kontinuierliche Weiterentwicklung. In einem dialogischen Intranet oder einem Firmen-Wiki kann das Ganze dokumentiert und bereichert werden. Der Rückfluss muss vor allem die Stellen erreichen, für die die Rückmeldungen wertvoll sind.

Der Rückfluss muss vor allem die Stellen erreichen, für die die Rückmeldungen wertvoll sind.

Wie sich Ergebnisse messen lassen

»Nicht alles, was man zählen kann, zählt. Und nicht alles, was zählt, kann man zählen.« Das hat, sehr klug, Albert Einstein gesagt. So sollten im Touchpoint-Prozess zwar passende Prozesskennzahlen gebildet werden, um das Vorher/Nachher zu erfassen. Auch Beschwerde-Reportings und Onlinekommentare (auf die wir gleich näher eingehen werden) können entsprechende Hinweise geben. All das lässt sich in Berichte packen, über Schaubilder grafisch sichtbar machen und bei Bedarf in ein sogenanntes Kennzahlencockpit überführen.

Doch auch hier gilt wieder: Halten Sie Maß! Eine ausufernde Berichtsbürokratie bindet Ressourcen an der falschen Stelle. »Die 97 wichtigsten Steuerungsgrößen für unser Geschäft« – das ist

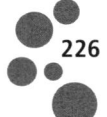

meist nichts als ein aufwändiges Selbstverteidigungsprogramm beim Rapport im obersten Stock. Je komplexer das Ganze ist, desto mehr Fehlinterpretationen sind möglich, die zu falschen Schlüssen und schließlich zu Fehlentscheidungen führen können.

Okay, natürlich muss man wissen, ob die eingeleiteten Maßnahmen die gewünschte Wirkung entfalten und ob sie rentabel sind. Außerdem will man dazulernen und seine Maßnahmen kontinuierlich verbessern. Wer vergleichbare Messdaten hat, der beugt außerdem falschen subjektiven Eindrücken vor, wie etwa diesen: »Mir scheint, die Kundenfluktuation hat zugenommen« oder »Also, ich meine, so schlecht stehen wir gar nicht da«. Analysen hingegen liefern hieb- und stichfeste Fakten.

Die Frage ist nur: Wie viel Messen ist sinnvoll? Und was ist absolut nötig? Während wir mit unserer Zahlenakrobatik zugange sind, können wir uns nämlich nicht um die Kunden kümmern. Außerdem sei folgende Frage auch mal erlaubt: Die Mittel, die im Controlling gebunden werden – welchen Return bringen eigentlich die? Seine Berechtigung nachzuweisen, indem man überall nur den Rotstift ansetzt, das kann ja wohl nicht Sinn der Sache sein. Und wer Haare in der Suppe sucht, der findet auch welche. Die Stimmung bei solch negativem Getue? Vorhöllenmäßig! Und meist schnell am Gefrierpunkt.

Am besten wäre es, man könnte an jedem anvisierten Berührungspunkt jeden einzelnen Kunden individuell befragen, was sich aus seiner Sicht verbessert hat. Dies ist allerdings nur in solchen Fällen möglich, in denen es eine überschaubare Anzahl von Kunden gibt. Ansonsten muss exemplarisch eine bestimmte Zahl von Vertretern aus der jeweiligen Kundengruppe ausgewählt werden, um die zu betrachtenden Kontaktpunkte abzuklopfen. In

Eine ausufernde Berichtsbürokratie bindet Ressourcen an der falschen Stelle.

einem zweiten Schritt kann dann jeder Touchpoint in seine einzelnen Leistungsmerkmale zerlegt werden, um die Befragung weiter zu vertiefen.

Hierbei können wieder die weiter vorne bereits erläuterten Fragen zum Einsatz kommen. Die beiden wichtigsten sind diese:

O Was war es, das Sie an diesem Punkt *am meisten* begeistert hat?
O Was war es, das Sie an diesem Punkt *am meisten* enttäuscht hat?

Neben der Bewertung als solcher können dann nochmals die Wiederkaufabsicht und die Empfehlungsbereitschaft an den einzelnen Punkten ermittelt werden. Durch diese Vorher-Nachher-Messung lässt sich sofort feststellen, ob es nach den eingeleiteten Maßnahmen zu einer Verbesserung der ursprünglichen Ist-Situation gekommen ist. Hier noch einmal die wichtigen Fragen zu diesem Komplex:

O Auf dieser Skala von 0 bis 10: Würden Sie an diesem Punkt wieder kaufen?
O Auf dieser Skala von 0 bis 10: Würden Sie diesen Punkt weiterempfehlen?

Erhalten Sie von Ihren Kunden eine 9 oder 10 in puncto Wiederkauf und Empfehlungsabsicht, heißt es: Hurra! Sie sind auf dem besten Weg zum Touchpoint-Champion – aber noch nicht am Ziel. Die ultimative Kennzahl im Touchpoint Management heißt nämlich Empfehlungsrate.

Die ultimative Kennzahl

Empfehlungsbereitschaft an sich ist ja nett und lobenswert, doch dieser Bereitschaft müssen dann auch Taten folgen. Erst wenn eine wirkungsvolle Empfehlung ausgesprochen wird, kann dies zu neuen Kunden führen. Dabei muss die Weiterempfehlung so überzeugend sein, dass die Empfänger tatsächlich kommen und kaufen.

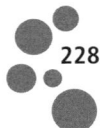

Um das herauszufinden, wird die Empfehlungsrate ermittelt. Sie besagt, wie viele Kunden ein Unternehmen aufgrund von Weiterempfehlung gewonnen hat. Und das ist – neben Reputation und Wiederkauf – das wichtigste Ziel im Touchpoint Management.

So erkläre ich die Empfehlungsrate zur ultimativen betriebswirtschaftlichen Kennzahl – zum UPI (Ultimate Performance Indicator). Sie sollte im Businessplan ganz weit vorne stehen. Denn sie entscheidet über die Zukunft eines Unternehmens. Wer nicht länger empfehlenswert ist, ist auch schon bald nicht mehr kaufenswert.

Was Sie hierbei im Einzelnen wissen müssen:

○ Wie viele Kunden empfehlen uns weiter? Und warum genau?
○ Welche Produkte und Services werden am stärksten empfohlen?
○ Wer genau hat uns empfohlen? Und wie bedanken wir uns dafür?
○ Wer spricht die meisten / die wirkungsvollsten Empfehlungen aus?
○ Wie ist der Empfehlungsprozess im Einzelnen abgelaufen?
○ Gibt es dabei erkennbare und somit wiederholbare Muster?
○ Wie viele Kunden haben infolge einer Empfehlung erstmals gekauft?

Die Empfehlungsrate ist Ausgangspunkt und Ziel eines systematisch gesteuerten Empfehlungsmarketings.

Die Empfehlungsrate ist gleichzeitig Ausgangspunkt und Ziel eines systematisch gesteuerten Empfehlungsmarketings. Am Ende reichen drei einfache Fragen, um dem auf die Spur zu kommen. So sollten Sie jeden Kunden, der zum ersten Mal bei Ihnen kauft (soweit es die Situation erlaubt), an passender Stelle und im richtigen Moment befragen:

- Wie sind Sie eigentlich *ursprünglich* auf uns aufmerksam geworden? (Sofern eine Empfehlung im Spiel war, geht es dann weiter wie folgt:)
- Und jetzt interessiert mich mal: Was hat denn der Empfehler über uns / unser Produkt / unseren Service gesagt?
- Und jetzt bin ich mal ganz neugierig. Wer war das denn, der uns empfohlen hat?

Durch die erste Frage wird ermittelt, wie viel Prozent der neuen Kunden aufgrund einer Empfehlung kamen: Das ist Ihre Empfehlungsrate. Die Antwort auf diese Frage zeigt im Übrigen auch, wo Sie in Zukunft Ihr Werbebudget verstärkt anlegen sollten. Über die zweite Frage gibt der Kunde Hinweise darauf, was genau Sie erfolgreich macht und in welche Richtung die Angebotspalette weiterentwickelt werden kann. Und über die dritte Frage bekommen Sie die Namen Ihrer Influencer, Meinungsmacher, Botschafter, Promotoren, Referenzgeber und aktiven Empfehler heraus.

Ihr Empfehler hätte Ihre Angebote sicher niemals empfohlen, wenn sein guter Rat für den Empfänger nicht von Interesse wäre.

Aus deren Persönlichkeitsstruktur und Kaufverhalten lassen sich bereits erste Rückschlüsse auf die voraussichtlichen Wünsche und Bedürfnisse des neuen Kunden ableiten. Ihr Empfehler hätte Ihre Angebote sicher niemals empfohlen, wenn sein guter Rat für den Empfänger nicht von Interesse wäre. Bringen Sie auch in Erfahrung, welche spezifischen Leistungen der Empfehler hervorgehoben hat. Denn darauf wird Ihr Interessent besonders achten. Deswegen ist er ja gekommen. An diesem Punkt sind seine Erwartungen hoch. Eine Enttäuschung fiele nicht nur negativ auf Sie, sondern auch auf den Empfehler zurück. Und das wollen Sie sicher allen Beteiligten ersparen.

Geben Sie Ihrem Empfehler, wenn möglich, auch eine Rückmeldung darüber, was aus seiner Empfehlung geworden ist.

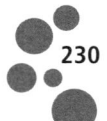

Wertschätzen Sie die Person, die Sie durch ihn kennen gelernt haben. Das kann sich dann beispielsweise so anhören: »Ich muss schon sagen, Sie kennen interessante, einflussreiche, angenehme Leute.« Und am Ende heißt es: herzhaft danken und mit einer Kleinigkeit belohnen! Solch überraschenden Momente des kleinen Glücks sind es, die wir Menschen besonders begehrenswert finden. Und mehr noch: Wenn wir von jemandem etwas geschenkt bekommen, fühlen wir uns ihm verpflichtet. Soziologen nennen das den Reziprozitätseffekt. So wird der Erstempfehler dann zum Powerempfehler und zum Supermultiplikator.

> **Am Ende heißt es: herzhaft danken und mit einer Kleinigkeit belohnen!**

Zu aufwändig, das Ganze? Dann überlegen Sie einmal, wie aufwändig und kostenintensiv die »kalte« Neukundenakquise ist!

Das Online-Monitoring

Web-Monitoring ist die beste Echtzeitmarktforschung aller Zeiten. Endlich können wir den Kunden zuhören, wenn sie sich über uns unterhalten. Wir können mitlesen, was sie über uns schreiben: Klartext, ungefiltert und unverblümt. Und das Beste ist: Wir können sofort darauf reagieren.

So gibt es die Geschichte des unzufriedenen Twitterers, der schrieb: »Der Empfang hat mir das mieseste Zimmer im ganzen Hotel gegeben.« Der Concierge las das, meldete sich unverzüglich bei dem Gast und quartierte ihn sofort in ein besseres Zimmer ein. Ein Onlinelob war ihm sicher.

Selbst für die Unternehmen, die, aus welchen Gründen auch immer, kein aktives Social-Media-Marketing betreiben, gilt: Online-Monitoring ist Pflicht! Beauftragen Sie dazu einen Mitarbeiter mit

Online-monitoring ist heutzutage Pflicht! der Aufgabe, permanent das Mitmachweb zu beobachten. Machen Sie es sich als Chef zum täglichen Ritual, die wesentlichen Ergebnisse daraus genauso sorgfältig zu studieren wie Ihre Geschäftspost und die Umsatzzahlen.

Legen Sie zunächst eine Beobachtungsliste an. Schreiben Sie die Begriffe auf, die Sie im Cyberspace aufspüren wollen. Dazu gehören Ihr Firmenname, Ihre Produktnamen, Ihre Marken, die Namen der Unternehmensleitung sowie wichtige Fachbegriffe, die Sie verfolgen wollen. Das Gleiche können Sie bei Bedarf auch für Ihre Mitbewerber tun.

Dank Google-Blogsuche, Facebook Search & Co. lassen sich die negativen wie positiven Erwähnungen ganz schnell ausfindig machen. Über Google Alerts, Bing Alerts, TweetBeep und viele andere Dienste erhält man das ganze Onlinegerede auf Wunsch täglich zugespielt. Rufen Sie dazu im Internet die entsprechenden Eingabemasken auf und folgen Sie dann den weiteren Anweisungen. Das ist kostenlos. Besser noch: Automatisieren Sie das Zuhören. Verwenden Sie Gratis-Tools wie Addictomatic zum Beobachten des Mitmachweb. So haben Sie mit dem geringstmöglichen Zeitaufwand eine größtmögliche Anzahl von Webseiten im Blick. Und es entgeht Ihnen kaum mehr eine Erwähnung.

Analysieren Sie alle gefundenen Angaben auf ihren Inhalt hin und vergleichen Sie das mit Ihren Zielen. Überlegen Sie, was Sie daraus lernen können und wie Sie das an den einzelnen Touchpoints weiterbringt. Stellen Sie sich hierzu folgende Fragen:

○ Welche Touchpoints werden am besten bewertet? Und was findet dabei den größten Zuspruch?
○ Wo gibt es Optimierungsbedarf? Und wie können uns die Hinweise aus dem Web dabei helfen?

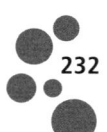

O Gibt es konkrete Verbesserungsideen? Und wie lassen sich diese dann umsetzen?

O Wer oder was erhält schlechte Noten? Gibt es Kritik, die schnell Wellen schlagen könnte? Und wie reagieren wir darauf?

O Wenn Sie auch die Konkurrenz beobachten: Was können wir aus dem, wie andere unsere Mitbewerber bewerten, für uns selber lernen?

Erstellen Sie auf dieser Basis ein übersichtliches Reporting mit den wichtigsten Ergebnissen im Überblick. Gehen Sie noch einen Schritt weiter. Entwerfen Sie einen minutiösen Krisenplan für den Fall, dass Kritik tatsächlich eskaliert, zu einem epidemischen »Shitstorm« führt oder investigatives Medieninteresse auf sich zieht. In wirklich kritischen Fällen bleibt oft kaum eine Stunde Zeit, um zu agieren. Zu guter Letzt ist es äußerst wichtig, dass Sie zeitnah auf Lob und Kritik reagieren. Bedanken Sie sich und informieren Sie über Ihre weiteren Schritte.

Entwerfen Sie einen minutiösen Krisenplan für den Fall, dass Kritik tatsächlich eskaliert.

Profis verwenden übrigens spezielle Social-Media-Analyseprogramme, die das Internet mit »Crawlern« durchsuchen und relevante Informationen herausfiltern. Dabei werden das Buzzvolumen und der Recommendation-Share ermittelt sowie eine Stimmungsklassifizierung betrieben. Bei dieser semantischen Version des Web-Monitoring können auch die Quellen der Onlineäußerungen identifiziert und angesteuert werden. Es wird dokumentiert, ob diese Quellen eine Multiplikatorenrolle haben, also ob sie im positiven Fall nützlich oder im negativen Fall gefährlich sind.

Bei der qualitativen Interpretation wird ermittelt, in welchen Lifestylekontexten die beobachteten Angebote genannt werden und welche Vorteile die agierenden Personen darin sehen. Außerdem werden aus sich abzeichnenden Trends Prognosen für den weiteren Verlauf erstellt. Das alles wird grafisch aufbereitet und gegebenenfalls mit Konkurrenzprodukten verglichen. Aus all diesen Beobachtungen und Analysen lassen sich notwendige und passende Adjustierungen entwickeln. »Vor Anschaffung eines solchen Tools ist deshalb auch zu klären, welche Fragen es beantworten soll«, rät Social-Media-Experte Curt Simon Harlinghausen.

Der »Return on Social Media«

Was Social Media bringt? Social Media ist keine Melkmaschine, sondern ein Sprachrohr, ein Reputationsmacher, ein Verbundenheitskatalysator, ein digitaler Interessenten-Bezauberer und ein Kundenbegeisterungsoptimierer par excellence.

Social Media ist ein Sprachrohr, ein Reputationsmacher, ein Verbundenheitskatalysator und ein Optimierer par excellence.

Darüber hinaus bringt Social Media positive Effekte auf die Kundenloyalität, auf virale Mundpropaganda und verbesserte Suchmaschinenplatzierungen. Echtzeitmeinungen aus dem Web helfen bei der Früherkennung von Highlights oder Problemherden. Schwachstellen lassen sich ungeschminkt aufdecken, Missstände entlarven und neue Trends erschließen. Vor allem dafür sollte sich das Topmanagement brennend interessieren, wenn von Social Media die Rede ist. Aus dem eigenen Haus erhält es ja meist nur solche Informationen vorgefiltert, von denen »die weiter unten« glauben, dass man sie »da oben« hören will: politisch gefärbt und diplomatisch serviert. Heilige Kühe werden gar nicht erst angefasst.

Dem Kunden allerdings sind heilige Kühe schnurzegal. Der Ton im Web ist manchmal rau, doch die Essenz aus Kommentaren kann wegweisend sein. In einem Fall kam ein Staubsaugerhersteller über Onlinegespräche darauf, dass Hunde nicht bellen, wenn

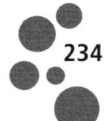

seine Geräte eingeschaltet werden. Daraus kann man kreativ und werblich ganz schön was machen. »Immer wenn wir Kundenwünsche in unserem Sortiment berücksichtigen, werden wir mit Lob im Social Web belohnt«, berichtet Monica Glisenti, Leiterin Corporate Communications bei der Schweizer Migros. Und die ganze Welt liest mit.

Die Essenz aus Social-Media-Kommentaren kann wegweisend sein.

Auf Dell-Plattformen hat der Dialog mit und zwischen den Kunden (heute) einen ganz hohen Stellenwert. Hohe Kosteneinsparungen, so berichtet Michael Buck, Direktor für Online-Marketing-Strategien, werden durch ein Supportforum erzielt, weil dort viele Supportanfragen direkt von Kunden beantwortet werden. Darüber hinaus bekommen die angebotenen Elektronikprodukte Sternebewertungen von Kunden. Angebote, die nur zwei von fünf möglichen Sternen erhalten haben, fliegen aus dem Sortiment. Am Anfang waren die Entwickler darüber entsetzt: »Wenn der Kunde uns aber nun schlecht bewertet?« »Seid froh, dann lernt ihr etwas«, war die Antwort darauf. Heute werden die Bewerter von den Entwicklern direkt befragt: »Du gibst dem Produkt nur zwei Sterne. Erklär doch bitte mal, warum.« So erreicht das Feedback direkt die Stelle, die es betrifft. Um bei einer Kritik sicher zu sein, dass andere das genauso sehen, fragt Dell in der Community nach: »Jemand sagt, am XY-Computer sei der USB-Schlitz zu nah am Steckerloch? Ist euch das auch so wichtig?« Die Antworten kommen reichlich und sie helfen, jede Menge Entwicklungskosten zu sparen.

Egal, ob Sie nun, so wie Dell, Onlinegespräche gezielt anstoßen oder dem Onlinebuzz nur aufmerksam lauschen: Die Erkenntnisse aus einem regen Online-Monitoring an möglichst vielen relevanten Touchpoints lassen sich in den unterschiedlichsten Unternehmensbereichen sinnvoll nutzen:

- In Forschung & Entwicklung: Produktverbesserungen sowie neue Produkt- und Serviceideen
- In der Rechtsabteilung: Aufspüren von Markenmissbrauch etc.
- In der Marktforschung: Früherkennung von Trends im Kundenverhalten
- Im Marketing: Vorbereiten, Testen und Optimieren von Kampagnen
- Im Brand-Management: Einblick in Kundenalltag und -seele (Customer Insights)
- In der Öffentlichkeitsarbeit: Krisenherde aufspüren und schnell reagieren
- Im Vertrieb: Konkurrenzbeobachtung, Markt- und Wettbewerbsanalysen
- Im Verkauf: Sichten von Vorinformationen über Gesprächspartner
- Im After-Sales-Service: etwaige Probleme zügig erfassen und beheben
- Im Support: Kostenersparnisse, wenn Kunden Kunden helfen
- In der Finanzabteilung: Früherkennung von Bonitätsproblemen
- Im Recruiting: Suche und Evaluierung von Bewerbern
- In der Personalentwicklung: Einsatz interaktiver Wissenstools

Schon allein dieser kleine Überblick zeigt: Die simple Frage nach dem geldwerten Rückfluss investierter Social-Media-Budgets ist viel zu kurz gedacht. Und was man auch verstehen muss: Die Umwandlung von Interessenten in Kunden geschieht gar nicht im Social Web, sondern auf der eigenen Webseite und / oder in der realen Welt – an all den Touchpoints nämlich, die in den vorherigen Schritten betrachtet wurden. Social Media ist in erster Linie ein idealer Schauplatz, um Kauflust auszulösen, und in nur geringem Maße eine direkte Verkaufsstelle.

Die simple Frage nach dem geldwerten Rückfluss investierter Social-Media-Budgets ist viel zu kurz gedacht.

So gehört ein sorgfältig abgestimmter Social-Media-Marketingplan (SMM) heute zu jeder guten Businessstrategie. Unternehmen sollten außerdem alles daransetzen, mit ihren Schlüsselbegriffen bei Google & Co. ganz weit nach vorne zu kommen, am besten auf die erste Seite. Was ihre Angebote zu »Frontpage-Material« macht? Eine linkverstärkte Reputation, gute Inhalte (Content), eine saubere Onsite- und Offsite-Suchmaschinenoptimierung (SEO) und ein planvolles Suchmaschinenmarketing (SEM) sind unentbehrlich.

Erfolgsmessung im Social Web

Heute, wo jeder alles hat und kaum jemand noch zusätzliches braucht, bedarf es meist mehrerer Berührungspunkte, um einen Haben-wollen-Wunsch auszulösen. Eine Zuordnung, welcher Touchpoint bei der Entscheidungsfindung schließlich der ausschlaggebende war, ist oft gar nicht möglich. Gerade Social Media hat Einfluss auf viele verschiedene Faktoren im gesamten Kauf- und Loyalisierungszyklus. Grundsätzlich muss dabei zwischen einem quantitativen und einem qualitativen sowie einem kurzfristigen und einem langfristigen Rückfluss unterschieden werden.

Es bedarf meist mehrerer Berührungspunkte, um einen Haben-wollen-Wunsch auszulösen.

Der direkte Traffic aus Social-Media-Aktivitäten auf die eigene Webseite ist mithilfe entsprechender Analytics-Programme leicht zu messen, der indirekte hingegen nur auf Umwegen. Da helfen die beiden Fragen, die Sie bereits kennen, schon sehr:

O Wie haben Sie zuallererst von unserem Angebot erfahren?
O Was hat Sie bei Ihrer Entscheidung am stärksten beeinflusst?

Dabei wird ebenfalls klar: Das eindimensionale ROI-Modell (Return on Investment) aus klassischen Werbewirkungsanalysen lässt sich nicht einfach so auf Social Media übertragen. Hier geht es um

Wenn schon ROI, dann sollten wir besser den »Return on Interaction« messen.

eine Erkenntnis jenseits aller Zahlenmanie: Das Social Web ist ein Netzwerk voll wunderbarer Menschen – und nicht nur ein weiterer Verkaufskanal. Wenn schon ROI, dann sollten wir besser den »Return on Interaction« (John Lovett) sowie den »Return on Advocacy« messen – aber auch den »Return on Ignorance« (Brian Solis), wenn man das Social Web ignoriert..

Doch kann man die Qualität einer Beziehung überhaupt in Zahlen ausdrücken? »Wenn du eine Messe besuchst oder ein Networking Event, so läufst du auch nicht herum und notierst dir einen Wert zu den Menschen, die du triffst«, sagt Norbert Weider von der Ragazzi Group in einem sehr schönen Blogbeitrag. »Anstatt in Statistik-Tools und Tracking Software zu investieren, sollten Unternehmen dieses Geld lieber dafür aufwenden, ihre Mitarbeiter zu schulen, menschlicher zu sein, freundlicher zu kommunizieren und Beziehungen aufzubauen. Ich glaube, wir wissen alle, wie nötig gerade das bei vielen Unternehmen wäre«, schreibt er weiter.

Aber gerade im Webmarketing gibt es Zahlenjunkies genug. Sie haben Kennzahlen-Cockpits entwickelt, um ihre Onlineaktivitäten in Echtzeit zu steuern. Und sie werkeln mit Social Media Dashbords herum, die die Fülle unstrukturierter Daten aus sozialen Netzwerken kanalisieren und in Grafiken packen. Die dazugehörigen KPIs (Key Performance Indicators) werden meist individuell definiert, weil sich Standardprogramme für ihre anspruchsvollen Zwecke nicht eignen. Andere nehmen die Auswertungstools von Anbietern wie Google und Facebook zu Hilfe.

Die wichtigste Erkenntnis aus dieser Besessenheit von Messbarkeit? Kennzahlen und Messgrößen sind nicht das Ende, sondern der Anfang. Wir müssen nun noch die richtigen Erkenntnisse hineininterpretieren, um uns dann in eine Optimierungsrunde zu begeben.

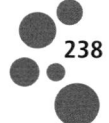

Die Prozessoptimierung

Ein offenes Ohr und der feste Wille, es jeden Tag noch ein wenig besser machen zu wollen: Das sind wohl die besten Voraussetzungen für das, was nun beginnt. Dieser Schritt leitet im Idealfall direkt zu einem der vorangegangenen Schritte über. So entsteht eine Erfolgswendeltreppe, die immer weiter nach oben führt, solange Ihr Unternehmen sich am Markt befindet. Und das dürfte, wenn Sie den Touchpoint-Prozess tatsächlich implementieren, nach meiner Einschätzung sehr lange sein. Was Sie dazu in jedem Fall brauchen, ist eine Bank voll sprudelnder Ideen. »Ideen sind das Geld von morgen«, sagt der Schweizer Trendforscher David Bosshart dazu.

Wie Sie eine 3.0-Ideenbank einrichten

An den Kundenberührungspunkten können wir gar nicht genug gute Ideen haben. »Für eine gute Idee brauchst du vor allem eins: viele Ideen.« Das hat der Erfinder Thomas Alva Edison einmal gesagt. Nur wer viel würfelt, der würfelt am Ende auch Sechser. Sammeln Sie also Ideen systematisch:

○ Ihre eigenen Ideen in einem Ideenbuch
○ Die Ideen anderer in einem (digitalen) Ordner
○ Die Ideen Ihrer Mitarbeiter in einer Ideenbank

Das ideale Tool für ein Touchpoint-Ideenmanagement ist eine Mischung aus Wiki, Blog und Bewertungsportal. Ich nenne das Ideenbank, weil es wie ein Bankkonto funktioniert: Ideen, die man gerade braucht, können abgehoben werden, alles andere wird für später angespart. In einer solchen Ideenbank werden – angelehnt an das Wikipedia-konzept – die Touchpoints gelistet und kurz beschrieben. Im Rahmen eines einheitlichen

> **Das ideale Tool für ein Touchpoint-Ideenmanagement ist eine Mischung aus Wiki, Blog und Bewertungsportal.**

Gliederungskonzepts ordnet man dann die einzelnen Ideen nebst Vorgehensweisen und Umsetzungserfahrungen dem jeweiligen Touchpoint zu. Dazu gesellen sich zur weiteren Vertiefung Dokumente, Fotos, Audios und Videos.

Unter jede Idee kommt – wie bei einem Blog – ein Kommentarfeld, in dem die Ideenverwender ihre Meinung zu und / oder ihre Erfahrungen mit der Idee einstellen können. Ferner gibt es – wie bei Amazon – eine Fünf-Sterne-Bewertungsfunktion sowie die Ja / Nein-Frage danach, ob diese Idee hilfreich war. Ferner gibt es einen Zähler, der anzeigt, wie oft eine Idee angeklickt wurde. Verlinkungsmöglichkeiten und eine Verschlagwortung helfen beim Suchen und Finden. Kommunizieren Sie regelmäßig über dieses Tool und die Aktivitäten drum herum. Gerade die Geschäftsleitung sollte ihr reges Interesse daran zeigen. Schaffen Sie schließlich originelle Anreizsysteme, um die effizientesten und am besten gevoteten Ideen und auch die kreativen Köpfe dahinter zu feiern.

Richten Sie auch eine Art Firmen-YouTube ein, inklusive Bewertungs- und Kommentierfunktion. Stellen Sie das gesamte Videomaterial dort ein, das Sie bereits haben oder – inspiriert durch Hinweise aus diesem Buch – zügig erstellen werden. Was sich eignet, sollten Sie auch auf externe Webpräsenzen und Videoplattformen hochladen. Achten Sie dann dort auf Feedback und reagieren Sie passend darauf.

Zapfen Sie den größten Ideenpool an: den kollektiven Einfallsreichtum kreativer Kunden.

Und damit Ihnen die Ideen niemals ausgehen, zapfen Sie am besten immer mal wieder den größten Ideenpool an, den es da draußen gibt: den kollektiven Einfallsreichtum kreativer Kunden. So suchte der Schweizer Outdoor-Spezialist Mammut Ideen, wie er sein 150-Jahr-Jubiläum begehen könnte. Insgesamt 171 Externe beteiligten sich an dem Projekt. Dabei kamen 292 Ideen zusammen.

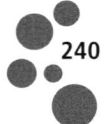

Hilfe von außen: Die Ideen der anderen

Eine ganze Reihe großer Firmen hat schon vor Jahren digitale Mit-mach-Innovationsplattformen geschaffen, auf denen Interessierte ihre Ideen einbringen können. Zu den Pionieren zählt der Computeranbieter Dell und seine Ideastorm-Community, die inzwischen um das Mitarbeiterportal Employee-Storm erweitert wurde. Dell konnte hierüber Entwicklungskosten in Millionenhöhe sparen. Beim österreichischen Kristallglasverarbeiter Swarovski ist bei 70 Prozent aller Produktneueinführungen deren i-flash Community mitbeteiligt.

Tchibo ist mithilfe seiner Ideas-Plattform wieder so richtig in Fahrt gekommen. Schon 2009 hat das Unternehmen die erste Produktreihe herausgebracht, die von den Kunden selbst entwickelt wurde. Tausende von Vorschlägen wurden inzwischen eingereicht. Was als 2.0-Kundenbindungsaktion begann, ist mittlerweile ein Vorzeigeprojekt der gesamten Handelsbranche. Die Plattform entwickelt sich immer mehr zur Ratgeber-Community, die dabei hilft, Alltagsprobleme in den Griff zu bekommen. Sie kann übrigens auch als Vorlage für Ihre eigene Ideenplattform dienen.

Laden Sie Ihre Fans auf Ihren Social-Media-Präsenzen zum Ideen-Storming ein.

Der einfachste Weg zu guten Ideen? Laden Sie Ihre Follower und Fans auf Ihren Social-Media-Präsenzen zum Ideen-Storming ein. So hat die dänische Danske Bank auf ihrer Facebook-Seite einen Reiter mit der Aufschrift »Ideenbank«. Ich selbst schreibe, wenn ich mal nicht weiter weiß, meine Fragen einfach an meine Facebook-Wall. Irgendjemand hat immer eine Antwort. Und alle, die mitlesen, können sich davon gleich mitinspirieren lassen.

Ein anderer Weg macht die Tür zu Social Media noch weiter auf: Stellen Sie Ihre brennenden Fragen der ganzen Welt – das nennt sich Open Innovation. Auf Webseiten wie brainr.de, atizo.com oder brainfloor.com kann man zum öffentlichen Brainstorming einladen. Wer solche Ideenplattformen nutzt, versorgt sich mit der kollektiven Intelligenz kreativer Querdenker. Denn die wertvollsten Ideen entstehen niemals im behüteten Drinnen, sondern an den Rändern einer Organisation und im wilden Draußen.

Für die ganz großen Problemstellungen gibt es innocentive.com. Dort liefern die Mitglieder im Schnitt nach 74 Stunden einen Lösungsvorschlag. Einem Pharmaunternehmen, das immense Gelder in die Forschung eines neuartigen Biomarkers investierte und doch zu keiner Lösung kam, brachte die Plattform insgesamt 739 Vorschläge. In kürzester Zeit wurde so ein Erfolg verzeichnet (zitiert nach: Johann Füller im Harvard Business Manager, siehe Literatur).

Bei manchen Firmen gehört der schöpferische Kunde schon richtig zum Team. Erklärende Texte werden dort von Kunden gemacht. Gebrauchsanweisungen werden von Kunden geschrieben oder, besser noch, als Video mit der Unterstützung von Kunden gedreht. Interessant ist in diesem Zusammenhang, dass sich ein Großteil der Kunden gerne dafür einspannen lässt. Die Motivations-

Bei manchen Firmen gehört der schöpferische Kunde schon richtig zum Team.

trigger dazu kennen Sie schon: Verbundenheit und Anerkennung, Frohsinn und richtig viel Spaß. Auch für kreativen Output werden wir vom Gehirn mit dem Turbolader Dopamin belohnt. Dopamin ist der Freudentaumel, das aufgekratzte Beflügelt-Sein, die Glücksdroge per se. Doch nach kurzer Zeit stumpfen die Rezeptoren schon ab und der Zauber lässt nach. Mehr muss dann her. Eine kleine Sucht entsteht. Verheißungsvolle Ideen, die man gern teilen mag, kommen dann öfter.

Eines ist klar: Wem ein Außenstehender durch sein Mittun geldwerte Vorteile verschafft, der muss sich auch erkennt-

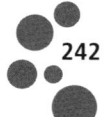

lich zeigen. Der Kunde als Büttel, das funktioniert heute nicht mehr. Wenn Externe brauchbare Ideen liefern, dann sollte das vergütet werden. Ein absolutes Minimum: Das Unternehmen veröffentlicht die Idee des Kunden und nennt ihn als Ideengeber – das beschert ihm zumindest etwas Ruhm und Ehre. Eine Verlosung mit attraktiven Preisen wäre eine zweite Option. Ein monetärer Gegenwert ist die dritte.

Wenn Externe brauchbare Ideen liefern, dann sollte das vergütet werden.

Service goes Social Media

Guter Service beginnt in Zukunft nicht erst dann, wenn ein (enttäuschter) Kunde von sich aus an das Unternehmen herantritt. 3.0-Service heißt, Sie gehen dorthin, wo man über Ihre Performance redet: ins Social Web. Netaffine Kunden erwarten heute ganz selbstverständlich von modernen Marken, dass man ihren Gesprächen auf den Social-Media-Plattformen lauscht. So ist aus einer Bringschuld – der Kunde tritt mit Fragen oder einer Reklamation an einen Anbieter heran – heute eine Holschuld geworden.

Und noch etwas hat sich verändert: Früher wurden Kundenanfragen hinter verschlossenen Türen abgewickelt, heute beobachtet die ganze Welt, wie ein Unternehmen mit den Anforderungen, Wünschen und Problemen der User hantiert. So wird Service öffentlich und für jedermann sichtbar. Die gute oder schlechte Abwicklung als solche wird genüsslich kommentiert, bewertet oder auch mit zusätzlichen Ideen bereichert.

So benötigen die Customer-Care-Mitarbeiter das Wissen und die Kompetenz, um in den Weiten des Web nach Interventionen zu suchen und adäquat darauf zu reagieren. Das, was sich dann aus den Diskussionen ergibt, kann zur Optimierung der Aktivitäten an den einzelnen Touchpoints einen erheblichen Beitrag leisten.

Touchpoint-Projekte in der Praxis

Das Schöne am Touchpoint Management: Man braucht kein Riesentamtam, keine staubtrockenen Managementtheorien, keine externen Consultants und auch keine endlose Zeit, um ein Touchpoint-Projekt anzustoßen. Man muss sich auch nicht an öde Systeme halten, die wie Pflichtprogramme abgespult werden und enorme Ressourcen binden. Wir brauchen auch keine Normen und keinen ISO-Stress, was höchstens Zufriedenheit schafft. Wir wollen ja Begeisterung, auf Kunden- *und* auf Mitarbeiterseite. Und beides werden Sie bekommen.

Wir wollen ja Begeisterung, auf Kunden- und auf Mitarbeiterseite.

Im Touchpoint Management gibt es auch nicht nur den einen Weg zum Ziel und sicherlich keine vorgeschriebene Marschrichtung. Man kann den Prozess als Ganzes angehen oder an einem kleinen Berührungspunkt einfach konzentriert loslegen. So kommen Sie ohne Ballast aus den Startblöcken. Das macht Sie schnell. Und das ist auch gut. Denn Kunden warten nicht länger, bis Unternehmen endlich alles voll durchgeplant haben und gemächlich in Schwung kommen. Schon bei der kleinsten Unzufriedenheit sind sie auf und davon.

Was wir keinesfalls brauchen können: Prozessfanatiker, Controllingfreaks und Kennzahlenlakaien. Verhalten lässt sich notfalls befehlen, eine kundenfreundliche Einstellung jedoch nicht. Kundenfreundliche Unternehmen entstehen zwar auch durch ein systematisches Vorgehen, aber vor allem durch Menschen mit gesun-

dem Menschenverstand, mit Herzblut und dem Quäntchen Mut, es auch mal ganz anders zu machen.

Werden Touchpoint-Aktivitäten von den Mitarbeitern selbst erarbeitet, erzeugt das den Mein-Baby-Effekt.

Grundvoraussetzung ist natürlich, dass die Basics stimmen: Ohne eine Spitzenproduktqualität, ein ansprechendes Ambiente und das nötige Know-how geht es nicht. An jedem Touchpoint wird danach überlegt, wie man die Interaktion mit seinen Kunden besser gestalten, ihr Leben vereinfachen und ihren Nutzen vergrößern kann – oder wie man sie emotional berühren, ihr Dasein versüßen, ihnen Zeit schenken und sie immer wieder aufs Neue überraschen kann. Nicht Geld ist für viele der größte Luxus, sondern Zeit und Vergnüglichkeit, Sicherheit und Geborgenheit, Ruhe und Freiraum, Wohlergehen und ein gesünderes Selbst. Wer sich solche kleinen Kostbarkeiten kaufen kann, der schaut nicht aufs Preisschild.

Mit der Präzision eines Laserstrahls muss deshalb das gesucht und gefunden werden, was beim Kunden Freude am Bleiben, Immer-wieder-Kauflust und Empfehlungswilligkeit weckt. Dies ist nicht nur eine Frage des »Wissens« und »Könnens«, sondern vor allem von »Wollen« und »Dürfen«.

Deshalb lasse ich Touchpoint-Aktivitäten stets von den Mitarbeitern selbst erarbeiten. Es ist fast unmöglich, sich mit etwas zu identifizieren, das man nicht selber festgelegt hat. Das Wollen erreicht man also immer dann am besten, wenn die Mitarbeiter freiwillig sagen, sie könnten sich vorstellen, etwas in Zukunft so und so zu machen. Begeisterung für die Sache wird auf diesem Weg gleich mitgeliefert. Es ist auch immer wieder schön zu sehen, welch wertvolle Ergebnisse es am Ende gibt. Die geplanten Maßnahmen werden dann auch sehr engagiert umgesetzt. Sie wurden ja nicht vom Chef vordiktiert, sondern in Eigenregie entwickelt. Das nennen wir – Sie wissen es schon – den »Mein-Baby-Effekt«.

Im Touchpoint Management gibt es drei denkbare Vorgehensweisen:

○ Ein Customer-Touchpoint-Projekt
○ Das sukzessive Arbeiten an einzelnen Touchpoints
○ Eine Großgruppenveranstaltung

Schauen wir uns das einmal genauer an.

Der lange Weg: Das Customer-Touchpoint-Projekt

Hier geht es um die Initiierung eines Projekts, das nur einem Zweck dient: das Customer Touchpoint Management als solches oder Teile davon im Unternehmen einzuführen. Am Anfang stehen folgende Schritte:

○ Berufung des Projektleiters
○ Zusammenstellung des Projektteams
○ Definition der Projektziele
○ Festlegung der organisatorischen Parameter
○ Reportings in alle Richtungen

Es kann durchaus sinnvoll sein, einen Sachfremden auszuwählen.

Zunächst muss der Projektleiter berufen werden. Hierzu kann es durchaus sinnvoll sein, einen Sachfremden auszuwählen. Der Vorteil dabei? Da er von der Materie selbst keine Ahnung hat, ist er gezwungen, sich mit den Teilnehmern auszutauschen und dabei auch »dumme« Fragen zu stellen. Durch solche Dialoge werden Zusammenhänge klarer, brachliegendes Wissen wird angezapft, Hierarchiebremsen werden ausgehebelt und der Blick durch eine andere Brille lässt oft ganz neue, mutige Ideen entstehen.

Zumindest zeitweise kann es auch sinnvoll sein, einen Externen als neutraler Moderator hinzuzuziehen, um der eigenen Betriebsblindheit zu entgehen. *Nie* würde ich hingegen empfehlen, solche Analysen voll und ganz von externen Beratern erstellen zu lassen. Das Wichtigste ist die Akzeptanz der involvierten Mitarbeiter und eine Vorgehensweise, die einfach und verständlich ist.

Nun wird die Zusammensetzung des Projektteams bestimmt. Das will gut überlegt sein und sollte sich eng an der Aufgabenstellung orientieren. Es wäre also gut, wenn Sie das Team nicht einfach so »zusammenwürfeln«. Achten Sie auf einen guten Mix aus langjährigen und neuen, jungen und alten, männlichen und weiblichen Mitarbeitern. Laden Sie unbedingt Kollegen aus unterschiedlichen Bereichen ein, damit das Denken in Zuständigkeiten endlich zu Grabe getragen werden kann und in Zukunft die kundenbezogene Zusammenarbeit jenseits aller Ressort-Egoismen reibungslos klappt.

Jedes Projekt hat zwei Phasen: die Phase der Ideenfindung und die Phase der Überführung in die Realität.

Beachten Sie auch, dass es im Verlauf eines Projektes immer zwei Phasen gibt: die Phase der Ideenfindung und die Phase der Überführung in die Realität. Für beide Phasen benötigen wir unterschiedliche Menschentypen. Für die Ideenfindung braucht es Querdenker, Chaoten, Visionäre, Zerstörer und Regelbrecher. Sie geben den kreativen Input. Sie stellen die abwegigsten Fragen, sie denken das Undenkbare und träumen sich in die schönsten Luftschlösser hinein. In dieser Phase kann man gar nicht genug verrückte Ideen haben. Sie sind die Basis für die Wow-Faktoren, die im Kundenkreis ständig neu für Begeisterung sorgen.

In einem zweiten Schritt holt man dann die brauchbaren Ideen auf den Boden der Tatsachen zurück. Hierzu muss die Zusammensetzung des Projektteams verändert werden. Die Überführung auf ein

Why-notter sehen in allem Neuen ein Eldorado von Chancen, Yes-butter sehen eher die potenzielle Gefahr.

hohes Niveau der Machbarkeit erfordert einen anderen Menschentypus: den detailverliebten Schützer und Bewahrer. Diesen Typ nenne ich Yes-butter, den anderen Why-notter. Why-notter sehen in allem Neuen ein Eldorado von Chancen, Yes-butter sehen eher die potenzielle Gefahr. Der erste Typ ist also das Ausrufezeichen und der zweite Typ das Fragezeichen. Die Fragezeichen brauchen wir, um die vielen kleinen Trittsteine ins Neuland zu legen und den Weg sicher zu machen. Werden sie jedoch zu früh hinzugezogen, ersticken sie jede verrückte Idee im Keim.

Ziehen Sie zu passenden Projektzeitpunkten auch einige – möglichst unbequeme – Kunden hinzu, die als Ideenlieferant und / oder Feedbackgeber fungieren. Sollte das nicht möglich sein, setzen Sie einen virtuellen Kundenrepräsentanten mit an den Besprechungstisch. Bei einem meiner Kunden, dem Fertighaushersteller Town & Country, ist das eine lebensgroße Puppe namens Uschi. Immer dann, wenn Vorgehensweisen besprochen werden oder Entscheidungen zu treffen sind, fragt man sich, was Uschi dazu sagen würde, und ob sie davon begeistert wäre. Eine gute Idee!

Jedes Touchpoint-Projekt sollte von der Geschäftsleitung mitgetragen werden. Vereinbaren Sie also regelmäßige Berichte nach ganz oben. Kommunizieren Sie ebenfalls lebendig in internen Medien darüber. Stellen Sie gleich zu Beginn das notwenige Budget sicher. Ich habe schon Touchpoint-Projekte scheitern sehen, weil es am Ende kein Geld dafür gab. Andererseits habe ich auch schon Projekte gesehen, die missraten sind, weil es zu viel Budget dafür gab. Dann geht's nämlich zuvörderst ums Verwalten und Geldausgeben. Nutzen Sie lieber »Brain statt Budget«. Mit wenig Geld kommt man meist dem Genius der Kreativität sehr viel näher.

Das Warmlaufen

Zum Einstimmen und Warmlaufen kann man den Projektteilnehmern zum Beispiel die folgende Aufgabe geben: »Sie haben zwei Minuten Zeit. Notieren Sie – jeder für sich – so viele potenzielle Kontaktpunkte wie möglich, die Sie mit einem Hotel haben könnten.« Wenn das Beispiel Hotel nicht passt, nehmen Sie etwas anderes. Erfahrungsgemäß wird bei dieser Übung jeder Teilnehmer etwa zehn bis zwanzig Touchpoints finden und aufschreiben. Die Gruppe als Ganzes kommt je nach Teilnehmerzahl locker auf 50 bis 100 Touchpoints – und das in nur zwei Minuten.

Anschließend stelle ich den Teilnehmern gern die folgende Frage: »Welches ist der erste Kontaktpunkt, den ein potenzieller Kunde mit Ihrem Unternehmen hat?« Die Antworten fallen – über alle Branchen hinweg – sehr ähnlich aus: Der Interessent kommt vorbei, er ruft an, er mailt, er erhält Unterlagen, er geht auf unsere Webseite, er betrachtet unsere Schaufenster, er wird von einem Außendienstmitarbeiter besucht.

An diesen Antworten erkennt man die immer noch vorherrschende selbstzentrierte Sichtweise in den Unternehmen.

An diesen Antworten erkennt man die immer noch vorherrschende selbstzentrierte Sichtweise in den Unternehmen. In Wirklichkeit entstehen die ersten Kontakte, wie wir bereits gesehen haben, ja schon sehr viel früher:

○ Der potenzielle Kunde hat einen latenten Kaufwunsch und es kommt ihm dazu ein adäquater Anbieter in den Sinn. Dieser allererste Gedanke manifestiert sich je nach Vorerfahrungen beziehungsweise Unternehmensreputation als eher positives oder negatives Gefühl.
○ In seinem Umfeld oder in den Medien hört beziehungsweise liest man ganz beiläufig etwas über ein Unternehmen und seine

Angebote. Diese Meinung ist positiv oder negativ und wird den ersten Eindruck färben.

O Der Interessent befragt Kollegen oder Freunde, was sie zu einem Unternehmen und dessen Produkten und Services sagen können. Und deren Meinung zählt – jedenfalls meistens.

O Er googelt das Unternehmen und stößt dabei auf zu- oder abratende Einträge in Foren und Blogs oder auf Meinungs- und Bewertungsportalen. Und diese beeinflussen das weitere Interesse in aller Regel erheblich.

So kommt es, dass viele Unternehmen es sich mit ihren Interessenten bereits verscherzt haben, noch bevor es überhaupt einen ersten direkten Kontaktversuch gab. Den Teilnehmern ist das allerdings bislang meist gar nicht in dieser Deutlichkeit bewusst gewesen. Spätestens jetzt ist aber klar, wie intensiv man sich im Rahmen eines Touchpoint-Projekts gerade mit den einem Kaufwunsch vorgelagerten »neuen Momenten der Wahrheit« beschäftigen muss.

Um die Ist-Situation abzubilden, ist eine Collage hilfreich.

Die Collage

Durch diese Vorübungen ist der Blick durch die Kundenbrille geschärft und wir können uns mit den nächsten Schritten befassen. Um die Ist-Situation abzubilden, ist zum Beispiel das Anfertigen eine Collage hilfreich. Diese kann je nach Branche einen der folgenden Titel tragen:

O Eine typische Kundenreise durch unser Unternehmen
O Die Erlebnisse eines Kunden beim Kauf von Produkt X
O Wie es einem typischen Kunden vor, während und nach Inanspruchnahme unserer Dienstleistung Y ergeht

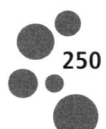

Dabei wird der Verlauf einer typischen Kundenreise vorbei an den einzelnen Touchpoints bildlich dargestellt. Es wird also nicht nur geschrieben, es wird auch gemalt und geklebt. Teammitglieder geben ausgewählte Geschichten zum Besten und heften beispielhafte Kundenmeinungen an. Sie zerlegen mitgebrachte Produkte in ihre Bestandteil oder dröseln schriftliche Unterlagen entsprechend auf. Plus- und Minuspunkte werden aufgelistet. Dos und Don'ts werden nachgestellt und per Storyboard oder Video dokumentiert.

Das Ganze lässt sich an Pinnwänden darstellen, die chronologisch nebeneinanderstehen und durch den Weg des Kunden miteinander verbunden sind. Diese Wände kann man im weiteren Verlauf des Projekts mit in seine Abteilung nehmen, um den Fortschritt zu dokumentieren und die Verbindungsstellen zu anderen Bereichen immer vor Augen zu haben. Inzwischen lassen sich dazu auch internetfähige Multimediawände benutzen, die man mit Fingerbewegungen wie bei einen iPad bedient.

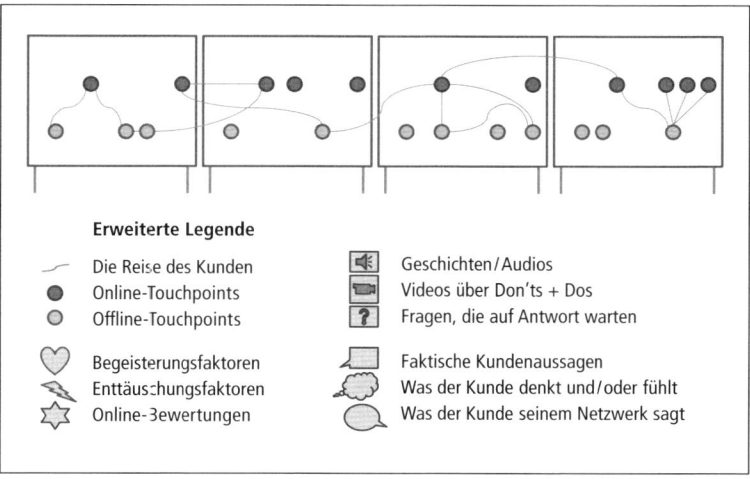

Abb. 19: Eine typische »Kundenreise« durch das Unternehmen, detailliert dokumentiert und an Pinnwänden dargestellt

Man darf die Touchpoints nicht aus einer Innensicht heraus betrachten.

Das weitere Vorgehen

Nach dieser Vorarbeit erstellen die Teammitglieder eine Prioritätenliste der zu bearbeitenden Touchpoints. Diese werden in Folgetreffen entsprechend der beschriebenen vier Touchpoint-Management-Schritte bearbeitet: Nach dem Erfassen der Ist-Situation an den zu betrachtenden Touchpoints wird eine gewünschte oder notwendige Soll-Situation definiert und ein Maßnahmenplan entwickelt. Diesen Plan führt das Team in den angepeilten Zeitlimits aus. Dann wird das Ergebnis anhand passender Messgrößen überprüft und optimiert.

Dabei darf man bloß nicht in die alte Denke der Prozessorganisation zurückverfallen und den Fehler machen, die Touchpoints aus einer Innensicht heraus zu betrachten. In einem Autohaus zum Beispiel sähe das am Touchpoint Reparaturannahme *fälschlicherweise* so aus:

O Wir übernehmen das Auto des Kunden.
O Wir führen die erforderlichen Reparaturen aus.
O Wir informieren den Kunden, dass sein Auto abholbereit ist.
O Wir geben das Fahrzeug mit Schlüssel und Papieren zurück.
O Wir erstellen die Rechnung und drucken sie aus.
O Wir erläutern dem Kunden die Rechnung.
O Wir schicken den Kunden zur Kasse.
O Wir verabschieden den Kunden.

Im Customer Touchpoint Management betrachten wir diesen Vorgang aus Kundensicht. Die Formulierungen sehen dann *richtigerweise* so aus:

O Der Kunde ruft zwecks Terminvereinbarung bei uns an.
O Der Kunde fährt mit dem Wagen vor.
O Der Kunde meldet sich bei der Anmeldung an.

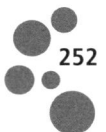

o Der Kunde bespricht die Reparatur mit einem Servicemitarbeiter.
o Der Kunde wartet auf die Fertigstellung der Reparatur.
o Der Kunde holt sein Fahrzeug ab.
o Der Kunde erhält den Schlüssel und die Papiere zurück.
o Dem Kunden wird die Rechnung erläutert.
o Der Kunde zahlt an der Kasse.
o Der Kunde wird verabschiedet.
o Der Kunde fährt nach Hause.

Dabei werden die Touchpoints in Ober- und Untertouchpoints sor-
tiert und optisch sichtbar gemacht. Das Ergebnis zeigt Abb. 20.

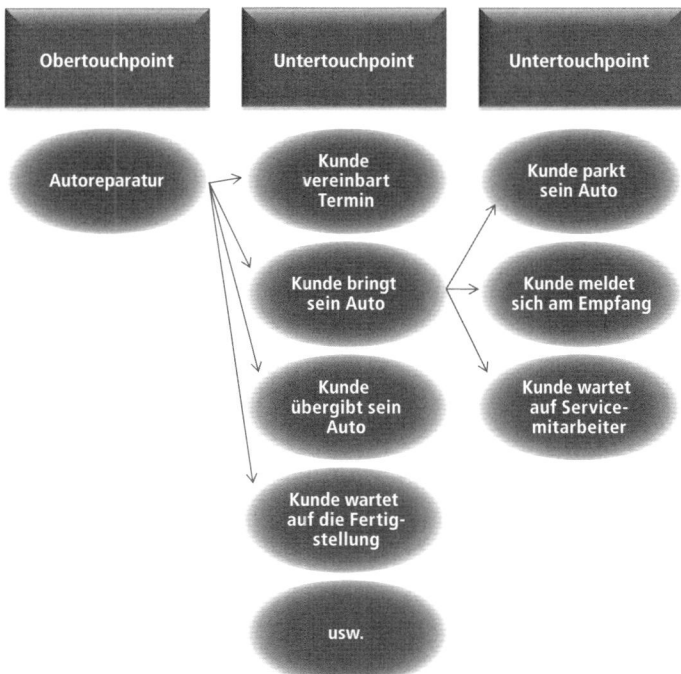

Abb. 20: Ober- und Untertouchpoints in der Autowerkstatt

Danach sollten Sie bei den ausgewählten Touchpoints nach Enttäuschungs-, OK- und Begeisterungsfaktoren fahnden. Schließlich suchen Sie nach passenden Verbesserungsideen. Wie das aussehen kann, zeigt Abbildung 21.

Abb. 21: Touchpoints und die Suche nach Enttäuschungs-, Okay- und Begeisterungsfaktoren in der Autowerkstatt

Der schnelle Weg: Arbeit an einzelnen Touchpoints

Am besten fangen Sie einfach bei einem einzelnen Touchpoint an – idealerweise bei einem, der schnelle Ergebnisse bringt. Es kann aber auch ein Punkt sein, der aus Sicht Ihrer Kunden ganz dringend Veränderung braucht.

Dazu lassen sich zwei Wege gehen:

⊛ Sie integrieren das Thema Touchpoint-Optimierung als festen Tagesordnungspunkt in Ihre Wochen- oder Monatsmeetings.

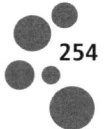

○ Sie bilden eine Arbeitsgruppe mit passenden Teilnehmern.

Schauen wir uns das nun im Einzelnen an.

Touchpoint-Entwicklung in Meetings

Wenn Sie die Touchpoint-Optimierung als
festen Tagesordnungspunkt in Ihren Mee-
tingablauf einbauen, ermöglicht das eine
kontinuierliche Verbesserung im Laufe der
Zeit. Bestimmen Sie dazu ein erstes Meeting
und einen ersten Touchpoint, mit dem es losgehen soll. Am Ende des Meetings entscheiden
Sie dann, welcher Touchpoint beim jeweils nächsten
Mal an die Reihe kommt. So können sich alle gut darauf
vorbereiten. Legen Sie einen Zeitraum fest, den Sie maximal
für die Bearbeitung dieses Punktes ansetzen wollen, damit sich
die Diskussionen nicht endlos in die Länge ziehen, zum Beispiel
30 Minuten. Das könnte in der konkreten Umsetzung dann so aussehen:

Bestimmen Sie dazu ein erstes Meeting und einen ersten Touchpoint, mit dem es losgehen soll.

○ 5 Minuten: Beschreibung eines nicht länger tragbaren Ist-
Zustands, am besten via Storytelling: So wird zum Beispiel über
eine Reklamation berichtet, die ein Kunde an einem bestimmten Touchpoint hatte, welche Probleme das brachte und welche
Konsequenzen das nach sich zog.

○ 5 Minuten: Sammlung von Ideen, wie man diesen Punkt
optimieren und damit in Zukunft Ärger vermeiden kann. Hier
brauchen wir zunächst Quantität. Deshalb sollen die Teilnehmer in dieser Phase still und leise arbeiten, damit jeder seine
Ideen unbeeinflusst in Worte fassen kann. Diese werden auf
Kärtchen notiert und an eine Wand gepinnt.

○ 10 Minuten: Jeder, der ein Kärtchen geschrieben hat, erläutert seine Idee kurz und knapp. Anschließend erfolgt eine Kurzdiskussion.

○ 5 Minuten: Mehrheitsentscheid für die favorisierte Idee. Der Chef – er ist Moderator dieses Prozesses, damit die Teilnehmer inhaltlich arbeiten können – hat dabei nie das erste, sondern immer das letzte Wort. Warum? Damit die »Weisheit der Vielen« genutzt werden kann. Das berühmte »Machtwort« des Chefs lässt wertvolle Initiativen und dringend benötigte Kreativität oft einfach versanden. Natürlich hat der Chef, wenn das so vereinbart wurde, ein Vetorecht. Davon sollte er allerdings nur im Ausnahmefall Gebrauch machen. Sonst erzieht er sich lauter meinungslose Mündel, die nur noch an seinen Lippen hängen und auf Anweisungen warten.

○ 5 Minuten: To-do-Plan erstellen, also: Wer macht was mit wem bis wann? Dazu gehört auch die Festlegung eines Folgetermins, um zu besprechen, wie sich die Sache entwickelt, ob weiter feinjustiert werden muss und welche Ergebnisse erzielt worden sind.

30 Minuten sind nicht viel, und dennoch lässt sich in dieser Zeit sehr viel erreichen.

30 Minuten sind nicht viel, und dennoch lässt sich bei konzentriertem Arbeiten und mit etwas Übung in dieser Zeit sehr viel erreichen. Im konkreten Fall eines Autohändlers kam es am Kontaktpunkt Parkplatz immer wieder zu Problemen. Die Kunden mussten oft zwei, drei Runden drehen, um endlich eine freie Stellfläche zu ergattern, meist auch noch weit weg vom Showroom. Das sorgte für ziemlich viel Frust – und manchmal auch für Kundenverlust. So kam man auf folgende Lösung: Unter dem Motto »Bei uns parken Sie in der ersten Reihe« engagierte das Unternehmen für Stoßzeiten einen Rentner. Der fuhr alle Autos, die auf

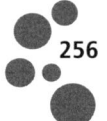

eine Inspektion oder einen Werkstattbesuch warteten, und auch die Vorführ- und Mietwagen sofort weg, nachdem sie abgestellt worden waren. So gab es immer freie Plätze genau beim Eingang. Was für ein Glück, mag sich mancher Kunde gedacht haben. Und in dieser heiteren Stimmung traf er dann zum Verkaufsgespräch ein. »Da findest du nicht nur tolle Autos und Spitzenverkäufer, sondern immer auch einen freien Parkplatz«, wird er seinen Online- und Offlinefreunden dann begeistert berichtet haben.

Touchpoint-Entwicklung in Arbeitsgruppen

Komplexere Touchpoints übergibt man am besten einer Arbeitsgruppe, damit sie sich mehr Zeit dafür nehmen kann. Ich denke, dass in jedem Unternehmen der Prozess des Arbeitens in Arbeitsgruppen mehr oder weniger geläufig ist, sodass ich das hier nicht weiter vertiefen muss.

Komplexere Touchpoints übergibt man am besten einer Arbeitsgruppe.

Wenn ich Touchpoint-Workshops gestalte, lasse ich, nach einer kurzen Einführung ins Thema und bevor es zur eigentlichen Fragestellung kommt, die Teilnehmer zunächst in Kleingruppen an folgenden Punkten arbeiten:

○ Wenn ich selber Kunde bin, was ist mir dann besonders wichtig?
○ Wenn ich selber Kunde bin, was ärgert mich und stößt mich ab?
○ Was erzählen unsere Kunden im Guten wie im Schlechten über uns? Und wonach haben sie in letzter Zeit öfter gefragt?
○ Was dürfen wir keinesfalls tun, weil es unsere Kunden vergrault und vertreibt?

- Was sind die Mindesterwartungen unserer Kunden, also solche, die immer erfüllt werden müssen?
- Was könnte unsere Kunden begeistern, weil es ihre Erwartungen übertrifft?
- Was habe ich als Mitarbeiter davon, wenn ich Kunden begeistere? Was hat das Team davon, wenn wir das alle gemeinsam tun? Und die Firma?
- »Kill a stupid rule!« Von welchen blödsinnigen Standards und Normen und von welchem administrativen Schwachsinn sollten wir uns schnellstmöglich trennen?
- Was ist die absolut verrückteste Idee, die uns zum Thema Kundenbegeistern und Mundpropaganda-Machen in den Sinn kommt?

Die letzte Frage müssen Sie unbedingt exakt so stellen, weil sonst erfahrungsgemäß meist nur Allerweltslösungen vorgeschlagen werden. Doch in den Extremen stecken die größten Innovationschancen. Durchschnittsideen hingegen erzeugen allerhöchstens Mittelmaß.

In den Extremen stecken die größten Innovationschancen.

Sind diese Aufgaben bearbeitet, vorgestellt und besprochen worden, dann geht es zunächst in eine kleine Pause, damit das Ganze weiter sacken kann. Danach kommt die Arbeit an ausgewählten Touchpoints dran. Zu Beginn dieses zweiten Teils kann man noch eine kleine Lockerungsübung machen, die sowohl den Körper als auch den Geist auf Touren bringt.

Bei der dann folgenden Aufgabenstellung geht es um ein konkretes Konzept, das im Detail so ausgearbeitet werden soll, dass es idealerweise sofort umsetzbar ist. Auf diese Weise werden die Teilnehmer systematisch an unternehmerisches Denken herangeführt. Dazu erhalten sie nun mindestens zwei Stunden Zeit. Diese Zeit wird am besten so strukturiert:

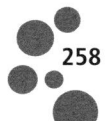

1. Brainstorming-Prozess zur Ideenfindung, gegebenenfalls mithilfe einer passenden Kreativitätstechnik
2. Evaluierung der Ideen, Diskussion und Bereicherung
3. Auswahl der favorisierten Idee durch ein passendes Verfahren
4. Erarbeitung des konkreten Konzepts: Hierzu werden zunächst die Ist- und die Soll-Situation skizziert. Dann erstellt die Gruppe den To-do-Plan (wer macht was) nebst Zeit- und Budgetplan. Schließlich legt sie ein Messinstrumentarium und das weitere Vorgehen fest.
5. Übertragung des Konzepts auf eine Mustervorlage
6. Bestimmung eines Sprechers beziehungsweise Präsentators
7. Absprache über die Art und Weise der Präsentation

Damit das Ganze später im Plenum optimal präsentiert werden kann, sollte das erarbeitete Konzept auf eine Vorlage übertragen werden (siehe Abbildung 22), damit eine formvollendete Visualisierung möglich ist und nichts vergessen wird. In einem Ideenspeicher werden die Ideen gesammelt, die zwar auch vielversprechend waren, aber diesmal nicht weiter verfolgt worden sind.

Am Ende dieser Phase gibt es eine weitere Pause, auch als Puffer für diejenigen, die noch emsig bei der Arbeit sind. Die Gruppensprecher können in dieser Zeit auch eine kleine Generalprobe machen. Danach werden die einzelnen Konzepte vorgestellt, diskutiert und verabschiedet und dann wie besprochen unter Einhaltung der Zeitlimits umgesetzt.

Eine solche Vorgehensweise ist einfach, und auch ungeübte Arbeitsgruppenmitglieder können dabei gut mitmachen. Ein weiteres konzeptionelles Aufmöbeln der Arbeitsgruppenergebnisse – um dies vor Dritten zu präsentieren – ist jederzeit möglich. So können zum Beispiel Vorher-Nachher-Videos gedreht, Mitarbeiter und Kunden interviewt oder Sollsituationen nachgestellt werden.

Wer unternehmerisch handelnde Mitarbeiter will, muss diese an unternehmerisches Denken heranführen.

Gerade erinnere ich mich an einen Touchpoint-Workshop, den wir vor Jahren für eine Hotelbetreibergesellschaft veranstaltet haben. Dabei haben wir an einem Nachmittag das halbe Hotel, in dem wir tagten, kurzerhand umgebaut. Wir hatten Mood-Konzepte entwickelt, bei denen die Gäste je nach Stimmung ein ganz normales Zimmer auf Knopfdruck etwa in eine Südseelandschaft oder eine Unterwasserwelt verwandeln konnten. Wir haben damals kurzerhand mit dem gearbeitet, was wir vorfanden, um unseren Vorstellungen so weit wie möglich Leben zu geben. So haben wir unter anderem einige Zimmer mit Sand aufgeschüttet und via Overhead-projektor (Beamer gab es damals noch nicht) Palmenhaine, Sonnenuntergänge und tropische Korallenriffe im dreidimensionalen Raum simuliert. Wer je in einem Hotel gearbeitet hat, der weiß, wie viel Kooperationswillen so etwas einem Hoteldirektor abverlangt. Danke noch mal, Paolo.

Wenn es um Ideenfindungsprozesse geht, haben IdeaLabs und ThinkTanks noch viel verrücktere Methoden parat, doch das ist hier nicht unser Ziel. Wir wollen ja unsere Touchpoints optimieren und da bringen uns die beschriebenen Vorgehensweisen schon ganz schön weit.

Um optimale Ergebnisse zu erzielen und am Ende tatsächlich umsetzungsfähige Konzepte zu erhalten, ist es wichtig, die Teilnehmer gut zu instruieren. Am besten visualisieren Sie die dazugehörigen sieben Schritte auf einer Flipchart wie folgt:

O Beschreibung der derzeitigen Ist-Situation
O Definition der erwünschten Soll-Situation
O Erstellung eines detaillierten Maßnahmenplans
O Fixierung von Zeitplan und Verantwortlichkeiten
O Kalkulation des erforderlichen Budgets
O Messinstrument(e) zur Erfolgskontrolle
O Ideenspeicher für weitere Ideen

Sehr hilfreich sind Arbeitsvorlagen wie die auf der nächsten Seite.

Vorgehen in der Gruppenarbeit:

Von den Gruppenmitgliedern werden passende Maßnahmen im Hinblick auf 1) Vermeiden von Kundenenttäuschung und 2) Entwickeln der Kundenbegeisterung gesammelt und gesichtet.

Für die favorisierte Idee entsteht ein entscheidungsfähiger Maßnahmenplan inkl. Budgetkalkulation, der vom Gruppensprecher präsentiert, anschließend diskutiert und dann verabschiedet wird.

Die weiteren wichtigsten Ideen werden zwecks mittelfristiger Umsetzung gelistet.

Unser Touchpoint-Thema

1. Derzeitige Ist-Situation

2. Angestrebte Soll-Situation = Ziele des Maßnahmenplans

3. Maßnahmenplan

wer mit wem	macht ganz genau was	ab / bis wann	€

4. Erfolgskontrolle = Messgröße + Weiterverfolgung

Woran messen wir die Ergebnisse?	Wann + wie verfolgen wir das Thema weiter?

5. Ideenspeicher = mittelfristige weitere Umsetzungsideen

Abb. 22: Vorlage für eine Touchpoint-Arbeitsgruppe (vereinfachte Fassung)

Ein eindrucksvoller Weg: Die Großgruppenveranstaltung

Bei Touchpoint-Projekten sollten abteilungsübergreifend so viele Mitarbeiter wie möglich involviert werden. Hierzu lassen sich – neben Intensivworkshops mit etwa 20 Mitarbeitern – auch Großgruppenveranstaltungen inszenieren. Dabei können an einem einzigen Tag zwischen 50 und 150 Mitarbeiter an das Thema herangeführt werden.

Wenn ich solche Veranstaltungen begleite, gehen wir je nach Zielsetzung und Aufgabenstellung in einer der beiden folgenden Varianten vor:

Variante 1

Am Vormittag halte ich, aufgelockert durch eine Kaffeepause, einen drei- bis vierstündigen Impulsvortrag zu den Themen Kundenfokussierung, Kundenloyalität, Empfehlungsmarketing und Customer Touchpoint Management. Dieser Impulsvortrag integriert bereits all die Aspekte, die im Rahmen der Nachmittagssequenz weiter vertieft werden sollen. In einem Briefing wurden diese Aspekte im Vorfeld festgelegt.

Ich verstehe mich hierbei als Advokat des Kunden, der klipp und klar seine Meinung sagt. Und ich verstehe mich als Querdenker, der neue Sichtweisen beleuchtet, kundenpsychologische Hintergründe darlegt, von den Besten seines Fachs erzählt, vor Abgründen und Irrwegen warnt und auch unangenehme Wahrheiten zur Sprache bringt. Das ist eine Rolle, die nur ein Außenstehender einnehmen kann. Diese Art von Querdenken ist oft genug dringend nötig und offiziell auch erwünscht, aber für Unternehmensinterne meist viel zu gefährlich, denn es kann unter Umständen Karrieren bedrohen. Deshalb sollten Unternehmen

Unternehmen sollten sich den Luxus externer Querdenker-Experten leisten.

sich unbedingt den Luxus externer Querdenker-Experten leisten.

Am Nachmittag werden die Teilnehmer in Arbeitsgruppen zusammengeführt. Sie finden sich in einem Raum ein, in dem durchnummerierte Tische stehen. Jeder hat eine Vorinformation erhalten, an welchem Tisch er arbeiten soll. Die Gruppen bestehen idealerweise aus sechs bis acht Personen – abteilungsübergreifend zusammengesetzt und auf gleicher Hierarchieebene angesiedelt. Sind mehrere Hierarchieebenen anwesend, arbeiten die Topführungskräfte in einer eigenen Arbeitsgruppe. Eine Hierarchie bremst meist den Arbeitsfluss Gleichrangiger aus, anstatt ihn zu fördern. An Arbeitsmaterialien stehen eine mit Packpapier bespannte Pinnwand sowie Kärtchen, Filzschreiber usw. bereit. Auf jedem Tisch liegt eine bereits vorbereitete Aufgabenstellung: eine Touchpoint-Thematik, zu der die Gruppe ein konkretes Konzept erstellen soll.

> **Eine Hierarchie bremst meist den Arbeitsfluss einer Gruppe Gleichrangiger aus.**

Die erarbeiteten Ergebnisse werden am besten auf den schon bekannten Vordruck übertragen (siehe S. 261) und ein Gruppensprecher wird nominiert. Nach einer Pause finden sich alle wieder im Plenum ein. Die einzelnen Konzepte werden am besten via Overheadprojektor oder Beamer präsentiert. Erste Entscheidungen zur konkreten Umsetzung werden sofort durch Mehrheitsentscheid getroffen. Auch hier hat der Chef nie das erste, sondern höchstens das letzte Wort. Komplexe Themen werden zeitnah im Anschluss an die Veranstaltung weiterbearbeitet und zügig entschieden.

Ich habe solche Großgruppenveranstaltungen bereits für die unterschiedlichsten Branchen durchgeführt und kann aus Erfahrung sagen: Sie passen sowohl für B2B- als auch für B2C-Anbieter. Und sie lassen sich sowohl mit Führungskräften als auch mit Mitarbeitern sehr gut durchführen.

Variante 2

Als zweite Variante bietet sich eine Großgruppenveranstaltung an, die formal einem BarCamp ähnelt (siehe dazu S. 77). Auch dabei gibt es einen Impulsvortrag am Vormittag, der bereits eine Reihe interaktiver Elemente enthält. Darauf aufbauend schlagen die Teilnehmer am Nachmittag Themen vor, an denen sie arbeiten möchten. Die einzelnen Arbeitsgruppen entstehen, indem die Teilnehmer sich selbst dem von ihnen favorisierten Thema zuordnen. Gibt es großes Interesse an einem bestimmten Thema, können auch zwei oder drei Gruppen daran arbeiten. Die Ergebnisse werden in jedem Fall verschieden sein, und das ist gut, weil man dann in der Folge auf mehrere Varianten zurückgreifen kann. Neben den Teilnehmern, die bei ihrem Thema und in ihrer Arbeitsgruppe bleiben, gibt es auch die sogenannten Schmetterlinge. Sie »fliegen« von Gruppe zu Gruppe und befruchten diese mit weiteren Ideen, kritischen Fragen oder Anregungen, die sie von anderen Gruppen mitgebracht haben.

Schmetterlinge »fliegen« von Gruppe zu Gruppe und befruchten diese mit weiteren Ideen.

Die anschließende Präsentation kann in Form einer Vernissage erfolgen, wobei die jeweiligen Ergebnisse visuell sichtbar gemacht werden. Das geschieht meist mithilfe einer Pinnwand, kann aber auch als Powerpoint-Präsentation, per Video oder Schauspiel dokumentiert werden.

Das Schauspiel ist übrigens eine sehr interessante Variante. Man stelle sich etwa einen Kunden vor, der eine eilige Bestellung hat. Dieser Kunde beobachtet nun (kopfschüttelnd), wie sein Auftrag zwischen den Abteilungen hin und her geschoben wird, wie es Verzögerungen gibt, wer alles mitredet, nachfragt, ablehnt, gegenzeichnet. Der Kunde sieht auch, wie lustlos dies alles passiert – und

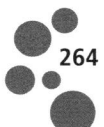

dass er das alles bezahlen muss. Dies und wie man es besser machen könnte wird dem Auditorium vorgespielt. Ein Tipp von mir: Nehmen Sie das unbedingt für die Daheimgebliebenen per Video auf!

Und ein weiterer Tipp für beide Varianten: Stellen Sie unbedingt sicher, dass entscheidungsfähige Konzepte erarbeitet werden, und treffen Sie konkrete Entscheidungen bereits während der Veranstaltung. Ich habe schon Workshops erlebt, bei denen sich die Geschäftsleitung das letzte Wort vorbehalten hat – und dann wurde alles auf später vertagt. In anderen Fällen musste der Instanzenweg eingehalten werden. Und am Ende passierte dann – gar nichts!

Beispielhaft war demgegenüber das Vorgehen der TeamBank AG, die unter dem Markennamen easyCredit Privatkundenkredite über Volks- und Raiffeisenbanken, aber auch in Eigenregie verkauft. Im Rahmen eines Touchpoint-Workshops sollten die drei von insgesamt acht Konzepten, welche die meisten Teilnehmerstimmen erhielten, in der Folge dem Vorstand präsentiert werden und dann in die Umsetzung gehen. Um jede Einflussnahme auszuschließen, wurde die Abstimmung verdeckt durchgeführt. Gewinner war ein Konzept, das vorsah, interne Projekte zukünftig nicht mehr nur durch Powerpoints, sondern auch durch kurze Videosequenzen vorzustellen, um das Verstehen und die Akzeptanz der jeweiligen Maßnahme zu fördern. In einer abschließenden Workshop-Feedbackrunde zeigten sich die Teilnehmer begeistert über das Vorgehen, was viele auch in internen Blogbeiträgen mit Aussagen wie »inspirierend«, »motivierend«, »beseelt«, »Denkanstöße enorm hilfreich« und »ein Meilenstein für die Bank« zum Ausdruck brachten.

»Je mehr wir wachsen, umso wichtiger ist es, vom Kunden her zu denken und diejenigen Ideen zu identifizieren, die unsere Kunden dauerhaft für uns begeistern. Der Workshop war ein wichtiger Baustein auf dem Weg zu diesem Ziel«, diagnostizierte Vorstandsmitglied Christian Polenz zum guten Schluss.

Fazit

Mit dem Customer Touchpoint Management erhalten B2C- wie auch B2B-Entscheider großer und kleiner Unternehmen ein praxisnahes, schnelles und einfaches Navigationssystem. Mit dessen Hilfe wird auch die zunehmende Online-Offline-Komplexität beherrschbar. Vier Prozessschritte führen dabei zum Ziel. Kunden und Mitarbeiter werden in aller Regel sehr aktiv eingebunden. So wird nicht nur deren »Schwarmintelligenz« genutzt, es entsteht auch der loyalisierende »Mein-Baby-Effekt«. Und umsatzsteigernde Mundpropaganda kommt ganz wie von selbst. Das Tool kann als Ganzes wie auch punktuell eingesetzt werden.

Vorrangiges Ziel ist eine Fokussierung auf die aus Kundensicht erfolgversprechendsten Maßnahmen.

Vorrangiges Ziel ist eine Fokussierung auf die *aus Kundensicht* erfolgversprechendsten Maßnahmen mit den Zielen Neukundengewinnung, Wiederkauf und Weiterempfehlungen. Abteilungsegoismen und eine Verzettelung auf unproduktiven Nebenschauplätzen sind nunmehr eingedämmt und die Weichen für eine dauerhaft ertragreiche Zukunft werden gestellt.

Um diesen Weg zu gehen, müssen sich viele Unternehmen zunächst noch aus veralteten Strukturen lösen und verstehen lernen, wie unsere neue Businesswelt funktioniert. Hierzu sollten sowohl die Leitbilder und alles, was dazugehört, als auch die Organigramme sowie die sie begleitenden Prozesse neu ausgerichtet werden. Vor allem aber braucht es nicht nur Touchpoint Manager, sondern auch einen CTO auf Geschäftsleitungsebene, einen Chief Touchpoint Officer also, der im Unter-

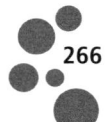

nehmen als Advokat der (potenziellen) Kunden agiert. Er setzt sich mit Herzblut für deren Interessen ein und koordiniert deren Belange, damit das unproduktive Silodenken zwischen Service, Sales und Marketing endlich ein Ende hat.

Und über allem steht: Customer first! Dabei stützt sich das Kundenkontaktpunkt-Management auf vier Säulen:

O Gelebte Kundenfokussierung in der Chefetage
O Kundenfokussierte Rahmenbedingungen
O Die kundenfokussierte Einstellung der Mitarbeiter
O Das kundenfokussierte Verhalten der Mitarbeiter

Die Basis für all das ist eine kompromisslos kundenfokussierte Einstellung des Managements. Sie muss von allen Führungskräften für jeden Mitarbeiter sichtbar vorgelebt werden. Denn wie beim Dominoeffekt kaskadiert positives wie negatives Verhalten der Führungsspitze über alle Hierarchiestufen hinweg – und schwappt dann zum Kunden rüber.

So ist das Collaborator Touchpoint Management, um das es nun im dritten Teil geht, die unerlässliche Vorstufe für ein wirkungsvolles Customer Touchpoint Management. Seien Sie gespannt!

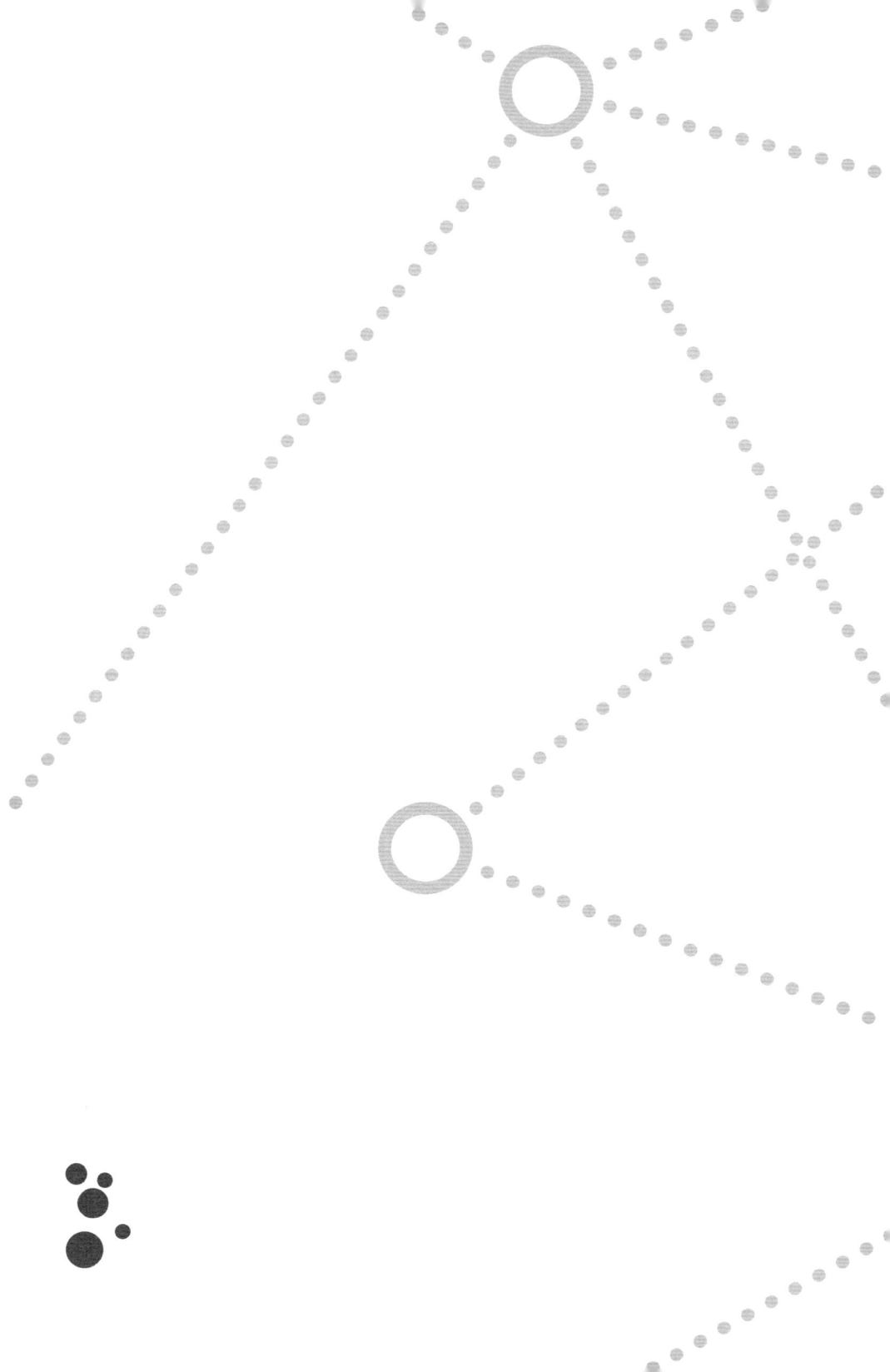

TEIL 3

TOOL FÜR EINE NEUE ARBEITS-WELT: DAS COLLABORATOR TOUCHPOINT MANAGEMENT

Das Collaborator Touchpoint Management

Unter Mitarbeiterkontaktpunkt-Management (Collaborator Touchpoint Management) verstehe ich die Koordination aller Berührungspunkte zwischen Führungskraft und Mitarbeitenden mit dem Ziel, die Kontaktqualität zu verbessern sowie inspirierende Arbeitsplatzbedingungen und ansprechende Leistungsmöglichkeiten zu schaffen. Jede Interaktion kann als Chance genutzt werden, die Exzellenz des Mitarbeiters zu steigern, seine emotionale Verbundenheit zum Unternehmen und seinen Bleibewunsch zu stärken und positive Mundpropaganda nach innen und außen auszulösen.

> Unter Mitarbeiterkontaktpunkt-Management verstehe ich die Koordination aller Berührungspunkte zwischen Führungskraft und Mitarbeitenden.

An jedem Touchpoint kann es zu positiven und/oder negativen Erlebnissen kommen, die eine Mitarbeiterbeziehung stärken oder zermürben beziehungsweise das Engagement kräftigen oder bröckeln lassen. Jedes einzelne Vorkommnis kann dabei das Zünglein an der Waage sein. Am Ende ist es die Summe von Details, die den Ausschlag gibt.

Deshalb werde ich unter anderem auch das unterschiedliche männliche und weibliche Mitarbeiterverhalten beleuchten. Mit diesem Wissen im Hintergrund kann man die jeweils individuellen Arbeitsmotive ermitteln und die spezifischen Talente auch besser fördern. Zwischenmenschliche und organisatorische Motivationshemmer sollen auf diese Weise erkannt und weggeräumt werden, sodass sich die Mitarbeiter auf einem hohen Niveau voll entfalten können.

Ziel ist das stete Optimieren der Performance an allen Interaktionspunkten.

Ziel ist das stete Optimieren der Performance an allen Interaktionspunkten. Dabei arbeitet die Führungsmannschaft abteilungsübergreifend vernetzt. Die intensive Auseinandersetzung mit jedem einzelnen Touchpoint erhöht nicht nur das Mitarbeiterengagement und den Output, sie legt auch interne Effizienzreserven frei, sie führt zur Ressourcenoptimierung, zu Zeit- und Kosteneinsparungen und damit letztlich zu höheren Erträgen.

Warum ein neues Instrument?

Der Mitarbeiter als Kunde, das ist natürlich ein alter Hut – rein theoretisch zumindest. Die entscheidende Frage ist doch: Werden Führungskräfte auf diese Sichtweise vorbereitet und eingestimmt? Schauen wir einmal, welche Art von Trainings es gibt:

○ Klassische Führungsseminare, bei denen die Teilnehmer entweder intern oder extern mit den üblichen Führungsinstrumenten vertraut gemacht werden, zum Beispiel, wie man richtig delegiert sowie Einstellungs-, Jahres-, Gehalts-, Fehler-, Förderungs- und Trennungsgespräche führt

○ Teambuilding-Veranstaltungen, bei denen die Führungskräfte untereinander oder Führungskräfte mit ihren Mitarbeitern gemeinsam an teamrelevanten Themen arbeiten

○ Persönlichkeitsseminare, bei denen die Führungskräfte an ihrem Charakter feilen und zu diesem Zweck manchmal die

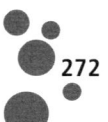

merkwürdigsten Dinge tun. Doch statt in Hochseilgärten den starken Kerl zu markieren, sollten Manager besser ihre Soft Skills trainieren. Und anstatt über glühende Kohlen zu laufen, sollten sie lieber mal nachsehen, wo es beim Kunden brennt.

Was bei all diesen Trainingseinheiten fehlt? Nirgendwo geht es um das kontinuierliche Bemühen der Führungskräfte, eine gemeinsame Führungskultur im Unternehmen zu praktizieren. Okay, Führungsleitlinien gibt es in aller Regel schon, doch Papier ist geduldig. Wie sie umgesetzt werden, ist jedermanns eigene Sache. In der einen Abteilung sind immer noch Rambos und Menschenschinder am Werk. Ein anderer Leistungsbereich kommt einer Insel der Glückseligkeit gleich. Und an einem dritten Ort herrscht nichts als Unlust und Frust. Doch solche Unterschiede interessieren die Spitze wenig. Schlechte Führung wird von den Obersten sogar wissentlich geduldet – Hauptsache, die Zahlen stimmen.

Mit dem Touchpoint Management haben die Führungskräfte eines Unternehmens nun endlich die Möglichkeit, miteinander und auch bereichsübergreifend für ihre Kunden *und* für ihre Mitarbeiter das Beste zu suchen und zu finden. Mit alten Bordmitteln, Silodenken und Insellösungen ist jedenfalls in der neuen Businesswelt wenig zu machen. Wir haben es ja nicht nur mit einem neuen Kundentypus, sondern zunehmend auch mit einem neuen Mitarbeitertypus und ebenfalls mit neuen Arbeitsformen zu tun. Und dies verlangt ein neues Führungsverhalten – in einer vernetzten Unternehmensgemeinschaft und nicht etwa über isolierte Einzelcoachings. Für die neue Generation der internetaffinen Manager ist das übrigens schon weitestgehend eine Selbstverständlichkeit.

> **Mit alten Bordmitteln und einem isolierten Vorgehen ist in der neuen Businesswelt wenig zu machen.**

New Work: Die neuen Mitarbeiter

Die Arbeitsbeziehungen haben sich in den letzten Jahren mächtig gewandelt. Sie stellen sich globaler, digitaler und auch weiblicher dar – und all das auf hohem Niveau. Sie sind von einer neuen »Buntheit« gekennzeichnet, auch kleinteiliger und vielschichtiger geworden und stärker nach außen vernetzt. Neben einer Kernbelegschaft mit herkömmlichen Arbeitsverhältnissen gibt es zunehmend eine Zusammenarbeit ohne klassischen Arbeitsvertrag: in Projekten, mit Freelancern, mit Zeitarbeitsfirmen, mit Interim-Managern. Es gibt mehr befristete Arbeitsverträge, höhere Teilzeitquoten, mehr outgesourcte Bereiche sowie mitarbeitende Spezialisten, Zulieferer und Partner. Unternehmen werden zu Hubs und von »Kollaborateur-Satelliten« umkreist. Deshalb habe ich mich bei der Namensgebung für das Wort Collaborator entschieden, das diese neuen Formen der Zusammenarbeit impliziert.

> **Unternehmen werden zunehmend zu Hubs und von »Kollaborateur-Satelliten« umkreist.**

Die an einen fixen Ort und eine fixe Zeit gebundene Arbeit verschwindet. Mobile Kommunikationstechnologien machen das Arbeiten überall und jederzeit möglich. Freizeit und Arbeit rücken näher zusammen. Die klassische 8to5-Work-Life-Balance? Das war gestern. Heute heißt es: always on. 24/7/365 erreichbar. Und alles sofort. »Downtime«, also Phasen der Entspannung, finden nicht mehr strikt nach 17 Uhr und am Wochenende statt, sondern immer dann, wenn es gerade passt. Doch wenn die Mitarbeiter den Unternehmen Privatzeit schenken, dann müssen die Unternehmen ihren Mitarbeitern auch Eigenzeit während der Arbeit schenken. Feelgood-Manager werden sich künftig um deren Wohlergehen kümmern, für eine »lachende« Unternehmenskultur sorgen und Burnout vermeiden helfen. All das wird Bürolandschaften optisch und funktional sehr verändern. Sie werden zu Begeg-

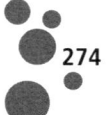

nungsorten ohne »oben« und »unten«, wo die Trennung zwischen Leben und Arbeiten aufgehoben ist. Auch das Modell Heimarbeit wächst. Selbstständige und Freiberufler werden sich in CoWorking-Büros vernetzen, dort, wo sich Kreativität und Expertise mit Flexibilität und Professionalität paaren.

Die Social-Media-Kids sind dabei, eine neue Arbeitskultur zu entwickeln.

Darüber hinaus werden sich die Arbeitsinhalte verschieben: Die neuen Berufe haben viel mit Denken, Designen, Innovieren, Managen und Verhandeln zu tun. Sie verlangen deshalb Empathie, Intuition und Menschenversteher-Wissen. Tja, so sieht die neue Arbeit aus, doch oft fehlen die Talente dafür. Und diejenigen, die über diese Talente verfügen – die Frauen –, lässt man ganz oben (noch) nicht mitspielen.

Auch in der produzierenden Industrie sind zunehmend Fachkräfte erforderlich, die Anlagen steuern können, statt nur das Fließband zu bedienen. Wer das nicht kann, wird zwangsläufig mit Hilfsarbeitern aus Niedriglohnländern konkurrieren.

Über die neue Workforce haben wir schon eine Menge gehört. Die Social-Media-Kids sind dabei, eine neue Arbeitskultur zu entwickeln: kollaborativ, werteorientiert, selbstbewusst, verspielt, autonom. Der versierte Umgang mit Onlinemedien ist ihr wichtigstes Kapital. Das Meistern von Bits und Bytes nennen sie Arbyte (Peter Glaser). Die Aussicht, bei einem Arbeitgeber wieder in die steinzeitliche Web-1.0-Welt zurückzufallen, ist für sie nicht attraktiv. Als digitale Wanderarbeiter werden sie sich nur bei denen verdingen, die ihnen ein passendes Umfeld bieten. »Wenn sie zwei oder mehr Jobangebote haben, entscheiden sie sich für dasjenige mit dem Sinn-Plus«, schreibt Axel Gloger im Trendletter. Und während die Loyalität der Analog Seniors ihrer Firma gehörte, gehört die Loyalität der Digital Natives ihrem Netzwerk. Ein Unternehmen, das ihnen verbietet, ihre Netzwerkloyalität zu leben, kommt für sie nicht in Betracht.

Die neue Rolle der Führungskraft

In meinem Buch »Kundennähe in der Chefetage« habe ich die Funktionen einer Führungskraft so beschrieben: Sie führt Mitarbeiter, managt Prozesse, ist Fachkraft auf ihrem Gebiet, ist Mitarbeiter nach oben, Repräsentant nach außen, Vorbild nach innen und nicht zuletzt ist sie auch Mensch. Ein Feld blieb frei, weil es damals für mich noch nicht so recht zu fassen war.

Heute ist klar: Es ist die Rolle des »Enablers«, des Koordinators, des Moderators, des Katalysators und Möglichmachers, die eine Web-3.0-Führungskraft vornehmlich beherrschen muss. In offenen Organisationen ist ein Katalysator eine Inspirationsfigur, die andere für eine Idee entflammt, Impulse setzt, einen Prozess in Gang bringt und sich dann zurückzieht. Verantwortung und Kontrolle verbleiben im Mitarbeiterteam.

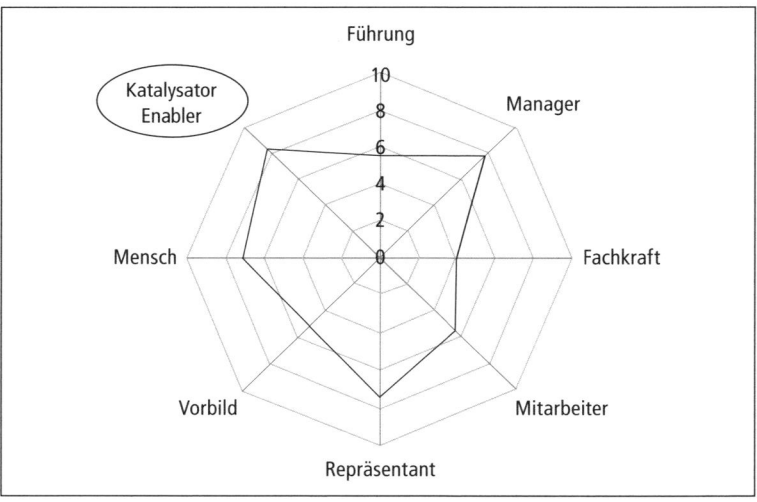

Abb. 23: Die acht »Rollen« einer Führungskraft von heute. Das Schaubild ermöglicht eine einfache Selbstbewertung: Wie gut sind Sie als …? Benutzen Sie hierzu eine Skala von 0 bis 10 und verbinden Sie die gefundenen Werte. Definieren Sie so Ihr persönliches Ist- und Soll-Profil.

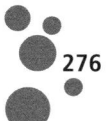

Ein Möglichmacher (Enabler) führt, indem er Rahmenbedingungen vorgibt, das Arbeitsgeschehen moderiert und Vorschläge macht. Er führt hingegen *nicht* über strikte Anweisungen. Das ist wie bei einem Samenkorn: Es braucht fette Erde, Wasser, Dünger und wärmende Sonne. Und es braucht jemanden, der das Unkraut jätet. Austreiben muss das Samenkorn selbst. »Los, wachsen!«-Kommandos bringen da nichts.

Sogar in schlechten Zeiten sendet ein Möglichmacher zunächst mal Appelle wie diesen: »Wir wollen Ihnen keine Vorgaben machen, wo Sie sparen sollen. Denn Sie wissen alle von zu Hause, wie man einen Haushalt führt, wenn's mal weniger gut läuft.« Und dann lädt er die Mitarbeiter zu einem Ideenfeuerwerk ein.

Eine gute Führungskraft steckt das Spielfeld ab, in dem ihre Leute spielen können.

Dabei steckt er das Spielfeld ab, in dem seine Leute spielen können – nicht zu groß, aber auch nicht zu klein, abhängig von Aufgabe und Mitarbeitertypologie. Er schafft Orientierung, gibt die Anforderungen vor und sorgt für einen reibungslosen Prozessablauf. Nachdem die Eckpunkte einer Aufgabenstellung besprochen wurden, zieht er sich zurück. Nur im Notfall greift er steuernd ein. Wenige Spielregeln bestimmen, was geht und was nicht. Eine schnelle Fehler-Lernkultur und regelmäßige Feedbackschleifen sichern ein zügiges Voranschreiten der Projekte. Besprochen werden folgende Punkte:

○ Was wurde seit dem letzten Mal geschafft?
○ Was sind die nächsten Schritte?
○ Was hat besonders gut geklappt?
○ Welche Hindernisse sind aufgetaucht?
○ Was können wir beim nächsten Mal besser machen?

Drei wichtige Zutaten: Eigenverantwortung, verbindliche Absprachen und Verlässlichkeit.

Die Kommunikation ist bei all dem zügig, offen, ehrlich und vertrauensvoll. Während beim alten Führen Projekte ständig stockten, weil man auf Entscheidungen von oben warten musste, ist das Vorgehen nun schnell und agil. Beim alten Führen ging es vor allem um das sture Abarbeiten von Vorgaben nach Plan – gepaart mit einer rechtfertigenden Absicherungsdokumentation des eigenen Tuns. Beim neuen Führen kann sich das Team flexibel und wendig auf die immer neuen Überraschungen des Marktes und die volatilen Wünsche der Kunden konzentrieren. Drei wichtige Zutaten dabei: Eigenverantwortung, verbindliche Absprachen und Verlässlichkeit.

So fördert ein Enabler die Selbstorganisation seiner Leute und praktiziert eine kundenfokussierte Mitarbeiterführung (Anne M. Schüller). Er brennt seine Mitarbeiter nicht aus und er hält sie auch nicht »klein«, er macht sie vielmehr stark, damit sie dem Unternehmen ihre ganze Kraft geben können. Sein Team arbeitet auf hohem Niveau. Er versteht, dass es dazu nicht nur Wissen und Können braucht, sondern auch eine gute Portion Menschlichkeit. Ja, wer etwas bewegen will, tut sich leichter, wenn er zunächst seine Mitarbeiter zu »Fans« macht, um sie dann auf die anstehenden Herausforderungen einzustimmen.

»They will forget what you said, but they will never forget how you made them feel.« Dies ist das vielleicht bekannteste Zitat von Carl W. Buechner, einem Minister der Presbyterianischen Kirche. Das heißt: Mitarbeiter – und Kunden übrigens auch – werden vergessen, was Sie gesagt haben, aber sie werden niemals vergessen, wie sie sich dabei fühlten.

»Hart in der Sache, weich zu den Menschen«, so heißt es im Harvard-Konzept. Konsequent sein ist notwendig – hohe Ziele haben sowieso. Doch dabei folgt man einem Freund lieber als einem

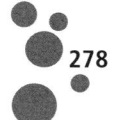

Feind. Wer möchte, dass seine Leute gut mit den Kunden umgehen, der muss gut mit seinen Leuten umgehen. All das hat übrigens mit Weichei-Führung und Schmusekurs rein gar nichts zu tun. Ganz im Gegenteil: Nur in kreativen Freiräumen können Spitzenleistungen entstehen. Denn Kreativität – die Schlüsselressource der Zukunft – braucht Weite. Außerdem Entspannung im Hirn, also Heiterkeit. Wo Lachen ist, verschwindet die Angst. Verängstigte Mitarbeiter hingegen haben die unangenehme Eigenschaft, allerhöchstens mittelmäßige Arbeit abzuliefern.

Deshalb bieten »lachende« Unternehmen die besten Voraussetzungen für das Erzielen von Spitzenleistungen in Hochleistungsteams. In lachenden Unternehmen herrscht Spaßgesumme, ein Treibhausklima für Glanzleistungen und ein Biotop für gute Ideen. Lachende Unternehmen ziehen die Besten wie magisch an. Sie legen damit eine perfekte Basis für Top-Performance und wirtschaftlichen Erfolg.

Lachende Unternehmen ziehen die Besten wie magisch an.

Und so lautet die Definition einer kundenfokussierten Mitarbeiterführung:

> **Führungskräfte haben die Aufgabe, Rahmenbedingungen zu schaffen, die es den Mitarbeitern und Kollaborateuren ermöglichen, für die Kunden ihr Bestes geben zu können und vor allem: dies auch zu wollen.**

Angesichts der neuen Arbeitsformen, der immer stärker zuströmenden Digital Natives, der »versocialisierten« Businesswelt und der machtvollen Kunden wird diese Form von Führung in Zukunft wohl ohne Alternative sein.

Das Exzellenzunternehmen

Unternehmen, die in der neuen Businesswelt überleben wollen, müssen von den relevanten Netzwerken als exzellent eingestuft werden. Wie in einem Unternehmen Exzellenz entsteht? Tom Peters, einer der weltweit angesehensten Managementdenker, hat das in einem Vortrag einmal wie folgt ausgedrückt: »Organisationen sind nichts weniger als Kathedralen, in denen die unterschiedlichsten Menschen mit der entfesselten Macht ihrer Fantasie, ihres Geistes und ihres angeborenen unternehmerischen Gespürs leidenschaftlich nach Spitzenleistungen streben.«

Anstrengung muss sich lohnen, sonst fährt unser Hirn sofort in den Energiesparmodus zurück.

Eine Utopie? »Wir Menschen«, so die Antwort des Verhaltensbiologen Felix von Cube darauf, »sind nicht auf Schlaraffenland programmiert, sondern auf Leistung.« Allerdings bringt ein Mitarbeiter Leistung nie nur für sich selbst, sondern auch für die Menschen in seinem Umfeld, also ebenfalls für seine Führungskraft. Anstrengung muss sich lohnen, sonst fährt unser Hirn sofort in den Energiesparmodus zurück. Natürlich braucht es als Basis ein dickes Paket voll intrinsischer Motivation. Doch mit dem Applaus von außen verdoppelt sich der Effekt. Das kennen wir alle vom Spitzensport. Bei den großen Sportereignissen, wenn die ganze Welt Anteil nimmt, da purzeln die Rekorde. Motivation braucht also auch extrinsische Auslöser.

Der eine oder andere mag jetzt schmunzeln und an *die* Mitarbeiter denken, die von Leistung nicht allzu viel zu halten scheinen. Da wäre es doch gut, die Stellschrauben zu kennen, unter denen Lust auf Leistung und schließlich Spitzenergebnisse entstehen können. Drei Grundbedürfnisse sind stark verwurzelt in uns Menschen und sie sind eng miteinander verknüpft:

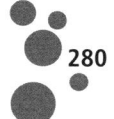

O Dem Leben einen freudigen Sinn geben
O Positiv wahrgenommen werden
O Zu einer wohlwollenden Gemeinschaft
  gehören

Die unglücklichsten Menschen sind die, von
denen niemand etwas will, die nicht gefragt
sind und nicht gebraucht werden. Ein er-
gebnisorientiertes Management wird stets
danach streben, ein Umfeld zu schaffen, das
die drei genannten Aspekte fördert und miteinander verknüpft. Dann werden Mitarbeiter
ihre ganze Kraft einbringen, für die Kunden und
das Unternehmen mitdenken, professionell, zeiteffizi-
ent, zuverlässig und sorgfältig agieren und bei all dem so
richtig gut drauf sein. Die Kunden werden dies spüren und sich bedanken: mit Immer-wieder-Käufen, mit aktiver Mundpropaganda
und Empfehlungsbereitschaft on top.

> **Die unglücklichsten Menschen sind die, von denen niemand etwas will.**

Meine Schwägerin arbeitet mit körperlich und geistig behinder-
ten jungen Erwachsenen, die in Tagesstätten beschäftigt sind. Man
will auf diese Weise ihre Fähigkeiten fördern und ihrer Arbeit einen Sinn geben. Sie erzählte mir einmal von einem interessanten
Vorfall: »Eines Tages gab es keine Aufträge mehr und die Leitung
entschloss sich, die Sachen, die tagsüber erstellt worden waren,
zu demontieren, damit es am nächsten Tag wieder Arbeit gab. Der
Protest war jedoch riesig und die Heimbewohner weigerten sich,
unter solchen Umständen weiterhin tätig zu sein.« Das zeigt doch:
Jeder Mensch möchte ein geschätztes Mitglied einer Gemeinschaft
sein und im Rahmen seiner Möglichkeiten wertvolle Beiträge liefern.

Bei vielen Erwerbstätigkeiten kommt jedoch die Sinnhaftigkeit zu
kurz. Und, was noch schlimmer ist: Es fehlt an sozialer Anerkennung. Und es fehlt die Spaßkomponente einer »lachenden« Unternehmenskultur, die für den Output so wichtig ist. So ist Google

bekannt dafür, dass die Leute dort 20 Prozent ihrer Zeit »spielen« dürfen. Das heißt, dass sie an Projekten arbeiten, die sie persönlich interessieren. Dies wird oft belächelt oder als utopisch abgetan. Manager, die so etwas denken, halten den Angst-Druck-Kontrolle-Mechanismus immer noch für die beste Wahl. Doch dieser Weg führt höchstens in die Mittelmäßigkeit – und damit auf Dauer ins Aus. Absolute Exzellenz auf Spitzenniveau wird viel eher in einem positiven Umfeld erreicht, vor allem dann, wenn die Anspruchslatte dabei *für alle* hoch liegt.

Menschen sind – jeder auf eigene Weise – beseelt von dem Wunsch, einen Beitrag zu leisten und ihre eigene Wirksamkeit zu erleben. Den Gedanken, ein bedeutungsloses Leben gelebt zu haben, verabscheuen sie. Deshalb brauchen Mitarbeiter immer wieder neue Aufgaben – andersartige oder schwierigere –, um sich ihnen mit Kreativität, Konzentration und Hingabe eigenverantwortlich widmen zu können.

Unser Hirn honoriert das Überwinden von Herausforderungen mit Glückshormonen.

Die Evolution honoriert vor allem das Überwinden von Herausforderungen. Unsere Motivationssysteme werden erst hochgeschaltet, wenn wir uns um eine Sache verdient gemacht haben. Für das, was uns einfach so in den Schoß fällt, gibt es keine Momente des Glücks. Und das, was wir unter Druck lernen, kann nicht sinnvoll abstrahiert werden. Herausforderungen hingegen beflügeln. Der kurzzeitig damit verbundene Stress hat keine negativen Auswirkungen, ganz im Gegenteil. Er bringt uns in Hochform. Der Lohn für das Lernen ist eine mächtige Droge: die Glückseligkeit, sich selbst übertroffen zu haben.

Mit dem Erreichen hoher Ziele flutet das Hirn unseren Körper nämlich mit Dopamin-Euphorie, was uns zunehmend leistungsfähig, unternehmungslustig, im positiven Sinne auch risikobereit und sie-

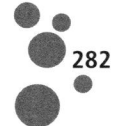

gesgewiss macht. Und es prämiert unseren Einsatz mit dem Aufbau von Millionen von Hochleistungsneuronen. Das betrifft insbesondere Kopfarbeiter. Denn auch Geistesblitze werden von Dopamin begleitet. Dies führt zu einer weiteren Aktivierung großer Neuronenverbände und zu einer stärkeren Vernetzung der Lerninhalte. Anhaltende Frustrationen hingegen sorgen dafür, dass Menschen ihren Ehrgeiz verlieren, weil die Dopaminproduktion verebbt.

Führungskräfte, die Spitzenleistungen wollen, versorgen ihre Mitarbeiter also besser mit positiven Kicks, statt mit der Geißel des Scheiterns zu drohen. Wir alle sind als Individuen mit einem freien Gestaltungswillen geboren worden, um ein Leben voller Sinn zu führen, und nicht, um im Menschen-Schach verheizt zu werden. Wer sich minderwertig oder in eine Statistenrolle gedrängt fühlt, reagiert darauf mit einem lähmenden Ohnmachtsgefühl. Ohnmächtig, also fremdbestimmt und ohne Macht zu sein, das macht uns ganz klein. Hingegen blühen jene Mitarbeiter auf und beginnen, unternehmerisch zu handeln, denen man Spiel-Raum im wahrsten Sinne des Wortes gibt. Ein weiteres Plus ist der »Mein-Baby-Effekt«: Was man selbst (mit)entwickelt hat, das unterstützt man mit Engagement und Zielstrebigkeit – und mit Mundpropaganda nach innen und außen.

Übrigens hat Marissa Mayer, Googles Ex-Vice President für Search Products, alle Google-Innovationen nach ihrem Ursprung ausgewertet und sagte während einer Vorlesung an der Universität Stanford: »50 Prozent aller neuen Google-Produkte kamen aus dieser 20-Prozent-Spielzeit. Wenn man wirklich intelligenten Menschen wirklich gute Tools an die Hand gibt, dann entwickeln sie sehr gute Dinge. Und sie tun das mit viel Leidenschaft und Dynamik.«

Was sich hieraus außerdem ableiten lässt: Künftig wird es in Unternehmen nicht mehr darum gehen, einige wenige High Potentials mit viel Aufwand zu fördern, nein, alle Kollaborateure müssen auf Spitzenniveau gebracht werden. Und wie? Durch das Collaborator Touchpoint Management.

Der Prozess in vier Schritten

Der Prozess des Mitarbeiterkontaktpunkt-Managements (CTMP®
Collaborator Touchpoint Management Prozess) besteht aus vier
großen Etappen mit je zwei Teilschritten:

1. Die Ist-Analyse. Sie besteht aus folgenden Teilschritten:
   a. das Erfassen der mitarbeiterrelevanten Kontaktpunkte
   b. das Dokumentieren der Ist-Situation (aus Mitarbeitersicht)

2. Die Soll-Strategie. Sie besteht aus folgenden Teilschritten:
   a. das Definieren der optimalen Soll-Situation (aus Mitarbeitersicht)
   b. das Finden passender(er) Vorgehensweisen

3. Die operative Umsetzung. Sie besteht aus folgenden Teilschritten:
   a. die Planung relevanter Maßnahmen, die zur Soll-Situation
      führen
   b. die Umsetzung eines passenden Maßnahmenmixes

4. Das Monitoring. Es besteht aus zwei Teilschritten:
   a. das Messen der Ergebnisse
   b. die weitere Optimierung der Prozesse

Viele Vorgehensweisen, die ich im Abschnitt über das Kundenkontaktpunkt-Management ausführlich beschrieben habe, lassen sich
in ähnlicher Form auch auf die Mitarbeiterseite übertragen. Nicht
umsonst spricht man ja auch von internen Kunden. Deswegen
lohnt es sich für jede Führungscrew, einmal über den Tellerrand
tradierter Leadership-Ansätze hinauszusehen und sich Inspiratio-
nen von den Customer Touchpoints zu holen. »Wenn das so bei

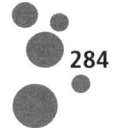

Abb. 24: Das Mitarbeiterkontaktpunkt-Management (CTMP® Collaborator
      Touchpoint Management Prozess) mit seinen vier Schritten

Kunden funktioniert«, könnte die grundsätzliche Frage lauten,
»was bedeutet das dann für unser Führungsverhalten?« Im Kon-
text der erwähnten neuen Arbeitsformen wird dieses Vorgehen
noch sehr viel wertvoller sein.

Was man ebenfalls nicht vergessen darf: Das Social Web macht
auch vor Arbeitgebern nicht halt. Die Zeit der blumigen Stellen-
annoncen und vollmundigen Imagebroschüren ist endgültig vorbei. Auf der großen Bühne Internet sind Unternehmen hüllenlos,
nackt. Wer aber nackt ist, der sollte besser fit aussehen. Denn das
Firmen-Innenleben wird heutzutage schonungslos bloßgestellt.
Von frustriertem Personal wird ganz schön viel schmutzige Wäsche
gewaschen. Die Pflege der Arbeitgebermarke (Employer-Branding)
nimmt in diesem Szenario eine eklatant wichtige Stellung ein. Wer
mit seinen Mitarbeitern gut umzugehen weiß, braucht sich keine
Sorgen zu machen. Jede Führungskraft ist gefragt, das Ihre dazu
beizutragen. Die Bearbeitung der vier folgenden Schritte kann dabei sehr, sehr hilfreich sein.

Schritt 1: Die Ist-Analyse

Im Rahmen des Mitarbeiterkontaktpunkt-Managements werden idealerweise zunächst alle Interaktionspunkte gelistet, die ein Mitarbeiter im Rahmen der Zusammenarbeit mit einer Führungskraft hat oder haben könnte – und zwar aus dem Blickwinkel des Mitarbeiters betrachtet. Dabei gibt es zwei Kategorien:

○ Die direkten Kontaktpunkte (Mitarbeitergespräch, Gruß auf dem Flur, Meeting usw.)
○ Die indirekten Kontaktpunkte (E-Mail, schriftliche Anweisung, Arbeitszeugnis usw.)

Anschließend werden die Erlebnisse, die ein Mitarbeiter an den einzelnen Touchpoints hat oder haben könnte, erarbeitet. Dabei listen Sie sowohl die kritischen Ereignisse als auch die positiven Geschehnisse auf, die ihm dort widerfahren – oder im schlimmsten Fall widerfahren könnten.

Hilfreiche Fragen dabei:

○ Was läuft prima? Wann stellt sich ein Moment großer Freude ein?
○ Wo gibt es heikle Situationen?
○ Was erwartet ein Mitarbeiter an diesem Touchpoint?
   Und was nicht?
○ Was könnte die Arbeitsleistung verbessern?
○ Was könnte die Motivation intensivieren?
○ Wo lauern Abwanderungsrisiken?
○ Welcher (akute) Handlungsbedarf besteht aus Mitarbeitersicht?
○ Wo droht eine Reputationsschädigung?
○ Was hat uns bislang daran gehindert, das Notwendige zu tun?

Auch wenn es unangenehm ist, muss über die letzte Frage gesprochen werden. Denn erst wenn die wahren Ursachen für Handlungsblockaden offenliegen, lässt sich etwas dagegen machen.

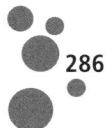

Den Mitarbeitern kluge Fragen stellen

Um die Ist-Situation an den einzelnen Touchpoints zu reflektieren, können Führungskräfte ihre Mitarbeiter punktuell und schriftlich befragen. Dazu legt man dem Mitarbeiter beispielsweise folgende offenen Fragen vor:

○ Was mir in diesem Unternehmen am besten gefällt
○ Was mir in diesem Unternehmen am meisten fehlt
○ Was sich an meinem Arbeitsplatz konkret verbessern ließe
○ Ich biete an, folgende Aufgaben zu übernehmen
○ Ich biete an, folgende Aufgaben abzugeben
○ Mein größter Wunsch an meine Führungskraft
○ Was wir für die Kunden noch tun könnten
○ Warum mir unser Unternehmen so wichtig ist
○ Was ich Außenstehenden über uns sagen würde
○ Woran ich bei mir selber arbeiten möchte
○ Wo ich mir Unterstützung wünsche
○ Was mich bewegen könnte, noch lange im Unternehmen zu bleiben
○ Was ich immer schon mal sagen wollte
○ Was mir besonders am Herzen liegt
○ Was man beim nächsten Mal noch fragen könnte

Um speziell die Mitarbeiterloyalität und das Mitarbeiter-Empfehlungspotenzial auszuloten, lassen sich Fragen wie diese stellen:

○ Ich kann mir gut vorstellen, noch länger in diesem Unternehmen zu arbeiten, weil …
○ Ich spreche mit Dritten (Bekannte, Freunde, Kunden) positiv über unser Unternehmen, weil …
○ Ich ermutige potenzielle Kunden, die Leistungen des Unternehmens zu kaufen, weil …
○ Ich ermutige potenzielle Mitarbeiter, sich in unserem Unternehmen zu bewerben, weil …
○ Ich tue all dies nicht, weil …

Fragen wie diese dienen dazu, den Mitarbeiter aktiv einzubinden. Dies gibt ihm das gute Gefühl, den Dingen nicht ohnmächtig ausgeliefert zu sein. Er fühlt sich vielmehr als Mitgestalter, der wertvolle Beiträge leistet. Auf diese Weise entwickeln sich Verantwortungsbewusstsein und Akzeptanz fast wie von selbst. Die Führungskraft gewinnt mithilfe solcher Fragen (und Antworten) zusätzliche wertvolle Informationen, sie regen die eigene Reflexion an, und es lassen sich bessere Arbeitsergebnisse erzielen.

Sehr effizient: Die Gewissensfrage

Meine Lieblingsfrage in diesem Zusammenhang ist übrigens die »Gewissensfrage«, und die lautet so: »Lieber Mitarbeiter, stellen Sie sich vor, Sie wären unser Unternehmensgewissen. Was würden Sie uns sagen?« Wird die Gewissensfrage schriftlich gestellt, so kann dazu eine fiktive Person gezeichnet werden, bei der ein Engelchen und ein Teufelchen rechts und links auf der Schulter sitzen. Man kann auch ein Porträtfoto der befragten Person einbauen. Das macht die Sache noch emotionaler.

Auch von Mitarbeitern kann man eine Menge lernen, wenn man kluge Fragen stellt.

Auch von Mitarbeitern kann man eine Menge lernen, wenn man kluge Fragen stellt. Die Gewissensfrage ist in diesem Zusammenhang die vielleicht effizienteste Frage. Die Antworten können vieles ans Licht bringen, was man vielleicht schon immer mal gerne wissen wollte: zum Beispiel, wie sich der Mitarbeiter in einer ganz bestimmten Situation fühlte oder was der Kunde dann und dann gesagt hat und aus welchem Grund. Womöglich wird der Chef so endlich auch erfahren, was gerüchtemäßig außer ihm schon alle wussten und was die eigentlichen Gründe für hartnäckige Probleme sind. So etwas ist kostbar wie Gold, denn nur wer die wahren Ursa-

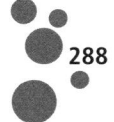

chen kennt, kann auch die richtigen korrigierenden Maßnahmen einleiten.

Schritt 2: Die Soll-Strategie

Im zweiten großen Teilschritt geht es nun um das Definieren der angestrebten Zielsituation und das Sondieren passender Vorgehensweisen an genau *den* Interaktionspunkten, die man für die anvisierten Mitarbeitergruppen optimieren will. Folgende Fragen lassen sich beispielhaft stellen:

○ Wie können wir über alle Leistungsbereiche hinweg ein gemeinsames Führungsverständnis für die wichtigsten Touchpoints gewinnen?

○ Wie können wir veraltetes Vorgehen in der Führungsetage an den einzelnen Touchpoints schnellstmöglich auf Web-3.0-Stand bringen?

○ Wie können wir sämtliche Recruiting-Touchpoints Web-3.0-fähig machen und an die Erfordernisse der Digital Natives anpassen?

○ Wie können wir uns von veralteten Strukturen und Prozessen schnell lösen und Netzwerkstrukturen in unserem Unternehmen schaffen?

○ Wie können wir die Loyalität unserer Mitarbeiter fördern, ihre Bleibelust erhöhen und uns vor kostspieliger Mitarbeiterfluktuation schützen?

○ Wie können wir unsere Mitarbeiter zu aktiven, positiven Botschaftern der Firma machen, und welche Touchpoints eignen sich besonders dazu?

○ Wie können wir das weibliche Potenzial in unserem Unternehmen an den einzelnen Touchpoints (noch) besser entfalten?

○ Wie können wir die Mitarbeiter in operative wie auch strategische Entscheidungen zeitsparend und effizient mit einbeziehen?

○ Wie lässt sich der Ideenreichtum unserer Mitarbeiter weiterentwickeln, für passende Touchpoints nutzbar machen und adäquat speichern?

○ Wie können wir an den einzelnen Kontaktpunkten mit nicht-monetären Begeisterungsfaktoren arbeiten, um das Wollen zu fördern?

○ Wie können wir eine auf Dauer ausgerichtete Kundenfokussierung auf Web-3.0-Niveau bereichsübergreifend erreichen?

○ Wie können wir mit dem Aufbau eines Touchpoint Managements in unserem Unternehmen zügig beginnen?

○ Wie können wir schließlich die Summe der Touchpoints so optimieren, dass wir bei Arbeitgeberwettbewerben vordere Plätze belegen?

Auf Basis dieser und weiterer relevanter Fragen werden zunächst die Mitarbeiter-Touchpoint-Ziele im Kleinen wie im Großen definiert. Auch hier geht es um Dos und Don'ts. Das, was Sie bereits über das Mitmachmarketing, das Generieren von Ideen, Fans, Multiplikatoren usw. gelesen haben, kann nun auf die formellen und informellen Netzwerke im Inneren eines Unternehmens übertragen werden.

Über die Facetten der Mitarbeiterloyalität habe ich in früheren Büchern schon ausführlich gesprochen. Über die vielfältigen Aspekte der Begeisterungs- und Genderführung wird hingegen noch sehr viel nachzudenken sein. Beides gemeinsam kann als Lösungsansatz fungieren, um die erschreckend hohe Zahl der unmotivierten Mitarbeiter, die die unterschiedlichsten Studien den Unternehmen schon seit Jahren attestieren, endlich spürbar zu senken.

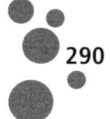

Genderführung: Der »kleine« Unterschied

Bei allem Streben nach Gleichberechtigung wird eines gerne vergessen: Frauen denken, fühlen, entscheiden und kaufen nicht nur anders als Männer, sie müssen auch anders geführt werden, um Spitzenleistungen zu erzielen.

Frauen müssen anders geführt werden, um Spitzenleistungen zu erzielen.

Das Thema ist heikel, es polarisiert und man macht sich mehr Feinde als Freunde, wenn es auch nur angesprochen wird. Gottseidank gibt es eine gute Möglichkeit, sich dem Ganzen zu nähern: Wissen! Wissen darüber, wie das in den Köpfen von Männern und Frauen genau funktioniert. Die moderne Hirnforschung hat dazu eine Menge Antworten parat. Sie macht amtlich, was wir im Herzen schon wissen.

Ich selbst habe früher in der deutschen Geschäftsleitung eines großen internationalen Konzerns zusammen mit elf Männern gesessen. Hätte ich damals all dieses Wissen schon gehabt, ich hätte es in jedem Fall mir selbst sehr viel leichter machen können – und den Herren sicher auch.

Selbst wenn tradierte Geschlechts- und Rollenidentitäten längst überholt zu sein scheinen, ticken weite Teile unseres Oberstübchens dennoch wie anno dazumal. Viele Arbeits- und Bewertungsschritte des limbischen Systems sind unserem Bewusstsein und damit unserer Kontrolle völlig entzogen. Jahrmillionenalte Bioprogramme sind sogar mit viel gutem Willen nur mühsam umzuschreiben. So sorgen neurochemische Zerebralprozesse und hormonelle Botenstoffe beim Mann für eine vermehrte Leistungsmotivierung, bei Frauen stehen Sozialmotive im Vordergrund. »Ich pack das (allein)«, sagt idealtypisch der Mann. »Wir stehen das zusammen durch«, hingegen die Frau.

Dass dies keine Klischees sind, zeigten eindrücklich die Ergebnisse einer Untersuchung der beiden Wissenschaftler Andrew Healy und Jennifer Pate aus dem Jahr 2011. Hierzu wurden Probanden eingeladen, an einem simplen Mathematikwettbewerb teilzunehmen, und zwar wahlweise entweder einzeln oder in Teams. Und siehe da: Während 82 Prozent der Männer als Einzelkämpfer antreten wollten, waren dazu nur 28 Prozent der Frauen bereit. Frauen meiden im Allgemeinen auch Jobs, in denen es um allzu viel Wettbewerb geht, wie andere Untersuchungen zeigten. Sie arbeiten lieber im »Wir«.

Solche Erkenntnisse sind für das Ausgestalten optimaler Leistungsbedingungen sehr hilfreich. Vor allem muss man damit aufhören, den Frauen den »männlichen Weg« überzustülpen, wenn man Spitzenergebnisse will. Folgende hirnstrukturelle Details können dabei von Interesse sein:

○ Während Frauen in beiden Hirnhälften Sprachzentren besitzen, nutzen Männer bei der Kommunikation vor allem die analytischere und zur Systematik neigende linke Hemisphäre.

○ Farb-, Geruchs- und Geschmackswahrnehmungen sowie das periphere Sehen, das frequenzielle Hören, die Feinmotorik, das Temperaturempfinden und die Verarbeitung von Gefühlen sind bei Männern und Frauen verschieden.

○ Die Spezialisierung der Hirnhälften ist bei Männern stärker ausgeprägt. Testosteron beeinflusst die linke Hirnhälfte und bewirkt das Schritt-für-Schritt-Denken sowie den »Tunnelblick«. Es positiviert und treibt an. Es hierarchisiert und fördert das »Eckige«. Es kämpft, um zu gewinnen.

○ Die Vorherrschaft weiblicher Östrogene wirkt stärker auf die rechte Hirnhälfte. Dies fördert ein ganzheitliches und gleichzeitig detailstarkes, vernetztes Denken, das Wir-Gefühl, die Fürsorge, die Empathie und die Fantasie. Es führt aber auch

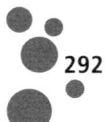

zu größerer Vorsicht und zu mehr Zweifeln. Östrogene sind Weichmacher und fördern das »Runde«.

○ Aufgrund von Veränderungen im hormonellen Treibstoffgemisch verschieben sich Antrieb und Leistungswille bei beiden Geschlechtern mit zunehmendem Alter.

Das sind jetzt nur einige Aspekte von vielen. Doch bei aller Vorsicht vor Verallgemeinerungen und reichlich Ausnahmefällen in beide Richtungen lässt dies dennoch einige Hinweise zu: Männer brauchen Regeln. Und sie lieben klare Ansagen. »Gebrauchsanweisungssüchtig« nennt der Coach Claus von Kutzschenbach das. Männer berichten, Frauen erzählen. Sie haben einen differenzierten, blumigen Wortschatz und schweifen schnell ab. Sie reden mit Fragezeichen, Männer mit Ausrufezeichen.

Wo Männer strategisch kommunizieren, reden Frauen um des Redens willen. Ihr Gekicher wirbt um Freundschaft. Derbe Sprache erschreckt sie. Sie fühlen sich schnell angegriffen und verletzt. Während Männer im Konfliktfall ihre Position verteidigen und sich spektakulär »bis aufs Messer« bekämpfen, ziehen sich Frauen zurück – oder sie reagieren beleidigt.

Frauen wollen vornehmlich wissen: Wie geht es allen dabei?

Männer üben sich darin, ihre Gefühle zu ignorieren, Frauen machen aus ihren Gefühlen keinen Hehl. Männer sind eher den Dingen zugewandt, Frauen den Menschen. Wo sich Männer im Allgemeinen verstärkt mit Instrumenten, Strukturen und Prozessen, also mit Macht und Kontrolle befassen, wollen Frauen vornehmlich wissen: Wie geht es allen dabei?

Sie sind weniger risiko- und entscheidungsfreudig, dafür fürsorglicher und konsensfähiger. Männer wollen mit ihren Fähigkeiten glänzen, Frauen eher dazulernen. Während Männer sich ständig messen, wollen Frauen es »gemütlich« haben. Und sie wollen gefallen. Respekt und Gerechtigkeit haben für sie einen hohen Stellenwert. Sie nehmen sich um der Harmonie willen, oder aber um gute Beziehungen zu schützen, eher zurück. Sie schließen sich einer Gruppenmeinung schnell an. Sie gehen weniger zielgerichtet vor. Sie sammeln Informationen weniger strukturiert und geben sie auch weniger strukturiert weiter. Sie brauchen Sicherheit – und sie lieben Sauberkeit. Wie gesagt: Das alles »im Allgemeinen«.

Von Zweifeln geplagt

Frauen sind in der Regel schlechtere Selbstdarstellerinnen als Männer, und das kommt so: In bedrohlichen Situationen wird – ohne dass sie das beeinflussen können – bei Frauen ein Hormoncocktail ausgeschüttet, der ängstlich macht und sie daran hindert, dominant aufzutreten. Ferner sind bei Frauen die für Zweifel zuständigen Zentren im Hirn länger aktiv. So machen sie sich eher Sorgen, sehen Gefahren an jeder Ecke lauern und ihre eigene Leistung eher kritisch. Und sie suchen die Schuld bei sich, Männer hingegen suchen sie bei anderen. »Bei Fehlern sprechen Frauen von ›Ich‹, Männer von ›Wir‹, bei Erfolgen ist es genau andersherum«, sagt meine Kollegin Sabine Asgodom. Außerdem halten Verstimmungen bei Frauen viel länger an. Und sie vergessen auch nicht so schnell.

»Bei Fehlern sprechen Frauen von ›Ich‹, Männer von ›Wir‹, bei Erfolgen ist es genau andersherum.«

Wenn Frauen Entscheidungen treffen, bleibt das Hirnareal länger aktiv, das sich mit der Fehleranalyse und mit potenziellen Gegenreaktionen oder Gefahren beschäftigt. So kommt es zu Entscheidungsstress, mangelnder Entschlusskraft – und beim Shopping zur Kaufreue. Während Männer sich wichtigmachen, unbeirrt und sie-

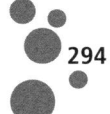

gessicher auftreten, zweifeln Frauen an sich und rechnen mit Gegenwind. Sie stellen sich selbst oft infrage, suchen Fehler eher bei sich und verkaufen sich so unter Wert. Viele Frauen scheitern nicht an ihrem Können oder ihrer Leistungsbereitschaft. Sie scheitern an ihrer Bescheidenheit und ihren Selbstzweifeln. Darüber hinaus senden sie Beta-Signale, also Signale der Unterordnung. Und zu allem Überfluss straft die Gemeinschaft der Frauen diejenige mit Ächtung, die aus ihren Reihen nach oben ausbricht. »Keine hat sich hervorgetan«, war das einstimmig positive Resümee einer Frauengruppe nach einem sportlichen Outdoor-Event. Genau das ist die größte Gefahr bei *zu* vielen Frauen im Team. In einer Woge von Harmonie versinkt alles in Einheitsbrei und Mittelmaß.

Viele Frauen scheitern an ihrer Bescheidenheit und ihren Selbstzweifeln.

So behindern sich Frauen auf dem Weg nach oben oft selbst. Sie tun sich auch deshalb so schwer, weil sie die Regeln karrierefördericher Machtspielchen nicht verstehen, weil sie die verbalen und nonverbalen Codes nicht kennen, ihren Platz in der Gruppe nicht suchen, die Befehlskette überspringen, den Oberen das angesagte Anbetungsritual verweigern, nicht in ihrem Schlepptau laufen und keine treue Ergebenheit zeigen. Frauen geht es um das Gelingen der Sache, nicht um Positionen. Frauen jagen Wissen, während Männer ihre Gegner jagen. Und während Männer noch raufen, arbeiten Frauen bereits fleißig die bereitliegenden Aufgaben ab.

Die Waffe Testosteron

Männer wollen Helden sein! Und die maskuline Hirnarchitektur strukturiert hierarchisch. So verlangt es Männer zu wissen, wer oben und wer unten ist, und dazu müssen sie sich laufend messen. (Wer hat den längsten … Balken im Powerpoint-Erfolgsdiagramm?)

Wo Frauen der Preis des Siegers sind, kommen sie als Ebenbürtige einfach nicht vor.

Wo Männer regieren, gibt es überall Ranglisten: die besten Verkäufer, die höchsten Jahresgehälter, die reichsten Clans. Und es gibt Insignien der Macht. Aber: Man misst sich nur mit seinesgleichen. Schon kleine Jungs lernen im Kindergarten: Mädchen verhaut man nicht. Etwas später dann dies: Eine Memme, also »weibisch« zu sein, ist für einen Buben absolut indiskutabel. Das Anti-Müller-Hormon saugt alles Feminine aus ihm heraus. Kaum ist diese Phase vorbei, fährt die Natur seinen Testosteronspiegel hoch und der drängt ihn, weibliche Beute zu machen.

All das verfestigt sich später in den Führungsetagen, den »Spielplätzen der Macht«. Solange ein typisches Alphamann-Hirn im Vollautomatikmodus weilt, ist eine Frau, wenn nicht Trophäe, dann »Beta«, also zweite Wahl. Wer in der Hackordnung aber unten steht, wird herablassend behandelt und bekommt auch weniger ab. Geringerer Lohn bei gleicher Arbeit ist nur *ein* sichtbares Zeichen dafür. Die Herabsetzungen sind sehr oft subtil, doch sie sind überall. So werden weibliche Mitglieder in Aufsichtsratsgremien schon mal gerne »Goldröckchen« genannt. Niemand würde sich hingegen erdreisten, ihre männlichen Counterparts als »Schlipsträgerchen« zu bezeichnen.

In solchen Szenarien müssen Frauen schon Erdbeben veranstalten, um in den Fokus zu rücken. Das wiederum ist aber aus männlicher *und* auch aus weiblicher Sicht eben nicht feminin und isoliert die »Unruhestifterin« in der Gemeinschaft der Frauen. Keiner mag es, wenn Frauen ihre Erfolge lautstark rühmen und ihr Licht eben *nicht* unter den Scheffel stellen. Was für ein Teufelskreis! Der Ausweg aus diesem Dilemma? Expertise! Expertentum wird von Männerhorden sehr geschätzt und katapultiert auf die vordersten Plätze. Ich habe selbst von Berufs wegen hauptsächlich mit Managementkreisen zu tun. Nach meinen Vorträgen höre ich da

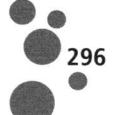

schon mal hinter vorgehaltener Hand: »Als Frau wäre sie nichts für mich.« Super! Denn wenn das geklärt und abgehakt ist, hat meine Expertise freie Bahn.

Jedenfalls finden in jeder Führungsriege zwangsläufig Machtkämpfe statt. Das Thema hat viele Facetten und kennt traurige Geschichten. Hinderliche Intrigen und peinliches Schaulaufen, maßloses Geltungsbedürfnis, Statusgerangel und Positionengeschacher sind dabei in erster Linie rein egoistisch motiviert und haben sicherlich nicht das Allgemeinwohl zum Ziel. Den alten Oberlöwen stehen bei all dem die größten Brocken zu. Auf ihr Kommando folgt die Meute der Mitläufer nahezu blind. Hochstatus weist an, ohne zu fragen. Niederstatus hört zu, ohne etwas zu sagen – und wenn doch, dann sind solche Hinweise irrelevant. Gefährlich, gefährlich ist sowas in diesen Tagen!

Ein einziger mieser Charakter in Topposition kann die Kultur eines ganzen Unternehmens verseuchen – und dessen Erfolg ruinieren. Denn alle orientieren sich an der Führungsspitze. Und die Mitarbeiter achten in einem solchen Szenario nur noch darauf, dem Chef zu gefallen. Der Kunde ist dann zweite Wahl. Multis, Konzerne und Dax-Unternehmen, in denen es große Territorien und viel öffentliches Ansehen zu verteidigen gilt, sind von solchen Phänomenen zwangsläufig betroffen.

Siege kurbeln die Testosteronproduktion an. Und dieser Stoff schaukelt ordentlich hoch. So überschreitet man(n) zulässige Grenzen, um sich Vorteile zu sichern und nicht ins Abseits zu geraten. Der Buchautor Dieter Otten fand im Rahmen einer Studie heraus, dass rund ein Drittel der erwachsenen Männer in Deutschland es billigt, moralisch verwerfliche oder kriminelle Akte zu begehen. Laut einer Untersuchung der Duke-Universität in North Carolina sind vier von fünf Managern

Männliche Hirne stehen auf Win-lose-Konzepte (Besiegen!), weibliche Hirne bevorzugen Win-win.

bereit, Unternehmenswerte zu zerstören, um kurzfristige Ziele zu erreichen. Ergo: Es wird gefoult, solange es kein Abpfeifen gibt.

Zwar kann Testosteron ein wunderbarer Antreiber sein, es sorgt für Genius, Wachstum und Fortschritt und es bringt uns auch mächtig voran. Doch in den falschen Hirnen ist es ein Teufelszeug. Testosteron liebt das Risiko, befeuert Eskalation und fabriziert den gefürchteten Machtrausch, der nicht selten despotisch endet. In Summe verbreiten Testosteronbomben am Ende ein tödliches Gift. Hat man das inzwischen erkannt? Und ändert sich was? »Männer wollen Schlachten wiederholen, in denen sie siegreich waren«, hat die Literaturprofessorin Gertrud Höhler in ihrem Buch »Das Ende der Schonzeit« geschrieben. Und weiter: »Männer wollen nicht ertappt werden bei Einsichten, die sie Frauen verdanken.« Frauenarbeit wird von Männern zwar geschätzt, aber nicht gewürdigt.

Mixed Leadership

Auch wenn das eine oder andere jetzt nicht gerade freundlich klang: Es zahlt sich aus, die Thematik intensiv zu durchleuchten. Wissen erzeugt schließlich Wahlmöglichkeiten. Was bei dieser kurzen Betrachtung vor allem in Erinnerung bleiben soll: Männliches und weibliches Tun ist nicht besser oder schlechter, sondern hirnbedingt anders. Das jeweils passende Talent an der richtigen Stelle einzusetzen, *das* ist die hohe Kunst des Führens. Und ganz ohne Zweifel gilt: Nur wenn Männer *und* Frauen ihr Bestes in die wirtschaftliche Entwicklung einpowern können, ist die Zukunft zu schaffen. Mixed Leadership braucht keine Quote, sie ist ein Muss!

Mixed Leadership braucht keine Quote, sie ist ein Muss!

Mehr Frauen in Toppositionen können den Unternehmen helfen, die Herausforderungen unserer

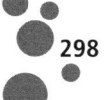

neuen Businesswelt zu meistern. Das Web 1.0 war definitiv männlich, ja, aber das Prinzip unserer sozial vernetzten Web-3.0-Welt ist eher weiblicher Natur. In der Web-1.0.-Welt galt die hart durchgreifende, gefürchtete und bisweilen skrupellose Führungskraft als die bessere Wahl. Doch ihr radikales Vorgehen führt am Ende meist nur zu kurzfristigen (Schein-)Siegen. Um allerdings in unserer neuen Zukunft Bestresultate auf Dauer zu sichern, sind vor allem Beziehungsarchitekten vonnöten. Männliche Monokulturen sind dafür zu hart. Macht- und respektvolles Vorgehen zu paaren, diese Kombination birgt wohl die größten Erfolgsaussichten. Soziale Kompetenzen, Kooperationswille und Kommunikationsfähigkeit sind dabei gefragt. Wir brauchen Freunde und nicht Feinde in einer sich zunehmend vernetzenden Welt. Weibliches Können ist dazu bestens geeignet.

Doch dafür müssen die »Spielregeln der Macht« überdacht und angepasst werden. Frauen sind (sich) viel zu schade, um im Menschenschach verheizt zu werden. Vor allem aber machen sie das nicht um den Preis von 70-Stunden-Wochen, Burnout, Mobbing und schlechter(er) Bezahlung. Von daher gilt es nun, für *alle* Frauen im Unternehmen Führung, Organisation und Rahmenbedingungen so zu gestalten, dass sie im Kern ihrer Talente arbeiten können. Wäre es nicht ein wunderbares Touchpoint-Projekt, das für alle Mitarbeiter-Kontaktpunkte einmal sauber durchzuspielen?

Begeisterungsführung

Mitarbeiterzufriedenheit? Das reicht nicht! Zufriedenheit allein macht behäbig und bequem. Zufriedenheit zementiert den Status quo. In diesem Zustand ist der Wunsch nach Veränderung gering. Die Handlungsintensität und die emotionale Spannung sind niedrig. Mangelnde Identifikation und Gleichgültigkeit setzen ein. Schließlich macht sich eine resignative Trägheit breit. Diese Egal-Mentalität führt zu Nachlässigkeiten und mangelnder Sorgfalt. Solche Mitarbeiter setzen sich nur halbherzig für die Interessen der

Kunden ein, sie zeigen wenig Initiative bei der Erfüllung von Sonderwünschen und wenig Kreativität beim Lösen von Problemen.

Resignative Zufriedenheit wird vor allem dort auftreten, wo Mitarbeiter wenig Gestaltungsraum haben, wo sie nicht unternehmerisch beteiligt werden, wo ihre Meinung nicht zählt und ihre Ideen unerwünscht sind. Solche Perspektivlosigkeit lässt Langeweile aufkommen. Einsatzwille und Verantwortungsbereitschaft schwinden, man macht es sich bequem. Zufriedenheit produziert Sitzfleisch, aber keine Motivation. *Nur* zufriedene Mitarbeiter machen sich – wie *nur* zufriedene Kunden – bei der nächstbesten Gelegenheit auf und davon. Und sie erzählen der ganzen Welt, warum sie das getan haben.

Perspektivlosigkeit lässt Langeweile aufkommen.

»Als ich vor neun Monaten in meinem neuen Unternehmen zu arbeiten begann«, schreibt mir eine Leserin, »war ich voller Ideen und Leidenschaft. Doch inzwischen gibt es einen harten Graben zwischen uns Mitarbeitern, in denen ich viel Potenzial sehe, und der Geschäftsführung, die via Angst regiert. Mitarbeiter werden vor anderen fertiggemacht. Fachliche Fragen können dazu führen, dass man ins Kreuzfeuer gerät. Selbst die simpelsten Aufgaben sind nicht klar definiert … Ich habe mich arrangiert, doch irgendwie bin das gar nicht mehr ich. Aus einer optimistischen Person, die sich gerne mit Begeisterung auf neue Aufgaben stürzt, ist eine Person geworden, die nur noch ›unter dem Radar‹ bleibt und Dienst nach Vorschrift tut. Ich muss wohl einfach akzeptieren, dass meine Wahl eine schlechte war, und einen würdevollen Ausstieg schaffen.« Führungskräfte, die solche Mitarbeiter »produzieren«, sind die Totengräber jeder Exzellenzkultur! Und sie bringen ihr Unternehmen in Lebensgefahr: Von Demotivation verseucht zerlegt es sich von innen heraus selbst.

Wenn nicht so, wie aber dann? Ganz einfach: Wir brauchen eine Begeisterungsführung! Begeistert-motivierte Mitarbeiter sorgen für hohe Produktivität, für ein flüssiges Arbeitstempo und für hohe Qualität. Sie haben Freude an Spitzenleistungen und wollen den Erfolg. Diese positive Energie ist im wahrsten Sinne des Wortes in den Produkten eingefangen, die der Käufer schließlich erwirbt. In Dienstleistungsbranchen drückt sich die Befindlichkeit eines Mitarbeiters sogar in jeder kleinen Geste aus. Begeisterte Mitarbeiter machen Kundenerlebnisse heiter, unmotivierte Mitarbeiter machen diese zur Qual.

Begeistert-motivierte Mitarbeiter sorgen auch für eine höhere Kosteneffizienz, da die Fehlerhäufigkeit sinkt. Sie sind kreativer und bringen neue Ideen ein. Vor allem aber: Sie tragen als engagierte Botschafter ein positives Unternehmensbild nach außen. Dies motiviert nicht nur potenzielle Topbewerber, sich für das Unternehmen zu interessieren, es motiviert auch die Kunden, immer wieder dort zu kaufen.

> **Begeisterte Mitarbeiter tragen als engagierte Botschafter ein positives Unternehmensbild nach außen.**

Enttäuschungs-, Okay- und Begeisterungsfaktoren

»Manche Menschen verursachen Glück und Freude, wohin auch immer sie gehen. Andere, wenn sie gehen.« Das hat der irische Schriftsteller Oscar Wilde einmal gesagt. Für Chefs gilt das auch. Es gibt die Typen, bei denen legt sich eine dunkle Wolke über alles, wenn sie nur den Raum betreten, und jeder reagiert wie schaumgebremst. Es gibt aber auch andere Chefs: Diese versorgen ihr Umfeld für Stunden mit Heiterkeit, und alles beginnt zu wachsen und zu sprudeln. Was wohl auf Dauer für die besseren Ergebnisse sorgt?

Auch an den Mitarbeiter-Touchpoints empfehle ich, Verhalten und Vorgehen der Führungskraft – wie ich es im Kundenteil bereits ausführlich beschrieben habe – nach Enttäuschungs-, Okay- und Begeisterungskriterien zu sondieren. Dies geschieht am besten in folgendem Dreierschritt:

⊛ Was wir als Führungskräfte keinesfalls tun dürfen
⊛ Unser Minimumstandard (= die Null-Linie)
⊛ Was wir bestenfalls tun können – und tun sollten

Ein kleines Beispiel aus der täglichen Führungsarbeit gefällig?

Fall 1: Die Führungskraft zitiert einen Mitarbeiter zu sich und sagt: »Herr X, es geht um Ihren Verkaufsbericht der letzten Woche. Ich muss mich sehr über die Darstellungsform wundern, sie entspricht nicht der vorgegebenen Berichtsstruktur. Zweitens haben Sie schon wieder nicht die Mindestzahl der wöchentlichen Kundenbesuche erfüllt. So geht das nicht. Ich bekomme langsam den Eindruck, dass Sie nicht können und nicht wollen. Und da brauchen Sie jetzt gar nicht so dümmlich zu grinsen. Also, wenn das nicht besser wird, hat das unangenehme Konsequenzen für Sie, kapiert?«

Das Verhalten der Führungskraft lässt sich nach Enttäuschungs-, Okay- und Begeisterungskriterien sondieren.

Ein solches Vorgehen ist in jeder Hinsicht – enttäuschend. Der Mitarbeiter wird persönlich angegriffen und bedroht. Ob er nun motiviert ist, seine Leistung zu verbessern? Wenn ja, dann höchstens aus Angst vor Strafe.

Fall 2: Wir haben die gleiche Situation; diesmal geht der Chef in vier Schritten vor – ein Vorgehen, das als »gewaltfreie Kommunikation« bezeichnet wird (Text von Günter Seemann).

1. Beobachtung: »Herr X, ich möchte mit Ihnen über Ihren letzten Arbeitsbericht sprechen. Erstens habe ich festgestellt, dass

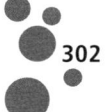

Sie Ihre eigene Berichtsform verwenden, und zweitens haben Sie die festgelegte Mindestzahl der wöchentlichen Kundenbesuche nicht erreicht.«

2. Gefühl: »Das hat mich einerseits frustriert und andererseits enttäuscht …«

3. Bedürfnisse erklären: »… weil ich Wert darauf lege, dass sich alle an die festgelegte Berichtsstruktur halten, denn dadurch habe ich einen sofortigen Überblick. Ganz besonders wichtig ist mir aber, dass alle die Mindestanzahl der Kundenbesuche erreichen, denn das gibt mir die Sicherheit, dass wir unseren Betreuungsauftrag gegenüber unseren Kunden erfüllen.«

4. Sagen, was Sie konkret wollen: »Deshalb möchte ich Sie bitten, dass Sie zukünftig Ihren Bericht nach der vereinbarten Struktur erstellen und die Mindestanzahl der Kundenbesuche nicht unterschreiten. Ist das so in Ordnung für Sie?«

Dieses Vorgehen ist – okay. Wenn Sie sich so in den Mitarbeiter hineinversetzen, fühlt sich dieser zwar betroffen, jedoch sicher nicht angegriffen, und er weiß, was von ihm erwartet wird. Aber ist er auch motiviert? Und begeistert?

Mitarbeiter wollen und müssen wissen, wie es »Mensch« Führungskraft geht.

Fall 3: Sie sagen: »Herr X, ich möchte mit Ihnen über Ihren letzten Arbeitsbericht sprechen. Ich habe festgestellt, dass Sie Ihre eigene Berichtsform verwenden. Auch haben Sie die festgelegte Mindestzahl der wöchentlichen Kundenbesuche nicht erreicht. Damit ich das besser verstehe, interessiert mich Ihre Sicht der Dinge.« Nun machen Sie eine Pause, damit der Mitarbeiter reden kann. Je nach Antwort geht es dann weiter wie folgt: »Danke, das macht die Sache für mich klarer. Nun brauche ich von Ihnen einen Vorschlag, wie Sie beides in Zukunft optimieren wollen.« Diesmal machen Sie eine lange Pause, damit der Mitarbeiter Zeit zum Denken und Reden hat. Je nach Art der Antwort sagen Sie dann: »Ja, das hört sich gut an. Können wir das so notieren (dabei freundlich nicken)? Bitte kommen Sie nächsten Mittwoch vorbei, mich interessiert der Zwischenstand sehr. Und danke, Herr X, dass Sie sich so engagiert an die Sache ranmachen.«

Wer seine Leute zu Marionetten seiner Anweisungen macht, züchtet geistige Krüppel.

Dieses Vorgehen ist – begeisternd. Dem Mitarbeiter wurde nichts vorgegeben, er hat die Lösung selber gefunden. Selbstorganisation und Eigenverantwortung sind also gesichert. Damit Konsequenz und Verlässlichkeit ins Spiel kommen und die Umsetzungswahrscheinlichkeit steigt, wird das verabredete Vorgehen schriftlich festgehalten. Außerdem zeigt der Chef Interesse am Zwischenergebnis und bleibt so eng am Thema. Der Zuspruch am Ende öffnet und motiviert. Wichtig dabei: Zeigen Sie Emotionen! Ihre Leute wollen und müssen wissen, wie es »Mensch« Führungskraft geht. Ein Pokerface ist beim Pokerspiel lebensnotwendig. Im Mitarbeitergespräch ist es hingegen tödlich. Und wer seine Leute zu Marionetten seiner Anweisungen macht, züchtet geistige Krüppel.

Egal, um welche Aufgabe es sich schließlich handeln mag: An allen Mitarbeiter-Touchpoints lassen sich Führungssituationen nach dem Schema:

○ Was ist enttäuschend?
○ Was ist okay?
○ Was ist begeisternd?

theoretisch durchspielen, um optimale Soll-Vorgehensweisen zu finden. Dies kommt quasi einem Emotionsmanagement gleich, das nicht nur im Kundenkontakt, sondern auch in der Führungsarbeit

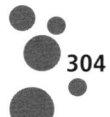

immer stärker gefordert wird. Gemeinsam mit Kollegen kommen Sie sicher auf ein breites Spektrum von Möglichkeiten. Übrigens lohnt es sich auch, hierzu einmal die Vorschläge der Mitarbeiter einzuholen. So wird nicht nur deren Leistungsbereitschaft gesteigert, sondern auch die Fluktuationsneigung wichtiger Leistungsträger gesenkt, was beides betriebswirtschaftlich sehr zu begrüßen ist.

Wer begeistert ist, der bleibt (länger)

In unserer neuen Arbeitswelt sind Festanstellungen zunehmend vorläufiger Natur. Doch auch dabei gilt: Wer seinen Mitarbeitern keine Arbeitsplatzsicherheit bieten kann, darf sich nicht wundern, wenn auch deren Loyalität zu wünschen übrig lässt. Dabei gehen bekanntlich immer die Besten zuerst. Sie werden überall mit Kusshand genommen. Und die Young Professionals, die jedes Unternehmen so händeringend sucht, wechseln sofort, wenn sie nicht ausreichend gefördert und gefordert werden.

Sich für einen scheidenden Mitarbeiter bei Bedarf einen neuen »kaufen« oder – wie bei einer Maschine – einen verschlissenen durch einen unverbrauchten Leistungsträger austauschen: Viele Firmen können sich diesen Luxus bald gar nicht mehr leisten. Gute Mitarbeiter als reines Werkzeug seiner Ziele zu sehen, ist eine völlig veraltete Sichtweise und diese Zeiten sind langsam vorbei. Selbst wenn das Auf und Ab am Arbeitsmarkt mal für und mal gegen die Unternehmen spielt: Die Hege und Pflege des bestehenden Mitarbeiterpotenzials nimmt schon allein angesichts des demographischen Wandels einen immer höheren Stellenwert ein.

Die Hege und Pflege des bestehenden Mitarbeiterpotenzials nimmt einen immer höheren Stellenwert ein.

Und die aktuelle Realität? Der 2011er GfK International Employee Engagement Survey zeigt die Zahl der Arbeitskräfte, die aktiv einen neuen Job suchen:

- 41 Prozent in Deutschland
- 29 Prozent in der Schweiz
- 27 Prozent in Polen
- 22 Prozent in Frankreich
- 21 Prozent in den Niederlanden
- 20 Prozent in Österreich
- 15 Prozent in Belgien

Wie schon diese wenigen Vergleichswerte zeigen, besteht speziell in Deutschland akuter Handlungsbedarf. Auf ein bis zwei Jahresgehälter werden die Kosten geschätzt, die entstehen, wenn eine Spitzenkraft ersetzt werden muss. »Wenn man schaut, mit welch geringem Engagement neue Mitarbeiter oft ausgewählt (und eingearbeitet) werden, wundert man sich und wünscht sich den gleichen Aufwand, der für eine Maschine, die dasselbe kostet, betrieben wird«, schreibt Maren Lehky in ihrem Buch »Leadership 2.0«. Das Erbe der Industriegesellschaft lauert einfach noch überall.

Menschen kaufen von Menschen und nicht von Unternehmen.

Übrigens: Wo Mitarbeiter und Führungskräfte wie im Taubenschlag kommen und gehen, ist es auch mit der Kundentreue nicht weit. Menschen kaufen von Menschen und nicht von Unternehmen. Gerade die Begeisterungsführung kann helfen, das Miteinander an den einzelnen Touchpoints so zu verbessern, dass die Lust aufs Bleiben wächst. Weitere wirkungsvolle Helfer auf diesem Weg können die Kunden sein.

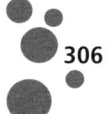

Wie Kunden Mitarbeiter motivieren

So wie die Werbung bei den Konsumenten an Vertrauenswürdigkeit eingebüßt hat, so hat auch der Glaube an die Managerzunft in der jüngeren Vergangenheit erheblich gelitten. Schnelle Strategiewechsel, ungeschickt eingefädelte Fusionen, die Selbstbedienungsmentalität in den Teppichetagen oder, ganz simpel, nicht eingehaltene Versprechen haben in einer Vielzahl von Organisationen die Führungscrews in Verruf gebracht. »Das nächste Change-Projekt sitze ich jetzt einfach mal aus«, das hört man inzwischen allerorts. Selbst dort, wo Mitarbeiter sich nicht als Spielball von Profilneurotikern oder undurchschaubaren Unternehmensinteressen erleben, reagieren sie oft skeptisch, wenn der Chef sie zu immer neuen Höchstleistungen aufstacheln will.

Begeisterte Kunden sind die viel besseren Motivatoren. Sie »können die Mitarbeiter in erstaunlichem Maße anspornen, intensiver, intelligenter und produktiver zu arbeiten«, berichtet Adam M. Grant im Harvard Business Manager vom August 2011. So verbrachten Spendensammler 142 Prozent mehr Zeit mit Telefonanrufen, nachdem sie von einem Studenten besucht worden waren, der dank der Spendengelder ein Stipendium für ein Hochschulstudium erhalten hatte. Er erzählte, was das für sein Leben bedeutete und wie dankbar er ihnen war. In einem ähnlichen Fall stieg der durchschnittliche wöchentliche Betrag, der bei Spendern eingeholt wurde, um rund 400 Prozent. Sinn und Zweck der eigenen Arbeit vor Augen zu sehen und der Stolz auf das sichtbare Resultat mögen in beiden Fällen die entscheidenden Antreiber gewesen sein. Bei einer Kontrollgruppe, die keinen Besuch erhalten hatte, und bei einer weiteren, bei der ein Manager über die Ergebnisse berichtete, veränderten sich hingegen die Leistungen nicht.

> **Begeisterte Kunden sind die viel besseren Motivatoren.**

Viele Unternehmen können sich auf diese Weise Verstärkung von außen holen oder den Mitarbeitern Videobotschaften ihrer Kunden zeigen. Dann geben die Bilder den Vorgängen nicht nur einen Namen, sondern auch ein Gesicht. »Außerdem lässt sich so dafür sorgen, dass die Botschaften immer wieder frisch klingen – wenn nämlich immer wieder andere Kunden sie übermitteln«, schreibt Adam M. Grant im Fazit seines Beitrags.

Der als Innovationsschmiede bekannte Konzern 3M lädt regelmäßig Kunden zu Workshops und Demo-Labs ein, damit sie die Ingenieure des Unternehmens treffen und von ihren Bedürfnissen erzählen können. Den Beschäftigten bieten diese Begegnungen die Gelegenheit, sich besser in die Kunden hineinzuversetzen, voneinander zu lernen und eine gegenseitige Verbundenheit aufzubauen. In Neuss, im größten 3M-Labor in Europa, gibt es 7000 Kundenbesuche pro Jahr, berichtete Brand eins im Juni 2011.

Überlegen Sie also einmal im Kreis Ihrer Kollegen, wie Sie Ihre Kunden gerade dort stärker einbringen können, wo es von Haus aus keine persönlichen Kontakte gibt: über Fotos, Videobotschaften, Besuche, Referenzschreiben und Erfahrungsberichte. Bringen Sie so die Mitarbeiter zu den Kunden und die Kunden zu den Mitarbeitern. Auf diese Weise erhält die Belegschaft motivierende und im wahrsten Sinne des Wortes lebendige Beweise dafür, welche Wirkung ihre Arbeit hat und wie sie von den Kunden geschätzt wird – ganz abgesehen von den Lernmöglichkeiten. Solche Begeisterung ist ansteckend. Und auf Kundenseite? Da steigt die Loyalität.

Bringen Sie die Mitarbeiter zu den Kunden und die Kunden zu den Mitarbeitern.

So veranstaltet die österreichische UntermStrich Software GmbH für ihre Kunden jetzt periodische Come-in-Tage. (Es ist ein Konzept aus einem Touchpoint-Event.) Dazu werden

10 bis 15 Anwender in die Firmenzentrale zum »Mitarbeiten« eingeladen. Hierbei können im direkten Gespräch mit den Entwicklern Anregungen und Wünsche ausgetauscht werden. Diese suchen und finden ihre Ideen nun nicht mehr alleine im stillen Kämmerlein, sondern können die Entwicklung kundenfokussiert steuern. Die Kunden nehmen die Anreise und den Zeitaufwand für den Tag gerne in Kauf, weil sie die Dinge nun mitgestalten können. Außerdem ist es für sie interessant, die Menschen hinter der Software kennenzulernen. Die Teilnahmequote liegt bei 90 Prozent. Und die Anzahl der Kündigungen von Serviceverträgen ging seitdem auf unter ein Prozent jährlich zurück.

Schritt 3: Die operative Umsetzung

Hier geht es um die Planung und Umsetzung passender Maßnahmen, die von einer derzeitigen Ist-Situation zur gewünschten Soll-Situation führen. Folgende Fragen sind zu beantworten: Wer macht was ab/bis wann mit welchem Budget? Welche Ressourcen müssen bereitgestellt werden? Wer kann dabei helfen? Welche zeitlichen Limits sind sinnvoll und machbar? All das muss gemeinsam geplant und anschließend umgesetzt werden.

Sicher haben Sie mittlerweile beim Lesen schon eine Reihe von Vorgehensweisen entdeckt, die an dieser Stelle adaptiert oder eins zu eins übernommen werden können. Bei all dem gilt auch hier: Weniger ist mehr. Wählen Sie ein Thema, das sowieso schon allen auf den Nägeln brennt, oder fangen Sie mit wenigen wichtigen Touchpoints an. Folgeeffekte stellen sich oft wie von selber ein.

Mathias Bauer, Geschäftsführer der österreichischen Raiffeisen Capital Management (RCM), wo wir einen eintägigen Touchpoint-Workshop mit knapp 100 Mitarbeitern durchgeführt haben, erzählte später: »Zusätzlich ist uns noch Folgendes aufgefallen: Seit einigen Wochen befindet sich in einer der Küchen eine Flipchart, welche vorerst mit einem einfachen ›Guten Morgen‹ beschriftet war. Über Wochen konnte man beobachten, wie sich dieses Flipchart mehr und mehr mit lauter Nettigkeiten und motivatorischen Sprüchen füllte. Mittlerweile gibt es einen ›unbekannten Wohltäter‹, der eine Seite, wenn sie vollgeschrieben ist, regelmäßig wechselt und mit einem ›Einleitspruch‹ von vorne startet!«

Wenn auch Sie ein Mitarbeiter-Touchpoint-Projekt starten wollen, dann lässt sich dies sowohl im kleinen Kreis als auch in Form von Großgruppenveranstaltungen durchführen. Wie das genau vor sich geht, haben wir ja bereits gesehen. Vor allem aber sollten auch hier die Quick Wins im Vordergrund stehen.

Drei Themen möchte ich an dieser Stelle besonders herausgreifen:

O Die neue Lobkultur und das Jahresgespräch
O Ein Beispiel für Meeting 3.0
O Social Media Guidelines für die Mitarbeiter

Die neue Lobkultur und das Jahresgespräch

Es gibt genügend Führungskräfte, die geizen nicht nur mit Lob, sie sammeln es auch wie Rabattmarken. Volle Heftchen werden erst beim Jahresgespräch verteilt. Mannomann! Seinen Mitarbeitern ein verdientes Lob vorzuenthalten, ist grausam. Würden Sie einem Hund das Leckerli für gehöriges Tun erst nach monatelangem Warten geben oder ein Kleinkind bei den ersten tapsigen Gehversuchen Wochen später loben? Unser Hirn kann auf das, was guttut, einfach nicht warten.

Seinen Mitarbeitern ein verdientes Lob vorzuenthalten, ist grausam.

Also dann: Feedback sofort! Feedbacks sind Rückmeldungen über die erbrachten Leistungen. Sie geben uns die Sicherheit, auf

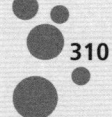

dem richtigen Weg zu sein. Lob ist von daher ein Steuerungsinstrument. Zügige, positiv-stimmende Rückmeldungen sind im unternehmerischen Alltag elementar – und für die Internetgeneration unumgänglich. Ihr Hirn ist auf kurz und schnell kalibriert. Und es hat sich an sofortiges Feedback gewöhnt. So wird man etwa bei Online-Games für vollbrachte Spielleistungen postwendend belohnt: mit Status-Upgrades, immer höheren Levels und Bonuspunkten. Jedes »Like« ist wie ein virtuelles Schulterklopfen. Social Networks und digitale Geräte sind perfekte Feedbackgeber – und deshalb haben sie Suchtpotenzial.

Feedback sofort! Das ideale Verhältnis zwischen Lob und Tadel ist 7 : 1.

Von ihrer Firma erwarten solche Mitarbeiter nun das Gleiche wie von einem Online-Game: »Ich will meinen Punktestand wissen, und zwar sofort – und jeden Tag.« Erbrachte Arbeitsleistungen werden fortan nicht nur mündlich kommentiert, sondern auch über ein Sternebewertungssystem bepunktet und in einem digitalisierten Entwicklungsplan abgelegt. Gamification, also der Einbau spielerischer Elemente, heißt dieser neue Trend. In *dem* Szenario Rückmeldungen bis zum Jahresgespräch vorenthalten? Tödlich!

Kennen Sie übrigens den Mitarbeiterwunsch Nummer eins an den Chef? Mehr Lob, mehr Anerkennung, mehr Wertschätzung, mehr Respekt! Und was sagt die Praxis? Einer Untersuchung des Wissenschaftlichen Instituts der AOK aus dem Jahr 2011 zufolge nehmen 54,5 Prozent der befragten Mitarbeiter Lob von ihrem Vorgesetzten nie beziehungsweise nur selten wahr. 41,5 Prozent der insgesamt 28 223 Studienteilnehmer aus 147 Unternehmen gaben an, dass ihre Meinung vom Vorgesetzten bei wichtigen Entscheidungen nicht beachtet würde. Ein erschütterndes Ergebnis – vor allem in Hinblick darauf, dass über die Bedeutung einer positiven Feedbackkultur für die unternehmerische Wertschöpfung in den letzten Jahren schon so viel zu hören und zu lesen war.

Lob ist wie Sauerstoff für das tägliche Wollen der Mitarbeiter. Lob ist wie Sauerstoff für das tägliche Wollen der Mitarbeiter. Denn Lob setzt einen Zerebralcocktail aus Glücksbotenstoffen frei. Dieses beflügelnde Gemisch fördert nicht nur Arbeitsfreude, Wagemut und Leistungskraft, es stärkt auch unser Immunsystem und schützt die Firmen so vor hohen Krankenständen und langen Fehlzeiten. Wieso tun sich Chefs also mit dem Loben so schwer? Ist es das Blind- und Taubsein für Menschlichkeit? Oder das Topdownsyndrom, bei dem die Klärung der Rangordnung so wichtig ist? Da gibt es zwei Varianten:

○ Starke Leader beherrschen die Kunst des aufrichtigen Lobens. Sie nutzen aktiv jede Form von echt gemeinter Anerkennung und zeigen Wertschätzung richtig dosiert. Sie erhöhen damit die Menschen in ihrem Umfeld und beflügeln sie zu immer neuen Heldentaten. Denn: Menschen verstärken Verhalten, für das sie Aufmerksamkeit, Anerkennung und Wertschätzung erhalten.

○ Schwache Leader haben Angst um ihren Status. Sie erniedrigen die Menschen in ihrer Umgebung, nehmen ihnen die Würde und neigen dazu, sie fertigzumachen, damit ihre eigene Kleinheit nicht so auffällig ist. Im Topmanagement kommt das oft einer routinemäßigen Demütigung der Untergebenen gleich – gern auch vor Publikum. Jedes Meeting wird zum Showdown. Das hat aber Konsequenzen: Wer seine Mitarbeiter zu »kleinen Würstchen« macht, wird von ihnen nichts Großes erwarten können. Wer nicht loben kann, wird feststellen, dass es in seinem Bereich bald keine lobenswerten Leistungen mehr gibt.

Eines noch: Streichen Sie Mitarbeiterjahresgespräche schnellstmöglich aus dem Programm. Dieses routinemäßig sich wiederholende Generalabrechnungsritual ist für beide Seiten meist nichts als eine Qual. Ich kenne Fälle, da müssen sich die Beteiligten in-

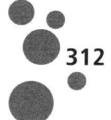

zwischen durch 20-seitige Formulare ackern. Krampfhaft wird jedes Jahr neu nach Inhalten gesucht. Die Mitarbeiter diskutieren alles rauf – und die Führungskräfte diskutieren alles runter, damit am Ende die Gehaltserhöhung im Rahmen bleibt. Ersetzen Sie dieses antiquierte, aufwändige Führungstool besser durch regelmäßige kurze und gut gemachte Feedbackgespräche.

Streichen Sie Mitarbeiterjahresgespräche aus dem Programm.

Ein Beispiel für Meeting 3.0

Wer mag sie schon, die üblichen Meetings, die nach dem immer gleichen Muster abgeleiert werden, lange dauern und ätzend langweilig sind? Alles dreht sich dabei um Zahlen, Daten, Fakten, Prozesse und Projekte. »Sich mit sich selbst beschäftigen« steht ganz oben auf dem Programm. Kunden auf der Agenda? Eine positive Stimmung im Raum? Fehlanzeige!

Als Ergebnis eines Touchpoint-Workshops bei einem Autobauer haben sich die dort versammelten Führungskräfte unter anderem von ihrer üblichen Meetingstruktur verabschiedet und stattdessen fünf Bausteine eingeführt:

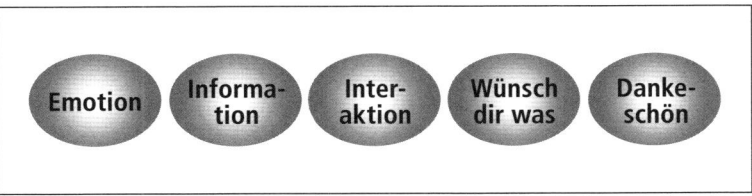

Abb. 25: Die Bausteine eines Meetings

O Baustein 1 – Emotion: Am Anfang des Meetings steht eine frohe Botschaft. Das kann ein besonderer Mitarbeiter- oder Teamerfolg, eine Ehrung, ein toller Pressebericht oder ein zahlenmäßig gutes Ergebnis sein. Unter dem Motto »Der Kunde spricht« können reihum Erfolgsgeschichten erzählt werden, in denen es um eine gelungene Zusammenarbeit mit Kunden geht. Oder es werden Videos mit interessanten Kundenaussagen gezeigt.

○ Baustein 2 – Information: Erst jetzt folgen Informationen aus der Geschäftsleitung und über berichtenswerte Vorgänge sowie, wenn nötig, die üblichen Zahlen, Daten und Fakten.

○ Baustein 3 – Interaktion: Nun werden die anstehenden Punkte aus der vorab erstellten und mit Zeitfenstern versehenen Tagesordnung diskutiert, entschieden und in ein To-do-Protokoll überführt.

○ Baustein 4 – Wünsch dir was: Hier können Wünsche der Mitarbeiter oder spezifische Kundenwünsche an die Leitung übermittelt werden. Unter dem Motto »Kill a stupid rule« lässt sich die Abschaffung eines blödsinnigen Standards diskutieren. Unter dem Stichwort »verrückte Idee« können Begeisterungsideen eingebracht und verabschiedet werden.

○ Baustein 5 – Dankeschön: Am Ende des Meetings gibt es eine Dankeschönrunde. Jeder Teilnehmer, der möchte, dankt dabei einem Kollegen für etwas, das ihm dankenswert erscheint. Eine solche Wertschätzungskultur tut allen Beteiligten und damit auch dem Betriebsklima gut. Sie hebt die Stimmung und bringt Lebensqualität an den Arbeitsplatz.

Außerdem wurde die Funktion des »Engelsadvokaten« eingeführt. Er hat nach dem Vortragen einer Idee immer das erste Wort. Er unterstützt die Idee, findet zunächst das Gute darin und gibt ihr so eine Überlebenschance. Nun sind zumindest schon mal zwei im Raum dafür und Querdenker erhalten die oft so dringend nötige Rückendeckung. Selbst die beste Idee ist ja am Anfang ein zartes Pflänzchen, das von den üblichen Bedenkenträgern schnell totge-

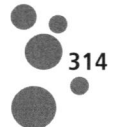

trampelt wird. Unter dem Schutz des Engelsadvokaten wird sich nun jeder trauen, selbst die verrücktesten Ideen einzubringen. Und verrückte Ideen beinhalten bekanntlich am ehesten Alleinstellungsmerkmale und Begeisterungspotenzial.

Ein ergänzender Hinweis: In Konsenskulturen und »Wattebauschmeetings« (was in diesem Unternehmen bislang ganz und gar nicht der Fall war) braucht es einen »Teufelsadvokaten«, der allzu bereitwillige Zustimmung kritisch hinterfragt. Reine Konsensentscheidungen sind selten die besten, denn sie produzieren nichts als Mittelmaß. Beide Funktionen sollten übrigens von den Meetingteilnehmern im Wechsel ausgeübt werden. So lernt jeder, pro und kontra zu spielen, also mal Bremser und mal Treiber zu sein.

Social Media Guidelines für Mitarbeiter

Arbeitnehmer sind, wenn sie sich im Social Web als Mitarbeiter eines Unternehmens zu erkennen geben, immer auch deren Botschafter. Sie verkörpern die Unternehmensmarke und geben ihr Stimme und Gesicht. Sie gestalten, neben den Kunden, die Reputation ihres Arbeitgebers maßgeblich mit. Durch ungeschicktes Verhalten können sie investigatives Medieninteresse auf die Firma lenken und durch verräterisches Ansinnen sogar die Existenz ihrer Firma bedrohen. Unternehmen haben also ein berechtigtes Interesse daran, dass ihre Mitarbeiter sich auch im Web korrekt verhalten.

Mitarbeiter gestalten die Reputation ihres Arbeitgebers maßgeblich mit.

Zu diesem Zweck haben viele Unternehmen in letzter Zeit Social-Media-Richtlinien erstellt. Dabei geht es vor allem darum, wie sich die Mitarbeiter in ihrer Eigenschaft als Botschafter ihres Unternehmens im Social Web präsentieren sollen. Wie diese Richtlinien meist zustande kamen? Wie immer: topdown. Irgendwo im stillen Kämmerlein wurde etwas ausgeheckt oder abgekupfert und dann den Mitarbeitern als fertiges Ergebnis vorgesetzt. Den Vogel abgeschossen hat wohl ein hier nicht genauer genanntes Unternehmen, das es auf ein Buch mit sage und schreibe 185 Seiten gebracht haben soll. Die einzigen, die das komplett gelesen haben, waren sicher die Leute aus der Rechtsabteilung.

Kurz und knackig ist wesentlich besser. Die simpelste Regel, die ich kenne, sagt eigentlich alles. Sie heißt: Don't be stupid! Ein von der Social-Media-Expertin Daniela A. Caviglia entwickelter Grundsatz lautet so: Interne Kritik ist erlaubt, bleibt aber intern. Geheimnisse bleiben geheim, private Meinungen privat.

Interne Kritik ist erlaubt, bleibt aber intern. Geheimnisse bleiben geheim, private Meinungen privat.

Im Rahmen eines Touchpoint-Projekts haben wir Social Media Guidelines von einer Gruppe von Mitarbeitern selbst erstellen lassen. Keine Sorge: Die Leute kommen zu Ergebnissen, die im Firmeninteresse sind, aber das Ganze wird viel kreativer umgesetzt. Die entwickelten sieben Punkte wurden als Empfehlungen positiv formuliert und klangen daher *nicht* nach Verbieten. Die Gruppe hat auch ein Video gedreht, das sie als Urheber zeigt und die wichtigsten Aspekte beleuchtet. Alles wurde ins interaktive Intranet eingestellt und konnte dort auch kommentiert werden. Die Akzeptanz im Kreis der Kollegen war weitaus größer, denn es wurde (diesmal) nichts von oben vorgegeben. Regelmäßige Informationen, Geschichten und Stellungnahmen sorgen nun dafür, dass die Guidelines nicht im Koma des Vergessens versinken. Neu eingestellte Mitarbeiter werden über ein Quiz spielerisch mit dem Thema vertraut gemacht, denn Social Media hat immer auch einen Spaßfaktor. Aus den eigenen Reihen wurde sogar ein Expertenrat gebildet, an den sich die Kollegen nun mit Fragen vertrauensvoll wenden können.

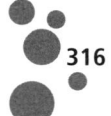

Im Web finden sich übrigens weitere interessante Beispiele dafür, wie einzelne Unternehmen ihre Social Media Guidelines entwickelt haben. So hat der Anlagenbauer Krones sein Video zu dem Thema bei YouTube eingestellt. Nach einer kurzen Einführung gibt es elf Tipps für den Umgang mit dem Social Web. Tchibo zeigt seinen Mitarbeitern mithilfe eines frechen Strichmännchens namens Herr Bohne, was geht und was nicht.

Schritt 4: Monitoring und Optimierung

Abschließend geht es um das Ermitteln der Ergebnisse an den einzelnen Mitarbeiter-Touchpoints – mit dem Ziel, die Führungsarbeit zukünftig zu optimieren. Folgende Fragen lassen sich hierzu stellen:

○ An welchen Kriterien wollen wir unsere verbesserte Touch-point-Performance messen?
○ Welche Kennzahlen wollen wir dazu auf welche Weise wie oft und für wen erheben?
○ Wie wird das gewonnene Wissen dokumentiert und gemeinsam besprochen?
○ Welche Monitoring-Tools sind sinnvoll und können unkompliziert eingesetzt werden?
○ Wer leitet wann und wie die fortlaufend notwendigen Prozessverbesserungen ein?

Das Kennzahlencockpit

Eine ganze Reihe von Indikatoren ermöglichen Rückschlüsse auf die konkrete Wirkung von Touchpoint-Maßnahmen und ebenso auf die Motivation eines Mitarbeiters und damit auf seine Loyalität. Hierzu zählen:

○ Die Aktivität in Workshops und Diskussionsrunden
○ Die Teilnahme an Projektgruppen und Fortbildungs-
  maßnahmen
○ Der Wunsch nach Aufstiegsmöglichkeiten
○ Das Interesse an Kundenbelangen
○ Das Einreichen von Ideen und Verbesserungsvorschlägen
○ Die Bereitschaft zu fallweisen Überstunden
○ Die Fehlerquote als Ergebnis von Schludrigkeit und
  Desinteresse
○ Die Nörgelhäufigkeit
○ Die Anzahl der Krankheitstage an Montagen und
  Freitagen

Mit welcher Freude tragen die Mitarbeiter sichtbare Zeichen der Zugehörigkeit?

Ein weiterer Index für Mitarbeiterloyalität: Mit welcher Freude und mit wie viel Stolz tragen die Mitarbeiter sichtbare Zeichen der Zugehörigkeit wie etwa das Firmenlogo oder den Mitarbeiterausweis? Oder vermeiden sie dies aus Scham und Angst vor unangenehmen Fragen und hämischem Spott?

Vor allem langfristig sollten Touchpoint-Maßnahmen positive Auswirkungen auf die mitarbeiterbezogenen Kennzahlen eines Unternehmens haben, wie etwa die durchschnittliche Verweildauer, die Fluktuationsrate, die Kranktage, die Burnout-Rate und die Mitarbeiterproduktivität.

Und kurzfristig? Da stellen Sie den Mitarbeitern – am besten schriftlich – ganz ähnliche Fragen wie den Kunden:

○ Auf einer Skala von 0 bis 10: Würden Sie sich heute wieder für dieses Unternehmen entscheiden? Wenn ja, aus welchen Hauptgründen? Wenn nein, weshalb nicht?

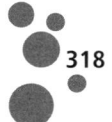

- Auf der Skala von 0 bis 10: Würden Sie unser Unternehmen an einen interessierten Arbeitsuchenden aus Ihrem persönlichen Umfeld weiterempfehlen? Wenn ja, aus welchen Hauptgründen? Wenn nein, weshalb nicht?

Schon allein die Antworten auf diese beiden Fragen bieten meist jede Menge Ansatzpunkte, um weitere Verbesserungen in Angriff zu nehmen. Die daraus entwickelten Kennzahlen zählen zu den wichtigsten Leistungsindikatoren im Mitarbeiterbereich.

Die Optimierungstools

Für das Monitoring der eigenen Performance als Führungskraft an den einzelnen Touchpoints gibt es vier Möglichkeiten:

- Die Selbstkontrolle der Führungskraft
- Das Kollegencoaching
- Die »Kontrolle« durch den Mitarbeiter
- Das öffentliche Feedback

Schauen wir uns diese Methoden einmal näher an.

Helikopter-Rundflug über das eigene Tun

Die kritische Selbstreflexion zählt zu den wichtigsten Eigenschaften eines guten Managers. Monitoring durch Selbstkontrolle ist dabei meistens der schnellste Weg. Und was heißt das genau? Versetzen Sie sich einmal in die Rolle eines Malers, der einige Schritte von seinem Bild zurücktritt, um in Ruhe sein Tagwerk betrachten zu können. Dann stellen Sie sich zum Beispiel diese Frage: »Hätte ich unseren besten Kunden so behandelt, wie ich heute meinen Mitarbeiter X behandelt habe?« Oder die: »Kann ich alles, was ich heute getan habe, guten Gewissens auch meinen Kindern erzählen?«

Ebenso kann man während einer Interaktion mit einem Mitarbeiter still und leise in die Helikopter-Perspektive wechseln, um von einer höheren Warte aus einen Rundumblick zu wagen. Dabei verlässt man die ichbezogene Sichtweise und begibt sich in die Rolle des neutralen Betrachters. Folgende Fragen kann man sich stellen:

⊛ Was wird das, was ich sage / tue, beim anderen bewirken?
⊛ Wie wird / kann er das, was gerade ich sage / tue, verstehen?
⊛ Was wird er daraufhin wahrscheinlich tun?
⊛ Ist dies das von mir Gewünschte?
⊛ Was muss / kann *ich* verändern, damit es dem Gewünschten entspricht?
⊛ Lebe ich selber vor, was ich bei anderen erreichen will?
⊛ Was kann ich bei mir selbst in Zukunft verbessern?

So manches kommunikative Desaster könnte vermieden werden, wenn man eine solche Metaebene systematisch in die tägliche Arbeit einbrächte. Die regelmäßige kritische Selbstreflexion hilft dabei sehr.

Diese Selbstreflexion kann durch ein emotionales Sicheinfühlen in die Situation des Mitarbeiters weiter verfeinert werden. Hierzu empfehle ich das Ampelsystem der Managementberater Douglas Conant und Mette Norgaard, das sehr gut mit meinem Enttäuschungs-Okay-Begeisterungssystem korrespondiert:

⊛ Grün bedeutet: Die Führungskraft erkennt an verbalen und nonverbalen Signalen, dass alles bestens läuft, dass es dem Mitarbeiter gut geht und dass er mit der Interaktion zügig fortfahren kann.

⊛ Gelb bedeutet: Der Gesprächspartner wechselt in eine Habacht-Stimmung. Offenheit und Gelöstheit verschwinden, der Mitarbeiter nimmt sich zurück, er wird unruhig, seine Miene verdüstert sich. An dieser Stelle unterbricht man die Interaktion und sagt: »Mir ist, als ob Sie eine Frage haben …«

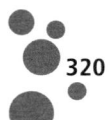

O Rot bedeutet: Der Mitarbeiter erstarrt und macht sichtbar zu. Seine Miene wirkt abweisend, er geht in eine Kontrahaltung. In diesem Fall muss die Interaktion zunächst gestoppt werden. Jedes weitere Vorgehen würde auf taube Ohren treffen, die Störung geht also vor. »Wie denken Sie darüber?«, könnten Sie fragen, oder: »Was geht in Ihnen vor, wenn Sie das hören?«

Danach machen Sie eine lange Pause, damit der Gesprächspartner sich sammeln und dann antworten kann. Hören Sie gut hin und gehen Sie auf den Mitarbeiter ein. Ziel ist es, ihn wieder auf Gelb und dann auf Grün zu bringen. Fragen Sie ihn, was getan werden müsste, damit er wieder umschalten kann. Nur wenn Ihre Mitarbeiter voll und ganz mitziehen, können hochgesteckte Ziele erreicht und Spitzenleistungen erbracht werden.

Hilfe von außen: Das Kollegencoaching

Da man beim Selbstcoaching sehr schnell der Selbsttäuschung erliegt und seine blinden Flecken nicht sieht, kann ein Kollegencoaching sehr hilfreich sein. Dabei werden Führungstandems gebildet, die sich beim Agieren an den internen Touchpoints gegenseitig beobachten und dann im Nachhinein entsprechendes Feedback geben. Die Voraussetzungen, damit das gut klappt: ein Vertrauensverhältnis, keine Konkurrenzsituation, keine hierarchische Abhängigkeit – und natürlich das Know-how, wie konstruktives Feedback gegeben und empfangen wird.

Eine zweite Variante ist die kollegiale Beratung. »Wir-Coaching« nenne ich das. Dabei trifft man sich regelmäßig in einem gleichen oder auch wechselnden Kreis von etwa fünf Personen, um delikate Touchpoint-Themen strukturiert zu besprechen. Das können Kollegen aus dem eigenen Unternehmen oder

Das kollegiale Coaching ist eine sehr kostengünstige Form der Mitarbeiterentwicklung.

Führungskräfte aus anderen Unternehmen sein. Wichtig ist eine diversifizierte Zusammensetzung, also jung und alt, männlich und weiblich und, wenn sinnvoll, auch unterschiedliche Nationalitäten. Die Voraussetzungen hier: keine Konkurrenzsituation, keine hierarchische Abhängigkeit, eine Vertrauensbasis, Freiwilligkeit, Führungs-Know-how und eine gleiche »Chemie«. Offenheit, Ehrlichkeit und vor allem Vertraulichkeit sollten als Spielregeln vorgegeben werden. Pro Teilnehmer wird eine konkrete Interaktionssituation geschildert und man hört dazu die Meinung der anderen. Während die Gruppe konferiert und über Lösungsideen berät, ist der Fallgeber ein stiller Beobachter. Er diskutiert also nicht mit – und verteidigt sein Verhalten auch nicht. Vielmehr folgt er dem Ganzen mit hohem Interesse. Dies öffnet den Blick für unterschiedliche Handlungsvarianten und neue Vorgehensweisen. Die Führungsarbeit der Beteiligten wird durch die Kreativität und den Erfahrungsschatz aller bereichert und professionalisiert. Übrigens ist diese Form von »internem Crowdsourcing« eine sehr kostengünstige Form der Mitarbeiterentwicklung.

Eine dritte Variante ist ein Veranstaltungskonzept namens »Garage«, das es inzwischen in einigen deutschen Städten gibt. Zwanglos treffen sich dort Unternehmer, um mit Hilfe von professionellen Moderatoren Ideen zu entwickeln und sich bei Management- und Führungsthemen zu unterstützen. Einige Teilnehmer haben jeweils im Vorfeld konkrete Fragestellungen eingereicht, die dann gemeinsam betrachtet und besprochen werden. Auch hier bleibt der Fragesteller ein stiller Beobachter, diskutiert also nicht mit. So erhält er offenes und ehrliches Feedback, kann Hürden oder Blockaden erkennen und wird bei der Lösungssuche unterstützt. »Eine Garage«, so Mitinitiatorin Elita Wiegand vom Business-Club innovativ-in, »ist dazu gedacht, ungewöhnliche Ideen zu finden, Synergien zu nutzen, Netzwerke zu schaffen und durch den Blick über den Tellerrand neue Perspektiven zu gewinnen. Dabei profitiert jeder vom Wissen und den Erfahrungen der Teilnehmer, die aus unterschiedlichen Berufen und Branchen kommen.«

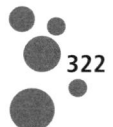

Das Mitarbeiterfeedback

Auch Mitarbeiter können wertvolle Rückmeldungen über die eigene Performance beziehungsweise die des Führungsteams geben. Groß angelegte Mitarbeiterzufriedenheitsbefragungen – wie sie von Beratungsunternehmen sehr gerne vorgeschlagen werden – sind aus den gleichen Gründen, die wir schon auf der Kundenseite diskutiert haben, unbrauchbar. Sie benötigen keine Durchschnittswerte, sondern konkrete Hinweise, wo das größte Optimierungspotenzial steckt. Und Sie wollen schnelle Antworten, um zügige Verbesserungen einzuleiten.

> **Mitarbeiter können wertvolle Rückmeldungen über die Performance des Führungsteams geben.**

Ebenso wenig sehe ich 360-Grad-Beurteilungen als zielführend an. Das 360-Grad-Feedback ist eine aufwändige Methode zur Leistungsbeurteilung aus unterschiedlichen Perspektiven, wie etwa aus Sicht der Mitarbeiter, der Vorgesetzten, der Kollegen und Geschäftspartner. Doch selbst wenn der ganze Ablauf anonymisiert wird, geht es dabei *niemals* ganz ehrlich zu. Selbst für den Fall, dass man sich um Objektivität bemüht, ist jede Einschätzung, die ein Menschenhirn trifft, natürlich subjektiv und emotional gefärbt – vor allem, wenn einem andere dabei zuhören können.

Es sind immer auch eigene Interessen im Spiel, wenn es zu solchen Beurteilungen kommt. Manchmal sind noch alte Rechnungen offen. Das gilt nicht nur für die Kollegen und Chefs, sondern insbesondere auch für die Mitarbeiter. Es ist eine naive Illusion, zu glauben, man bekäme von seinen Leuten die ganze Wahrheit. Letztendlich entscheidet der Chef über Karriere und Geld und damit über das »Leben und Sterben« der ihm Anvertrauten. Kein Hund beißt die Hand dessen, der ihn füttert.

Wenn also nicht so, wie dann? Auch hier empfehle ich, fokussierende Fragen zu stellen. Dies kann mündlich oder schriftlich erfolgen. In den meisten Unternehmenskulturen ist die anonymisierte schriftliche Form die bessere Wahl. Werden solche Fragen mündlich gestellt, spürt der Gefragte womöglich latente Erwartungen, die er dann auf die vermeintlich gewünschte Art und Weise bedient. Mitarbeiter werden immer ins Kalkül ziehen, was ihr Chef wohl gerne hören will. Sie werden ihm sogar dann gefallen wollen, wenn es für das Unternehmen kontraproduktiv ist.

Damit Ihre Mitarbeiter im Kern ihrer Talente arbeiten können, bieten sich die folgenden Fragen an:

O Was wäre Ihr größter Wunsch an mich als Führungskraft?
O Wenn es eine Sache gibt, die Sie in Zukunft bei uns keinesfalls mehr machen wollten, was wäre das für Sie?
O Und wenn es eine Sache gibt, die Sie in Zukunft unbedingt übernehmen wollten, was wäre das für Sie?
O Wenn es eine Sache gibt, die Ihnen in Hinblick auf Ihre Arbeit besonders nutzlos erscheint, die also wirklich niemandem etwas bringt, was ist da das Nutzloseste für Sie?
O Und wenn es eine Sache gibt, die wir im Interesse des Kunden unbedingt verändern sollten, was wäre da das Wichtigste für Sie?

Auch wenn die Antworten bisweilen weh tun: Ehrliche und mutige Mitarbeiter haben ein dickes »Danke« verdient. Nur so erhalten Sie (hoffentlich) endlich wichtige Informationen über schlechte Arbeitsplatzbedingungen, über

Ehrliche und mutige Mitarbeiter haben ein dickes »Danke« verdient.

betriebliche Zwänge, räumliche Enge, Doppelarbeit und Zeiträuber, über Kommunikations-, Schnittstellen- und Kundenprobleme – und damit über die eigene Betriebsblindheit, deren Wirkung auf die Loyalität der Mitarbeiter und Kunden Sie womöglich stark unterschätzt hatten. Wenn überhaupt, dann platzieren Kunden ihre Problemchen ja am liebsten bei netten Mitarbeitern – und nicht beim Chef.

Das öffentliche Feedback

»Wie ist es denn so, bei euch zu arbeiten?« Mit solchen Fragen gehen Bewerber heute gezielt auf Spurensuche. Egal ob auf Arbeit-geberbewertungsportalen, bei Xing oder auf Facebook & Co.: Nicht nur kundenseitig, auch mitarbeiterseitig muss das öffentliche Feed-back täglich überwacht und ausgewertet werden, damit die Arbeitgeberreputation keinen Schaden nimmt. Über das Thema Monitoring-Tools, wie etwa Google Alerts oder Social Mention, haben Sie ja im vor-herigen Teil bereits das Nötige gelesen.

Sie haben negative Bewertungen erhalten? Im Web gilt Meinungsfreiheit! Das kann man nicht einfach löschen, es sei denn, die Bemerkungen sind verleumderisch oder be-schimpfend und beleidigend. Gegen konkre-te Namensnennungen kann man vorgehen, denn es gilt das Persönlichkeitsrecht. Ansons-ten hinterlassen Sie am besten einen klärenden Kommentar und hoffen, dass Ihre Mitarbeiter Sie schützen. Auch hier tabu: gefälschte Wortmel-dungen, verordnetes Einstellen von Kommentaren oder Führungskräfte, die sich anonymisiert selbst in den höchsten Tönen loben. So etwas kommt meistens irgendwann raus. Selbstverständlich können Sie – eine empfehlenswerte Per-formance vorausgesetzt – Ihre Mitarbeiter dazu einladen, Positives im Web zu verbreiten. Und das werden dann nicht nur potenzielle Bewerber, sondern womöglich auch die Kunden lesen.

Sie haben nega-tive Bewertungen erhalten? Im Web gilt Meinungs-freiheit!

Mit online gestellten Geschichten aus dem Unternehmensalltag können Sie Ihren guten Ruf weiter untermauern. Schaffen Sie dazu einen regelrechten Geschichtenfundus. Sammeln und verbreiten Sie die kleinen Heldentaten aus dem Alltag der Kundendienstler, der Auszubildenden, des Pförtners. Berichten Sie darüber, wie zwei Abteilungen ein Kundenprojekt gemeinsam stemmen. Machen Sie in der Öffentlichkeit anhand von Beispielen publik, wie Ihr Unternehmen den Servicegedanken lebt. Vermelden Sie, wie sich eine pfiffige Mitarbeiteridee in der Praxis bewährte und was die Kunden davon hatten. Und erzählen Sie davon, wie Sie Mitmachprojekte gemeinsam mit Ihren Kunden gestalten. Die lokalen Medien und die Fachpresse sind für diese Geschichten dankbare Abnehmer.

So berichtete der Marketingtitel ONEtoONE über ein internes Crowdsourcing-Projekt namens »Wenn ich mein Kunde wäre«, das die HypoVereinsbank in Zusammenarbeit mit der Innovationsagentur Hyve durchgeführt hat. 37 Prozent aller Mitarbeiter, so Waltraud Kaspar-Hieke aus dem Customer Satisfaction Team, nahmen teil und reichten ihre Ideen ein.

Unabhängig von solchen Initiativen werden Mitarbeiter die internen Mitmachmedien immer auch nutzen, um das Gebaren der Führungskräfte zu kommentieren und über Projekte und Produkte zu diskutieren. Mit den Social-Media-Tools ziehen auch deren Regeln in die Unternehmen ein. Versucht das Management, das zu unterbinden, wird die Diskussion nach draußen verlagert – und die Öffentlichkeit schaut zu. Es ist also besser, basisdemokratische Prozesse intern zuzulassen oder, noch besser, diese aktiv einzufordern. In jedem Fall hilft öffentliches Feedback, egal, ob extern oder intern vorgetragen, Schwachstellen zu erkennen und die Touchpoint-Arbeit der Führungsmannschaft zielsicher zu optimieren. Eine insgesamt positive Online-Arbeitgeberreputation ist heutzutage maßgeblich am Rekrutierungserfolg mitbeteiligt. Nur wer die Besten anzulocken versteht und nur wer für alle Kollaborateure die Touchpoints mitarbeiterfreundlich gestaltet, wird am Ende wirklich Großes schaffen.

Und die Kunden werden es Ihnen danken: mit Immer-wieder-Kaufen, mit engagierter Mundpropaganda und jeder Menge Empfehlungen. Da kann man doch nur noch eines sagen: Her mit dem Touchpoint Management!

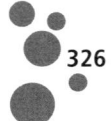

Ausblick

Die Zukunft hat gerade begonnen. Also dann: Bitte keine Zeit mehr verlieren! Um die Ecke wartet schon ein vielversprechender Touchpoint, der bearbeitet werden will. Ihre Fragen dazu: Was ist dort die Ausgangssituation? Gelb, rot oder grün? Enttäuschend, begeisternd oder gerade mal okay? Was lässt sich optimieren? Und wie kann man ihn so veredeln, dass es die Mitarbeiter ins Wollen bringt und die Kunden glücklich macht?

Auf Dauer siegt das Unternehmen, das seine Touchpoints beständig hegt und pflegt, auffrischt, korrigiert und adjustiert – und das niemals aufhört, dies immer noch ein wenig besser zu machen. Das Internet kennt keine perfekten Produkte. Alles wird laufend weiterentwickelt. Machen Sie es genauso! Und nutzen Sie dazu die kollektive Intelligenz der besten Ratgeber, die zu finden sind: die eigenen Mitarbeiter und die sozial vernetzten Kunden.

Das finale Ergebnis kann sich sehen lassen:

○ Die besten Talente wollen bei Ihnen arbeiten.
○ Gemeinsam laufen Sie zu Höchstleistungen auf.
○ Die Gesamtheit der positiv wirkenden Details macht Sie unkopierbar.
○ Ihre Kunden werden immun gegen den Wettbewerb.
○ Die Kunden kaufen öfter, hochwertiger und mehr.
○ Sie können Ihre Leistungen zu höheren Preisen verkaufen.
○ Nur wenige Kunden laufen davon.
○ Viele neue Kunden kommen über Weiterempfehlungen.
○ Sie werden die Nummer eins in Sachen Kundenbeziehung.
○ Ihr guter Ruf am Markt zieht Interessenten wie magisch an.

- ⚙ Sie werden zur Messlatte für Ihre Branche.
- ⚙ Die Presse schreibt oft und positiv über Sie.
- ⚙ Sie werden zu Kongressen eingeladen, um dort zu berichten.
- ⚙ Sie gewinnen renommierte Preise bei Wettbewerben.
- ⚙ Ihr Wettbewerbsvorsprung ist uneinholbar.
- ⚙ Die Zukunft ist sicher.

Da fällt mir jetzt nur noch eines ein: Applaus, Applaus. Und herzlichen Glückwunsch!

PS: Inzwischen habe ich das Collaborator Touchpoint Management maßgeblich weiterentwickelt. Hierzu gibt es nun ein eigenes Buch: Das Touchpoint-Unternehmen. Mitarbeiterführung in unserer neuen Businesswelt (Gabal, ISBN 978-3-86936-550-3).

Die Touch Points®-Lizenzen: Für den CTMP® Customer Touchpoint Management Prozess und den CTMP® Collaborator Touchpoint Management Prozess gebe ich Lizenzen aus. Informationen dazu finden interessierte Berater, Agenturen, Trainer und Coaches auf www.touchpoint-management.de

Das Touch Points®-Institut: Das Touch Points®-Institut bildet zertifizierte Touchpoint Manager aus. Informationen und Termine finden Sie auf www.touchpoint-management.de

Das Touch Points®-Netzwerk: Im Touch Points®-Netzwerk finden Sie lizenzierte und zertifizierte Partner, die Ihnen bei der Umsetzung des Touchpoint Managements in Ihrem Unternehmen helfen können. Weitere Details finden Sie auf www.touchpoint-management.de

Die Marken »Touch Points®« und »CTMP®« sind zugunsten von Anne M. Schüller als Marken eingetragen. Eine Nutzung ohne ihre Zustimmung ist nicht gestattet.

In eigener Sache

An dieser Stelle möchte ich mich sehr dafür bedanken, dass Sie dieses Buch gelesen haben. Ich würde mich freuen, wenn es Sie inspiriert hat, das Touchpoint Management – in welcher Form auch immer – in Ihrem Unternehmen einzuführen.

Wenn Sie nun das Gefühl haben, ich könnte Sie auf diesem Weg ein Stück begleiten, dann kommen Sie gern auf mich zu. Ich stehe Ihnen wie folgt zur Verfügung:

○ Lebendige Impulsvorträge und Keynotes auf Kongressen, Conventions und Jahrestagungen sowie für Management-Meetings, Vertriebs-Kickoffs, Mitarbeiteranlässe, Dinner-Speeches usw.
○ Power-Workshops zur Einführung des Touchpoint Managements im Rahmen von Klein- oder Großgruppen, so wie in diesem Buch beschrieben.
○ Impulsvorträge und Seminar-Workshops zu folgenden weiteren Themen: Kundenloyalität, Empfehlungsmarketing, kundenfokussierte Mitarbeiterführung und emotionales Verkaufen.

Zu all diesen Themen habe ich eine Reihe von (Bestseller-)Büchern geschrieben und eine Hörbuchedition herausgegeben. Stöbern Sie einfach einmal in meinem Onlineshop auf www.anneschueller.de.

Regelmäßige weitere Informationen erhalten Sie über meinen kostenlosen Newsletter und über mein Blog. Infos dazu finden Sie auf: www.anneschueller.de.

Auf meiner Webseite zum Buch können Sie sehen, wie sich das Thema weiterentwickelt: www.touchpoint-management.de.

Und auf der Facebook-Seite zum Buch finden Sie aktuelle Diskussionen zum Thema: http://facebook.touchpoint-management.de

Meine Webseiten
www.anneschueller.de
www.touchpoint-management.de
www.loyalitaetsmarketing.com
www.empfehlungsmarketing.cc
www.kundenrueckgewinnung.com

Meine Social-Media-Seiten
http://blog.anneschueller.de
https://www.xing.com/profile/AnneM_Schueller
http://facebook.touchpoint-management.de
http://facebook.loyalitaetsmarketing.com
http://facebook.empfehlungsmarketing.cc
http://twitter.com/anneschueller
http://googleplus.anneschueller.de

Preise, die das Buch bereits gewonnen hat
Großer Preis des Mittelstands 2012
Deutscher Trainerbuchpreis 2012
Businessbuch des Jahres in der Kategorie Kundenbindung
Testsieger in der Kategorie Businesspraxis
Buch des Monats in diversen Fachzeitschriften

Daneben gibt es eine Fülle erstklassiger Rezensionen und diverse Platzierungen in Bestsellerlisten.

Literaturhinweise

Bärmann, Frank, Social Media im Personalmarketing, mitp, Heidelberg 2012

Bauer, Joachim: Prinzip Menschlichkeit, Hoffmann und Campe, Hamburg 2006

Bauer, Joachim: Warum ich fühle, was du fühlst, Hoffmann und Campe, Hamburg 2005

Berndt, Jon Christoph: Die stärkste Marke sind Sie selbst, Kösel, München 2010

Blumenschein, Annette / Ehlers, Ingrid Ute: Ideen managen, Rosenberger, Leonberg 2007

Bock, Andreas H.: Kundenservice im Social Web, O'Reilly, Köln, 2012

Borbonus, René: Respekt, Econ, Berlin 2011

Brafman, Ori / Beckström, Rod A.: Der Seestern und die Spinne, Wiley, Weinheim 2007

Brizendine, Louann: Das weibliche Gehirn, Goldmann, München 2008

Brizendine, Louann: Das männliche Gehirn, Hoffmann und Campe, Hamburg 2010

Bruhn, Manfred / Strauss, Bernd (Hrsg.): Kundenintegration, Gabler, Wiesbaden 2009

Buhr, Andreas: Vertrieb geht heute anders, GABAL, Offenbach 2011

Christakis, Nicholas A. / Fowler, James H.: Connected! Die Macht sozialer Netzwerke und warum Glück ansteckend ist, Fischer, Frankfurt 2010

Cole, Tim: Unternehmen 2020. Das Internet war erst der Anfang, Hanser, München 2010

Dueck, Gunter: Aufbrechen!, Eichborn, Frankfurt 2010

Dueck, Gunter: Direkt-Karriere, Eichborn, Frankfurt 2009

Dueck, Gunter: Abschied vom Homo Oeconomicus, Eichborn, Frankfurt 2008

Eck, Klaus: Transparent und glaubwürdig, Redline, München 2010

Elger, Christian E.: Neuroleadership, Haufe, München 2009

Fischer, Christian M.: Macht Schlagzeilen, GABAL, Offenbach 2009

Fuchs, Jürgen / Fuchs, Holger: Schluss mit Hierarchie, Coin, Wiesbaden 2008

Fuchs, Werner T.: Warum das Gehirn Geschichten liebt, Haufe, München 2009

Garnefeld, Ina: Kundenbindung durch Weiterempfehlung, Gabler, Wiesbaden 2008

GDI Impuls: Die Transparenz-Revolution, Ausgabe 2/2010

GDI Impuls: Work-Style, Ausgabe 4/2010

Geffroy, Edgar K.: Das Einzige, was stört, ist der digitale Kunde, Redline, München 2011

Gigerenzer, Gerd: Bauchentscheidungen, Bertelsmann, München 2007

Godau, Miriam / Ripanti, Marco: Online-Communitys im Web 2.0, Business Village, Göttingen 2008

Goleman, Daniel: Soziale Intelligenz, Knaur, München 2008

Görtz, Christian: Mehr Umsatz durch Marketing-Kooperationen, GABAL, Offenbach 2010

Greve, Götz / Benning-Rohnke, Elke (Hrsg.): Kundenorientierte Unternehmensführung, Gabler, Wiesbaden 2010

Haderlein, Andreas / Seitz, Janine: Die Netzgesellschaft, Zukunftsinstitut, Kelkheim 2011

Häusel, Hans-Georg: Emotional Boosting, Haufe, Planegg 2009

Harvard Business Manager: Innovation, Ausgabe August 2011

Heuser, Uwe J.: Humanomics, Campus, Frankfurt 2008

Höhler, Gertrud: Das Ende der Schonzeit, Econ, Berlin 2008

Höhler, Gertrud: Jenseits der Gier, Econ, Berlin 2005

Hoffmann, Kerstin: Prinzip kostenlos, Wiley, Weinheim, 2012

Holst, Christian / Weber, Bernd: Werbung mit Hirn, Siegfried Vögele Institut, Königstein 2009

Holzapfel, Felix & Klaus: Facebook – Marketing unter Freunden, BusinessVillage, Göttingen 2011

Hüther, Gerald: Männer. Das schwache Geschlecht und sein Gehirn, Vandenhoeck & Ruprecht, Göttingen 2009

Jäger, Roland: Ausgekuschelt, Orell Füssli, Zürich, 3. Auflage 2010

Jaffé, Diana: Der Kunde ist weiblich, Econ, Berlin 2005

Jaffé, Diana / Riedel, Saskia: Werbung für Adam und Eva, Wiley, Weinheim 2011

Kalkbrenner, Christian: Der Markt hat uns verdient, BusinessVillage, Göttingen 2012

Kirby, Justin / Mardsen, Paul: Connected Marketing, Butterworth-Heinemann, Oxford 2006

Kleinhenz, Susanne: Der Mann im weiblichen Jahrhundert, GABAL, Offenbach 2008

Kleinhenz, Susanne: Das 21. Jahrhundert ist weiblich, GABAL, Offenbach 2007

Koch, Klaus-Dieter: Was Marken unwiderstehlich macht, Orell Füssli, Zürich 2009

Kotler, Philip et al: Die neue Dimension des Marketings: Vom Kunden zum Menschen, Campus, Frankfurt 2010

Kutzschenbach, Claus von: Frauen, Männer, Management, Rosenberger, Leonberg, 3. Auflage 2011

Lehky, Maren: Leadership 2.0, Campus, Frankfurt 2011

Lause, Markus, Wippermann, Peter: Leben im Schwarm, Red Indians Publishing, Reutlingen 2012

Löhken, Sylvia: Leise Menschen – starke Wirkung, GABAL, Offenbach 2012

Marketing Review St. Gallen: Customer Touchpoint Management, Ausgabe Februar 2010

Meyer, Jens-Uwe: Kreativ trotz Krawatte, BusinessVillage, Göttingen 2010

Mikunda, Christian: Warum wir uns Gefühle kaufen, Econ, Berlin 2009

Opaschowski, Horst W.: Wir! Warum Ichlinge keine Zukunft haben, Murmann, Hamburg 2010

Penenberg, Adam: Viral Loop: From Facebook to Twitter, Hyperion Books, New York 2009

Peters, Tom: The Little Big Things, GABAL, Offenbach 2011

Pink, Daniel H.: Drive, Ecowin, Salzburg 2010

Pink, Daniel H.: Unsere kreative Zukunft, Riemann, München 2008

Qualman, Erik: Socialnomics. Wie Social Media Wirtschaft und Gesellschaft verändern, Mitp, Heidelberg 2010

Reichheld, Fred: Die ultimative Frage 2.0, Frankfurter Allgemeine Buch, Frankfurt, 2011

Rosen, Emanuel: The Anatomy of Buzz Revisited, Broadway Business 2009

Röthlingshöfer, Bernd: Mundpropaganda-Marketing, DTV, München 2008

Scheier, Christian u. a.: Codes. Die geheime Sprache der Produkte, Haufe, Freiburg 2010

Schüller, Anne M.: Das Touchpoint-Unternehmen. Mitarbeiterführung in unserer neuen Businesswelt, GABAL, Offenbach 2104

Schüller, Anne M.: Kunden auf der Flucht? Wie Sie loyale Kunden gewinnen und halten, Orell Füssli, Zürich, 3. Auflage 2011

Schüller, Anne M.: Kundennähe in der Chefetage – Wie Sie Mitarbeiter kundenfokussiert führen, Orell Füssli, Zürich, 3. Auflage 2011

Schüller, Anne M.: Zukunftstrend Empfehlungsmarketing, Business-Village, Göttingen, 5. Auflage 2011

Schüller, Anne M.: Come back! Wie Sie verlorene Kunden zurückgewinnen, Orell Füssli, Zürich, 3. aktual. Auflage 2009

Schüller, Anne M. / Schwarz, Torsten: Leitfaden WOM Marketing, Marketingbörse, Waghäusel 2010

Schwarz, Torsten: Leitfaden Online Marketing, Band 2, Marketingbörse, Waghäusel 2011

Surowiecki, John: Die Weisheit der Vielen, Goldmann, München 2007

Tapscott, Don / Williams, Anthony D.: Wikinomics, Hanser, München 2007

Väth, Markus: Feierabend hab ich, wenn ich tot bin, GABAL, Offenbach, 2011

Vaynerchuk, Gary: The Thank you Economy, HarperCollins, New York 2011

Wala, Hermann H.: Meine Marke, Redline, München 2011

Weinberg, Tamar: Social Media Marketing, O'Reilly, Köln 2010

Quellen

Accelerom / PubliGroupe (Studie) 2011, auf:
  http://www.publigroupe.com/de/investor-media-relations/
  news-unternehmen-der-publigroupe/artikel/article/1/
  une-etude-d.html

Arnold, Wayne, in: W&V 41/2010

AOK (Studie), in: managerSeminare 10/2011

Bitkom-Studie Connected Worlds 2010: http://www.bitkom.org/de/
  presse/66415_62612.aspx

Blanchard, Olivier: Social Media ROI, Managing and Measuring
  Social Media Efforts in Your Organization, 2011

Brand eins: Es gibt intelligentes Leben im Konzern, Ausgabe Juni
  2011

Bühlen, Christoph, anlässlich der Social Media Conference
  4./5.7.2011 in München

Caviglia, Daniela A., auf: http://www.praesenz-effizienz.ch/
  news/28082011/die-10-gebote-des-social-web, 28.11.2011

Conant, Douglas / Norgaard, Mette: Touchpoints, Wiley Imprint,
  San Francisco 2011

Defacto GmbH, in: Schüller, Anne M. / Schwarz, Torsten: Leitfaden
  WOM Marketing, Marketingbörse, Waghäusel 2010

Domsalla, Michael, in: Brand eins 7/2010

3M (Bericht über das Unternehmen), in: Brand eins 6/2011

Elger, Christian, in: Focus 13/2011

Erasmus-Universität (Untersuchung), auf:
  http://www.absatzwirtschaft.de/content/crm-vertrieb/
  news/kundentreue-sieht-bei-maennern-anders-aus-als-bei-
  frauen;71567, 24.10.2010

Ferstl, Ernst: Lebensspuren, Geest Verlag, Vechta 2002

Fischer, Gabriele, in: Brand eins 07/2010

Forum! Marktforschung Mainz (Studie): Der »Fan-Indikator«.
    Emotionale Bindung messen und steuern, Mainz 2011

Fuchs, Werner T., in: DirectNews 10/2011

Füller, Johann, in: Harvard Business Manager, auf:
    http://www.harvardbusinessmanager.de/blogs/artikel/a-678175.
    html, 23.2.2010

Garnegeld, Ina: Kundenbindung durch Weiterempfehlung? Eine
    experimentelle Untersuchung der Wirkung positiver Kunden-
    empfehlungen auf die Bindung des Empfehlenden, Gabler,
    Wiesbaden 2009

Geißler, Heiner, in: W&V 38/2011

GfK International Employee Engagement Survey, Nürnberg 2011

GfK-Studie über Marken des täglichen Bedarfs: Die Black-Box der
    Marke: Was machen Gewinnermarken besser? 2011, auf:
    http://www.gfk-verein.de/files/pm_gfk_serviceplan_
    roadshow2011.pdf

Gloger, Axel, in: Trendletter, Dezember 2007, auf: www.trendletter.de

Gomez, Maria, in: digital Business 4/2011

Grant, Adam M., in: Harvard Business Manager 08/2011

Harlinghausen, Curt Simon, in: InternetWorld Business, 21.9.2011

Holst, Christian / Weber, Bernd: Werbung mit Hirn, Siegfried Vögele
    Institut, Königstein 2009

Hyve AG / Vivaldi Partners / Universität Innsbruck: Social Brand
    Value – Markenwert durch sozialen Austausch (Studie), 2009,
    auf: http://www.hic-online.de/web/downloads/sozialer_Wert_
    Marken.pdf

IBM (Studie 2011): From stretched to strengthend. Insights from
    the Global Chief Marketing Officer, Study, 2011

Imdahl, Ines: Ads and the City – Was Frauen anmacht, in: Move
    2/2009

Interone: The Retail Revolution, http://retail-revolution.interone.de/
    de/, Mai 2011

Jarvis, Jeff: Was würde Google tun? Wie man von den Erfolgs-
    strategien des Internet-Giganten profitiert, Heyne Verlag,
    München 2009

Kilian, Karsten, in: W&V 37/2011

Koch, Klaus-Dieter (über Nokia), auf: http://www.marketing-site.
de/content/was-lernen-marketer-aus-dem-nokia-debakel;73572,
2.3.2011

Koch, Klaus-Dieter (über Marken), in: medianet 7. Juni 2011

Konsumgöttinnen (Studie), auf: http://pressemitteilung.ws/
node/163502, 9. 7. 2009

Krisch, Jochen, in seinem Blog »Exciting Commerce« auf:
http://www.excitingcommerce.de/2011/05/e-commerce-
f%C3%BCr-frauen.html

Kruse, Peter, auf: http://www.boersenblatt.net/454819/, 8.9.2011

Lovett, John: Social Media Metrics Secrets, Indianapolis 2011

Luhrmann, Tanya (Studie), in: medianet, 28.6.2011

Marketing- & Vertriebs-Excellence Monitor 2010, in: absatzwirtschaft
9/2010

Mayer, Marissa, auf : http://www.youtube.com/
watch?v=soYKFWqVVzg

Mintzberg, Henry, in: Brand eins 06/2011

Nielsen: Global Trends in Online Shopping, A Nielsen Global
Consumer Report, Juni 2010

Nielsen: Vertrauen in Werbung: Bestnoten für Persönliche Empfehlung und Online-Bewertungen, April 2012

Oetting, Martin, April 2010, auf: http://createordie.de/cod/news/
webinale-Interview-mit-Martin-Oetting-Konsumenten-sind-kein-
Klickvieh-055030.html

Oetting, Martin: Wie Web 2.0 das Marketing revolutioniert. In:
Torsten Schwarz (Hrsg.): Leitfaden Integriertes Marketing, Absolit,
Waghäusel 2006

ONEtoONE: Crowdsourcing: Geht es noch ohne?, März 2012

Oregon-Studie, in: GDI Impulse, Frühling 2007

Otten, Dieter: Männerversagen, Das Verhältnis der Geschlechter im
21. Jahrhundert. Bergisch Gladbach 2000

Otto Group (Studie): Vortrag Dr. Michael Otto, 37. Münchener
Marketing-Symposium, 8.7.2011

Pohlmann, Mark, in: Schüller, Anne M. / Schwarz, Torsten: Leitfaden
WOM Marketing, Marketingbörse, Waghäusel 2010

Precht, Richard David, in: Wirtschaftswoche, 13.10.2010

ROPO-Effekt (GfK-Studie), in: Sparkassenmarkt 7/8 2011

Seemann, Günter, in: HelfrechtMethodik 3/2011

Skiera, Bernd: Harvard Business Review, June 2011

Spreadly (Umfrage Social Sharing), auf: http://www.slideshare.net/
Spreadly/umfrageergebnisse-social-sharing

Stampfl, Nora S.: Die Zukunft der Dienstleistungsökonomie, Springer,
Berlin 2011

Stefan, Sandra / Buzzer (Studie): Vertrauen und Akzeptanz
von eWOM, 2010, auf: http://netzwertig.com/2011/04/04/
empfehlungen-im-netz-der-faktor-mensch/

Syncapse-Studie: Social Media im Handel, Herausgeber:
E-Commerce-Center Handel, Köln 2010

Tamblé, Melanie, auf: http://www.pr-gateway.de/docs/
content-marketing.pdf

Trnd-Studie, auf: http://company.trnd.com/de/presse/
presse-meldungen/1014/ (2.9.2010)

Urchs, Ossi, in: Schwarz, Torsten: Leitfaden Online Marketing,
Band 1, Marketingbörse, Waghäusel 2007

WhiteMatter Labs, in: SalesBusiness 07/08 2011

Wippermann, Peter: Mobile Augmented Reality (Blogbeitrag): http://
peterwippermann.posterous.com/mobile-augmented-reality#more

Wirth, Bianca: 20 kostenlose und geniale Social Media Beobachtungs-
tools, auf: http://www.blog.michael-ehlers.de/20-kostenlose-und-
geniale-social-media-beobachtungswerkzeuge/

Women compete better when they are in teams, auf: http://www.
guardian.co.uk/world/2011/sep/11/women-equality-competition-
gender

Zink, Caroline (National Institute of Mental Health), 2011, auf:
http://www.sueddeutsche.de/wissen/hirnforschung-gleich-und-
gleich-gesellt-sich-gern-1.1090668

Zukunftsinstitut Trend Update: The New Local, 9/2011

Zukunftsinstitut Trend Update: Workstyles, 11/2011

Über die Autorin

Anne M. Schüller ist Diplom-Betriebswirtin, Best-sellerautorin und Management-Consultant. Sie gilt als Europas führende Expertin für Loyalitätsmarketing. Sie zählt zu den zehn besten Speakern im deutschsprachigen Raum (Conga Award 2010) und steht für ein Marketing-Management der neuen Generation. Managementbuch.de zählt sie zu den wichtigen Managementdenkern.

Sie hat, gemeinsam mit dem Unternehmensberater Gerhard Fuchs, den Begriff des Total Loyalty Marketing geprägt, zehn Managementbücher geschrieben, ein Leitfaden-Buch mit herausgegeben und fünf Hörbücher veröffentlicht. Für ihr Buch »Kundennähe in der Chefetage« erhielt sie den Schweizer Wirtschaftsbuchpreis 2008, verliehen vom schweizerischen Wirtschaftstitel »Handelszeitung«. Sie schreibt regelmäßig Kolumnen und Fachbeiträge in der Wirtschafts- und Fachpresse.

Über 20 Jahre lang hatte sie Führungspositionen in Vertrieb und Marketing verschiedener internationaler Dienstleistungsunternehmen inne und dabei mehrere Auszeichnungen erhalten.

Sie ist Dozentin an der BAW München (Bay. Akademie für Werbung und Marketing) sowie am Management Center Innsbruck (MCI). Sie hat ferner einen Lehrauftrag an der Hochschule Deggendorf für Strategisches Marketing im MBA-Studiengang Gesundheitswesen sowie Gastauftritte an der Universität St. Gallen. Zu ihrem Kundenkreis zählt die Elite der deutschen, österreichischen und schweizerischen Wirtschaft.

Stichwortverzeichnis

Innovative Themen und frische Impulse für Business, Erfolg & Leben

Sylvia Löhken
Intros und Extros
ISBN 978-3-86936-549-7
€ 24,90 (D) / € 25,60 (A)

Sháá Wasmund, Richard Newton
Nicht reden, machen!
ISBN 978-3-86936-551-0
€ 22,90 (D) / € 23,60 (A)

Anne M. Schüller
Das Touchpoint-Unternehmen
ISBN 978-3-86936-550-3
€ 29,90 (D) / € 30,80 (A)

Markus Väth
Cooldown
ISBN 978-3-86936-514-5
€ 19,90 (D) / € 20,50 (A)

Dominic Multerer
Marken müssen bewusst Regeln brechen, um anders zu sein
ISBN 978-3-86936-512-1
€ 24,90 (D) / € 25,60 (A)

Rob Symington, Dom Jackman, Mikey Howe
Das Escape-Manifest
ISBN 978-3-86936-554-1
€ 24,90 (D) / € 25,60 (A)

Peter Brandl
Hudson River
ISBN 978-3-86936-509-1
€ 24,90 (D) / € 25,60 (A)

Jumi Vogler
Was der Humor für Sie tun kann, wenn in Ihrem Leben mal wieder alles schiefgeht
ISBN 978-3-86936-548-0
€ 14,90 (D) / € 15,40 (A)